植物工厂化育苗

主　编　宋　阳（辽宁生态工程职业学院）
　　　　王　冲（辽宁生态工程职业学院）
副主编　张鸣明（辽宁生态工程职业学院）
　　　　邓正正（辽宁生态工程职业学院）
　　　　宋　扬（辽宁职业学院）
参　编　刘姗姗（辽宁生态工程职业学院）
　　　　徐　宁（聊城职业技术学院）
　　　　张宏平（晋城职业技术学院）
主　审　姬海泉（辽河石油勘探局有限公司）
　　　　郝海平（天津东信国际花卉有限公司）

北京理工大学出版社
BEIJING INSTITUTE OF TECHNOLOGY PRESS

内 容 提 要

本书以培养技术技能型人才为目标，按照"工学交替"人才培养模式，以任务为导向的"教、学、做"一体化教学方法，充分体现职业教育特色，全面系统地介绍了植物组织培养的概念、原理、方法与应用技术。全书除课程导入外，共分为七个项目，主要内容包括植物组织培养工厂（实验室）建立、组织培养育苗工厂化生产管理、组织培养植物工厂化生产基本技术、植物的器官培养、植物组织离体培养、生产经营管理与市场营销、植物工厂化育苗生产实例等。其中植物工厂化育苗生产实例介绍了蝴蝶兰、春石斛、大花惠兰、国兰、紫兰等园林花卉，菩提树、软枣猕猴桃、柠条锦鸡儿、水曲柳等园林树木，共计43种常见园林植物的工厂化育苗技术。

本书可供高职高专院校园林、园艺类专业学生使用，也可作为中等职业学校园林类专业师生的参考用书及职业技能培训用书。

图书在版编目（CIP）数据

植物工厂化育苗 / 宋阳，王冲主编. --北京：北京理工大学出版社，2024.3

ISBN 978-7-5763-3774-7

Ⅰ.①植… Ⅱ.①宋… ②王… Ⅲ.①工厂化育苗
Ⅳ.①S359

中国国家版本馆CIP数据核字（2024）第070987号

责任编辑：王梦春　　　　文案编辑：杜　枝
责任校对：周瑞红　　　　责任印制：王美丽

出版发行 /	北京理工大学出版社有限责任公司
社　　址 /	北京市丰台区四合庄路6号
邮　　编 /	100070
电　　话 /	(010) 68914026（教材售后服务热线）
	(010) 63726648（课件资源服务热线）
网　　址 /	http://www.bitpress.com.cn
版 印 次 /	2024 年 3 月第 1 版第 1 次印刷
印　　刷 /	河北鑫彩博图印刷有限公司
开　　本 /	787 mm × 1092 mm　1/16
印　　张 /	16
字　　数 /	393 千字
定　　价 /	89.00 元

前言
PREFACE

　　随着现代科学技术的不断发展，植物工厂化育苗技术已渗透到生物学科的各个领域，成为生物工程技术的一个重要组成部分，为植物快速繁殖、植物脱毒、种质保存及基因库建立等方面开辟了新途径。现在，植物工厂化育苗技术已广泛应用于农业、林业、工业和医药等行业，尤其是快速繁殖技术和无毒苗培育技术，在现代农业发展中正发挥越来越重要的作用。

　　本书通过产学研合作，紧扣产业发展前沿，结合职业岗位及技能要求，融合了新技术、新产品、新手段，具有科学性、前瞻性，又同时具有实用性及指导性。在教材内容上，通过对教材内容和方法的创新，并将党的二十大精神有机融入项目中，全面贯彻党的教育方针，落实立德树人根本任务。

　　本书由院校一线骨干教师、行业大师、企业专家共同编写。教材按照项目—任务进行编写体例设计，每个项目下设多个任务，部分任务包括工作任务、知识准备、任务要求、任务实施、考核评价、知识拓展等内容。本书结构清晰，体系完整，学习内容与职业技能等级证书紧密结合，有利于提高学生的综合应用能力，培养学生的可持续发展能力。

　　本书由辽宁生态工程职业学院宋阳、王冲担任主编，由辽宁生态工程职业学院张鸣明、辽宁生态工程职业学院邓正正、辽宁职业学院宋扬担任副主编，辽宁生态工程职业学院刘姗姗、聊城职业技术学院徐宁、晋城职业技术学院张宏平参与本书编写。具体编写分工为：宋阳负责编写项目三中任务一至任务五，项目四，项目七中的任务一至任务六、任务九、任务二十一、任务二十九；王冲负责编写项目一中的任务一和任务二，项目二，项目五，项目七中的任务十七、任务二十二、任务二十六、任务二十七；张鸣明负责编写项目七中的任务十八至任务二十、任务二十三至任务二十五、任务四十二、任务四十三；邓正正负责编写项目六，项目七中的任务三十一至任务三十七；宋扬负责编写项目一中的任务三，项目三中的任务六至任务九；

刘姗姗负责编写项目七中的任务二十八、任务三十八至任务四十一；郝海平负责项目七中任务七、任务八、任务十至任务十六、任务三十；徐宁和张宏平负责课程导入部分的编写。全书由宋阳、王冲统稿，由天津东信国际花卉有限公司副总经理郝海平博士及行业大师姬海泉高级工程师主审。

本书在编写过程中，得到天津东信国际花卉有限公司及其他同行们的支持，并对本书的编写提供了宝贵的建议，在此表示感谢！另外，本书在编写过程中参考借鉴了大量图书、资料和相关网站图片，在此一并向相关作者表示衷心的感谢！

由于编者水平有限，书中难免会有疏漏及不当之处，恳请专家和读者给予批评指正。

编　者

目录
CONTENTS

课程导入 植物组织培养概述

课件：植物工厂化育苗

📖 案例导入

田野唱响青春之歌——三农筑梦人

故事要从 10 多年前说起。那时，华梦丽的父亲在句容市天王镇西溧村租下 200 多亩地，但由于种植的农产品缺乏竞争力，农场经营陷入困境。2013 年，决心帮助父亲的华梦丽考入江苏农林职业技术学院，并选择了园艺技术专业，自此与农业结下不解之缘。2016 年毕业后，华梦丽接手了父亲的农场，开始生产经营农产品，注重市场反应，开拓亲子游、户外拓展、项目体验等活动，提升产品的附加值，稳定发展的同时，逐渐形成涉及农、林、牧、副、渔五大产业，含观光采摘、果蔬配送、菜地承包等 12 个项目，为游客提供"游、玩、赏、食、宿"五位一体服务。2018 年，华梦丽的"果牧王国"开始向技术农场转型，她与母校合作建立植物组织培养实验室，联手打造"植物工厂"，通过高效农业系统，实现节约型生产。她开发了新业务种苗培育，种出抗病性更好、果实口感更甜的组织培养草莓种苗，让农户每亩地增收 3 000 元左右。

作为致富带头人，华梦丽成立了党员助农服务队，积极为当地农民提供技术指导和跟踪服务，实现共同富裕。据统计，华梦丽农场种植的农产品年销售额近 800 万元，累计带动就业 287 人次，累计带动农产品销售 136.5 万 kg，为村民增收 1 400 多万元，2021 年实现人均增收 3.2 万元。

"让更多人立志做'新农人'。"这些年来，华梦丽为农学专业大学生提供实践场所，为农民打造"田间课堂"，先后培训学员 1.6 万多名，免费技术性扶持农户 700 余户，辐射面积达到了 4 万余亩（1 亩 ≈ 666.67 平方米）。华梦丽说，"希望越来越多的人加入我们，把青春挥洒在广袤的田野之上"。

华梦丽作为园艺专业毕业生，坚守农业一线，运用自身所学园艺技术，立志服务三农，怀着满腔热情投身农村，带动农民致富，带领乡村发展。华梦丽用现代农业技术及组织培养生产技术帮助农民解决草莓感染病毒的难关，用智慧、技术、勤劳和担当为一方百姓开拓未来。反观我们自身，也要用榜样的力量鞭策自己。让自己志存高远，而路行脚下，从当下做起，努力学习，储备专业知识，提升专业技能，铸就专业素养，以便走向社会后能学以致用，用专业服务社会，回报家乡，成为社会主义建设的栋梁，为实现社会主义伟大复兴梦贡献自己的力量。

一、植物组织培养简介

1. 植物组织培养的概念

植物组织培养是指在无菌和人工调控的环境条件下，将植物离体的细胞、组织、器官、胚胎及原生质体等，在人工配制的培养基上进行培养，使其再生细胞或发育成完整植株的技术。由于培养的植物材料脱离了母体，又称为离体培养。

知识拓展：植物组培技术理论基础

植物细胞全能性是植物组织培养的理论基础。植物细胞全能性是指植物体的每个具有完整细胞核的细胞，都拥有该物种的全部遗传信息，具有形成完整植株的潜在能力。

2. 植物组织培养的类型

按照不同的分类原则，植物组织培养可以分为不同的类型。

（1）按照培养过程划分，可分为初代培养和继代培养。

1）初代培养，是指对植物离体外植体进行的第一次培养。初代培养诱导离体外植体产生愈伤组织、不定芽、原球茎、胚状体等，也称为诱导培养。

2）继代培养，是指将培养一段时间后的植物外植体或诱导产生的植物外植体转移到新一代培养基中继续培养的过程。

（2）按照植物材料划分，可分为植株培养、细胞培养、组织培养、胚胎培养、器官培养和原生质体培养。

1）植株培养，是指对整体植株材料的无菌培养，包括种子培养、种苗培养、扦插苗培养等。

2）细胞培养，是指对植物离体细胞或较小细胞团的无菌培养。

3）组织培养，是指针对植物离体组织，包括分生组织、表皮、薄壁组织或已诱导的愈伤组织等的无菌培养，可称为狭义的植物组织培养。

4）胚胎培养，是指对植物离体的幼胚胚珠、胚乳等的无菌培养。

5）器官培养，是指以针对植物离体的根系、叶片、茎段、花器、果实、种子等外植体的无菌培养。

6）原生质体培养，是指利用技术去除植物细胞壁，分离出原生质体进行无菌培养。

（3）按照培养基类型划分，可分为固体培养和液体培养。

1）固体培养，是指将外植体放在固态培养基上进行培养。固态培养基是在液体培养基中添加凝固剂（如琼脂）。固体培养技术简便、效率较高，在生产实践中较为普遍。

2）液体培养，是指将外植体放在液态培养基中进行培养。液体培养包括静止培养、振荡培养和纸桥培养、旋转培养等方法。

3. 植物组织培养的优越性

植物组织培养是在人工调控环境条件下，采用人工配制的培养基培养植物外植体。其具有以下优越性：

（1）遗传信息稳定。在植物组织培养中，单细胞或植物离体组织经组织培养技术均可以得到再生组织，且具有形成完整植株的潜在能力，遗传信息完整稳定，能够获得植物母体的优良性状。

（2）培养材料来源广泛。在植物组织培养中，植物的单细胞、小块组织以及根、茎、叶、花、果实、种子等各类器官均可作为外植体，材料来源十分广泛，材料小到几毫米。

（3）人为调控培养条件。在植物组织培养过程中，温度、光照、湿度、气体等微环境条件均为人为调控，生长环境条件易于调整控制，不受时间、地域等影响。

（4）生长繁育速度较快。在植物组织培养过程中，因材料广泛、条件可调控，故植物外植体生长繁育速度较快，往往1～2个月即可完成一个植物幼苗生长周期，大大缩短了试验周期，为科学试验和下一步研发奠定了基础。

（5）管理方便，易于操作。植物组织培养作为人为调控的科学实验，可以较好地融入自动化、信息化、标准化等现代技术，生产材料微型化，操作技术标准化，试验流程信息化，便于标准化管理和自动化控制，利于实验管理和操作。

二、植物组织培养发展简史

1. 探索阶段（20世纪初至20世纪30年代中期）

20世纪初至20世纪30年代中期是植物组织培养发展的探索阶段。根据德国学者Schleiden和Schwann的细胞学说，1902年，德国植物学者Haberlandt提出了植物细胞全能性学说，认为离体植物细胞在适宜环境条件下具有发育成完整植株的可能性。试验中，学者在Knop培养液中离体培养小野芝麻、凤眼兰、万年青属植物细胞，虽然实验只观察到细胞的增长，未观察到细胞分裂，但这对植物组织培养发展起了先导作用。1904年，

知识拓展：我国组培技术发展状况及生产应用实例

Hanning在无机盐和蔗糖溶液中对萝卜和辣根菜的胚进行培养，实验发现离体胚可以发育成熟，并萌发形成植物幼苗。1922年，Kotte和Robbins两位学者在含有无机盐、葡萄糖、氨基酸和琼脂的培养基上，培养玉米、豌豆、棉花的茎尖和根尖，发现离体培养的组织可进行生长，形成植物叶和根。1925年，Laibach培养亚麻种间杂交幼胚获得成功。1933年，李继侗和沈同用加有银杏胚乳提取液的培养基成功培养银杏胚。

2. 奠基阶段（20世纪30年代末期至20世纪50年代中期）

20世纪30年代末期至20世纪50年代中期是植物组织培养发展的奠基阶段。多名科学家通过实验验证了植物细胞全能性，并开发了多种植物组织培养基。1934年，美国植物学家White利用无机盐、蔗糖和酵母提取液组成的培养基上进行番茄根离体培养，建立了第一个活跃生长的无性繁殖系，使植物根的离体培养实验获得成功。1937年

White 又以小麦根尖为材料，研究了光照、温度、培养基成分等各种培养条件对植物生长的影响，发现了 B 族维生素对离体根生长的作用，并使用多种 B 族维生素取代酵母提取液，建立了第一个由已知化合物组成的综合培养基，该培养基后来被定名为 White 培养基。同时期，法国学者 Gautherer 在研究山毛柳和黑杨等形成层的组织培养实验中，提出了 B 族维生素和生长素对组织培养的重要意义，并连续培养胡萝卜根形成层获得首次成功，Nobecourt 也由胡萝卜建立了与上述类似的连续生长的组织培养物。1943 年，White 出版了《植物组织培养手册》专著，使植物组织培养成为一门新兴学科。White 、Gautherer 和 Nobecourt 三位科学家被誉为植物组织培养学科的奠基人。

1948 年，Skoog 和我国学者崔澂通过对烟草茎段进行培养，发现腺嘌呤、生长素的比例是控制植物根和芽形成的主要因素之一。1953-1954 年，Muir 利用振荡实验方法获得了万寿菊和烟草的单细胞，并实施了看护培养，使单细胞培养获得初步成功。1957 年，Skoog 和 Miller 提出植物生长调节剂控制器官形成的概念。1958 年，英国学者 Steward 等以胡萝卜为材料，通过体细胞胚胎发生途径培养得完整的植株，首次得到了人工体细胞胚，证实了 Haberlandt 的植物细胞全能性理论。

3. 迅速发展阶段（20 世纪 60 年代至今）

20 世纪 60 年代以后，植物组织培养进入了迅速发展阶段。植物组织培养研究工作逐步深入，形成了一套完整的理论体系和技术方法，并开始大规模应用于生产工作。1960 年，英国学者 Cocking 用真菌纤维素酶分离番茄原生质体获得成功，开创了植物原生质体培养和体细胞杂交的先河。同年，Morel 利用茎尖培养兰花，获得了快速繁殖的脱毒兰花。

1962 年，Murashige 和 Skoog 发表了适用于烟草愈伤组织快速繁殖生长的改良培养基，也就是现在广泛使用的 MS 培养基。1964 年，印度学者 Guha 和 Maheshwari 成功培养曼陀罗花药获得单倍体再生植株，这一发现促进了植物花药培养单倍体育种技术的发展。1971 年，Takebe 等首次由烟草原生质体获得了再生植株，验证了原生质体作为外源基因的导入受体材料。1972 年，Carlson 等利用硝酸钠进行了烟草物种之间的原生质体融合，获得了第一个体细胞种间杂种植株。1974 年，Kao 等建立了原生质体 PEG 融合法，促进植物体细胞杂交技术发展。

随着分子遗传学和植物基因工程的迅速发展，以植物组织培养为基础的植物基因转化技术得到了广泛应用，并取得了丰硕成果。1983 年 Zambryski 等采用根癌农杆菌介导转化烟草，获得了首例转基因植物；1984 年 Paskowski 等利用质粒转化烟草原生质体获得成功；1985 年 Horsch 等建立了农杆菌介导的叶盘法；1987 年，Sanford 发明了基因枪法用于单子叶植物的遗传转化。迄今为止，相继获得了水稻、棉花、玉米、小麦、大麦、番茄等转基因植物，已育成了一批抗病、抗虫、抗除草剂、抗逆境的优质转基因植物。

三、植物组织培养的应用及展望

1. 植物组织培养的应用

植物组织培养已发展成为生物技术、生物科学、生物工程的一个重要组成部分，其既是植物基因工程的技术基础，又是植物离体快速繁殖和脱毒苗培育的重要技术，在农业、林业、轻工业、医学等行业中得到广泛应用，创造了巨大的经济效益和社会效益，生态效益显著。

（1）植物离体快速繁殖。植物离体快速繁殖是植物组织培养在生产上应用广泛且产生较大经济效益的一项技术，简称快繁技术。通过离体快速繁殖可在较短时期内迅速扩大植株的数量，在合适的条件下每年可繁殖出几万倍乃至上百万倍的幼苗。快繁技术加快了植物新品种的推广，以前靠常规方法推广一个新品种要几年甚至十多年，而现在只要 1～2 年就可普及全世界。植物组织培养快繁技术在世界各国得到了广泛的应用，到目前为止已报道有上千种植物的快速繁殖获得成功，培养的植物种类也由观赏植物逐渐发展到园艺植物、大田农作物、经济植物和药用植物等，其中，兰花、马铃薯、草莓、甘薯、兰花、非洲菊、马蹄莲等经济植物已开始工厂化生产。

（2）脱毒苗培育。植物在生长过程中几乎都要遭受到病毒不同程度的危害，尤其是无性繁殖的植物，如感染病毒后，代代相传，越染越重，严重地影响了植物的产量和品质，给生产带来严重的损失。自 20 世纪 50 年代发现采用茎尖培养方法可除去植物体内的病毒以来，脱毒培养就成为解决病毒危害的主要方法之一。由于植物生长点附近的病毒浓度很低甚至无病毒，所以切取一定大小的茎尖分生组织进行培养，再生植株就可能脱除病毒，从而获得脱毒苗。脱毒苗恢复了原有的优良种性，生长势明显增强，整齐一致。如脱毒后的马铃薯、甘薯、香蕉等植物可大幅度提高产量，改善品质，最高可增产 3～4 倍；兰花、水仙、大丽花等观赏植物脱毒后植株生长势强，花朵变大且色泽鲜艳。目前利用组织培养脱除植物病毒的方法已广泛应用于蔬菜、果树、花卉等高附加值园艺植物上，并建立无病毒苗的繁育体系。

（3）植物新品种培育。植物组织培养技术为育种提供了更多手段和方法，使育种工作在新的条件下更有效地开展。

1）单倍体育种。单倍体植株可通过花药或花粉离体培养获得，不仅可以在短时间内获得纯的品系，更便于对隐性突变的分离。与常规育种方法相比，单倍体育种大大地缩短了育种年限，加快了育种进程，节约了人力与物力。

2）胚培养。胚培养是组织培养中最早获得成功的技术。在远缘杂交中，杂交后形成的胚珠往往在未成熟状态下就停止生长，不能形成有生活力的种子，导致杂交不孕，这使植物的远缘杂交常难以成功。采用胚、子房、胚珠培养和试管受精等手段，可以使自然条件下早夭的杂交胚正常发育，产生远缘杂交后代，从而培育成新品种。目前，胚培养已在 50 多个科属中获得成功。利用胚乳培养可获得三倍体植株，再经过染色体加倍获得六倍体，进而培育成生长旺盛、果实大的多倍体植株。此外，通过胚状体的产生，可以进行人工种子繁育。

3）体细胞杂交。体细胞杂交是打破物种间生殖隔离，实现其有益基因的种间交流，改良植物品种，创造新物种或优良品种的有效途径。通过这一途径，目前已成功培育成了细胞质雄性不育烟草、水稻，马铃薯、甘薯、番茄栽培种与其野生种的杂种，甘蓝与白菜的杂种，柑橘类杂种等一批新品种（系）和育种新材料。

4）细胞突变体筛选。离体培养的细胞处于不断分裂的状态，易受到培养条件和外界物理因素（紫外线、X 射线、γ 射线）和化学诱变剂的影响而发生变异，人们可从中筛选出有用的突变体，进而培育成新品种。20 世纪 70 年代以来，人们已诱变筛选出大量的植物抗病虫、抗盐、耐寒、耐盐、高赖氨酸、高蛋白和抗除草剂等突变体，有的已培育成新品种，并用于生产。

5）植物基因工程。植物基因工程是利用重组 DNA 技术、细胞组织培养技术等，将外源基因导入植物细胞或组织，使遗传物质定向重组，从而获得转基因植物的技术。该技术解决了植物育种中用常规杂交方法所不能解决的问题，克服了植物育种中的盲目性，提高了育种的预见性，已成功应用于植物抗病、抗虫、抗逆及品质改良等方面。植物遗传转化虽不直接属于植物组织培养的内容，但与植物组织培养的关系密不可分，植物组织培养既是遗传转化的基础，又是遗传转化获得的植物种质新材料推广应用的桥梁；在基因表达及其调控的研究上也需要组织培养技术。

（4）次生代谢物生产。利用发酵技术大规模培养植物组织或细胞，可以高效地生产出蛋白质、糖类、药物、香料、生物碱和色素等天然化合物。近年来，这一领域已引起人们的广泛重视，如用单细胞培养生产蛋白质，将给饲料和食品工业提供广阔的原料生产前景；用组织培养方法生产不能用微生物及人工合成的药物或有效成分。

（5）人工种子。人工种子是由美国生物学家 Murashige 提出来的，是指植物离体培养中产生的胚状体或不定芽，被包裹在含有养分和保护功能的人工胚乳和人工种皮中。人工种子是在组织培养的基础上发展起来的新兴生物技术，具有工厂化大规模制备和储藏、迅速推广、种子萌发率高等优点。目前，兰花、胡萝卜、小麦、杂交水稻等人工种子已进入开发阶段，可以实现工厂化、自动化生产。人工种子在自然条件下，能够像天然种子一样正常生长，它可为某些珍稀物种的繁殖和保存提供有效的手段。

（6）植物种质资源保存。植物种质资源是农业生产的基础，一方面植物种质资源不断增加，另一方面一些珍稀植物资源又日趋枯竭。常规的植物种质资源保存方法耗资巨大，使种质资源流失的情况时有发生。通过抑制生长或超低温保存的方法离体保存植物种质，可节约大量的人力、物力和土地，还可以挽救那些濒危物种。如用一台容积为 280 L 的冰箱可存放 2 000 支试管苗，而容纳相同数量的苹果植株则需要近 60 000 m^2 土地。离体保存还可避免病虫害侵染和外界不利气候及其栽培因素的影响，可长期保存，有利于种质资源的地区间及国际间的交换。

📖 拓展阅读

贺兰山位于宁夏回族自治区与内蒙古自治区交界处，是我国重要的自然地理分界线和西北地区重要的生态安全屏障。千百年来，贺兰山以巍峨的身躯，拦截西伯利亚寒流东进，阻挡腾格里沙漠入侵，保护黄河流域生态环境。除此之外，贺兰山还拥有丰富的矿产资源和动植物资源。然而由于长期人类活动干扰，环境遭到严重破坏。

党的十八大以来，习近平总书记高度重视生态环境保护修复工作，曾两次考查贺兰山，并指出要加强顶层设计，狠抓责任落实，强化监督检查，坚决保护好贺兰山生态。其中，在植被资源修复和保护过程中，采取种质资源归集、珍稀树种扩繁、低山水源保育等措施，有利于植物组织培育技术、植物移植驯化等现代化农业培育技术进行维护珍贵稀有植物繁殖群体，从而达到保护植物资源的目的。

2. 植物组织培养的展望

植物组织培养是生物技术的重要组成部分，它给植物生理学、植物生物化学、植物遗传学、植物病理学等研究提供了条件和方法，同时它又是一门年轻而富有生命力的科学，已取得了举世瞩目的进展。

（1）植物开放式组织培养技术。植物开放式组织培养技术简称开放式组织培养技术，是在使用外源抗菌剂的条件下，使植物组织培养脱离严格且易失调的无菌环境，不需高压灭菌锅和超净工作台，利用塑料杯等简易容器代替组织培养瓶，在自然开放的有菌环境中进行的植物组织培养。采用开放式组织培养技术，在培养基中添加抗菌剂，克服了非灭菌条件下组织培养污染问题，有效地简化了试验步骤，降低了生产成本。开放式组织培养技术突破了人工光源培养的限制，实现了大规模利用自然光进行植物培养的目标。

山东农业大学孙仲序教授指导崔刚等采用中医理论，从多种植物中提取具有杀菌、抗菌作用的活性物质，成功研制出了具有广谱性杀菌能力较强的抗菌剂，并且通过开放式组织培养技术成功建立了葡萄外植体的开放式组织培养。

（2）无糖组织培养技术。在植物组织培养过程中，小植株生长方式是以植物体依靠培养基中的糖以人工光照进行异养和自养生长。由于传统的组织培养技术中使用的是含糖培养基，杂菌很容易侵入培养容器中繁殖，造成培养基的污染。为了防止杂菌侵入，通常将培养容器密闭，但这样既造成植物生长缓慢，又容易出现形态和生理异常，同时还增加了费用。20世纪80年代末，日本千叶大学古在丰树教授发明了无糖组织培养技术，又称为光独立培养法。

无糖组织培养技术是植物组织培养的一种新概念，是环境控制技术和生物技术的有机结合。其特点是将大田温室环境控制原理运用到常规组织培养中，通过改变碳源的供给途径，用 CO_2 气体代替培养基中的糖作为组织培养育苗生长的碳源，采用人工环境控制技术，提供适宜不同种类组织培养育苗生长的光、温、水、气、营养元素等条件，促进植株的光合作用，从而促进植物的生长发育，使之由异养型转变为自养型，从而达到快速繁殖优质种苗的目的。无糖组织培养技术的优点在于可大量生产遗传一致、生理一致、发育正常、无病毒组织培养育苗，驯化时间短，生产成本低。目前，无糖组织培养技术已经成功地应用于草莓、花椰菜等经济作物的培养中，并且取得了很好的试验效果。但是，无糖组织培养技术对环境要求较高，若无糖组织培养环境不能被控制且达不到一定的精度，就会严重影响组织培养育苗的质量和经济效益。随着其理论研究的不断深入及相关配套技术的完善，无糖组织培养技术必将成为今后植物组织培养生产的一种重要手段。

虽然植物组织培养应用非常广泛，但是也存在缺点，比如成本高、技术复杂、环境易失调等问题。但随着科学技术的发展，培养技术的不断完善，技术专家对组织培养中出现的问题不断研究，使之规范化、标准化、系统化。根据我国农业发展的特点，吸取国内外先进组织培养经验和成果，积极发展现代化组织培养业，建立半自动化、专业化的组织培养工厂，培育一些优质、特色、珍贵的植物品种（系）。在实践中培育一批专业的生产、技术及管理人才，形成自己的特色和生产格局，从而为我国农业高质量发展提供可靠的技术指导。

项目一 植物组织培养工厂（实验室）建立

项目情景

自20世纪60年代以来，植物组织培养已经从实验室研究阶段发展成为一种大规模、成批量的工厂化生产方法，在植物快速繁殖和种质保存等方面做出了巨大贡献。通过组织培养快速繁殖技术不仅可使优良新品种得以迅速规模化生产，而且大面积推广应用，也使许多濒临绝种的稀有珍贵物种资源得以繁衍保存和利用，还使众多因遭受毁灭性病原侵害而造成品种退化、减产绝收、濒危的名特优品种得以提纯复壮，从而造福于人类。因此，设计建设能满足工艺要求、保证产品质量、降低能耗、提高经济效益的植物组织培养工厂就显得十分重要。

人们将现代高新技术——植物组织培养应用于优良品种的无性系苗木快速繁育和应用生物技术培育新品系、新品种，创建有自主知识产权的新产品，便有了无限广阔的应用前景，既有深远的社会效益，也有直接的经济效益，还与我国深入实施种业振兴行动，加强农业种质资源保护利用，建设种业领域国家重大创新平台，有序推进生物育种产业化应用，培育一批航母型种业领军企业，实现种业科技自立自强、种源自主可控，加强农业战略科技力量建设，推进农业关键核心技术攻关，在基因编辑、生物工厂、人工智能等领域实现突围突破的重大决策部署相符合。

学习目标

> 知识目标

1. 了解植物组织培养工厂（实验室）设计的基本要求。
2. 掌握植物组织培养工厂（实验室）的组成及其功能和主要设备。

➤ 技能目标

1. 能设计植物组织培养工厂（实验室）。
2. 会使用植物组织培养工厂（实验室）中的各种仪器。

➤ 素质目标

1. 培养团队协助、团队互助的意识。
2. 培养自我学习的习惯、爱好和能力。
3. 培养依法规范自己行为的意识和习惯。
4. 具有良好的道德品质、文明行为习惯。
5. 具有热爱农业、服务农业的信念以及提高科技兴农意识。
6. 具有积极进取的品质。

任务一　植物组织培养工厂（实验室）设计

工作任务

● **任务描述**：组织培养实验室需要满足一定的条件，才能进行组织培养快速繁殖工作。因此，需要对实验室的功能、布局、环境有全面的理解和掌握。

● **任务分析**：了解组织培养实验室需要满足的要求；掌握组织培养实验室各个区域的主要功能、设计要求和需要满足的环境条件。

知识准备

组织培养实验室是进行植物组织培养快速繁殖的重要场所。在进行组织培养实验室的设计之前，要全面了解实验室各个区域的功能及需要满足的环境条件。在此基础上进行实验室的设计，才能保证实验室的功能齐全、布局合理、环境条件满足组织培养生产的需要。

1. 功能齐全

植物组织培养快速繁殖的流程：容器和培养器皿的清洗；培养基的配制、分装、封口和灭菌；外植体的表面灭菌和接种；继代培养（继代增殖）；生根培养；试管苗的炼苗移栽和初期管理。因此，实验室必须设施完备、功能齐全，具备良好的供水、供电条件，便于各种仪器设备正常工作。

2. 布局合理

实验室为了便于开展工作，通常按功能分隔成多个相对独立的空间。因此，在布局上，既要考虑不同空间的功能，又要顾及操作的连续性。每个空间对面积、光线、通风状况、温度、湿度的要求各不相同。在建造或改建实验室时，可根据现有条件科学划分功能区。需要注意的是，在功能区分隔时，各个功能区的面积划分要合理。例如，洗涤室要能满足多人同时操作，空间不能太小。缓冲间和接种室（无菌室）空间却宜小不宜大，便于空间环境的消毒灭菌。准备室内各种仪器设备较多，称量、配药、培养基分装和灭菌都应在这个空间进行，因此，准备室的面积大小要以能够容纳各种仪器设备和便于操作为宜。

3. 环境清洁

保持组织培养实验室的环境清洁，是植物组织快速繁殖工作的最基本要求。洁净的室内环境可以有效控制细菌和真菌污染，否则会使组织快速繁殖植物遭受不同程度甚至是不可挽回的损失。因此，在实验室选址和建造时，应考虑周围环境是否清洁，并选择产生灰尘最少的建筑材料；墙壁、地面光洁，门窗密闭性能好，必要时应配备防尘设备和外来空气过滤装置。

 任务要求

了解组织培养实验室的功能和设计要求。

任务实施

（1）参观组织培养实验室，指导教师集中讲解本次试验的目的、要求及内容。

（2）由实验员带领学生，分组讲解实验室整体工作流程及各个区域的功能、要求和需要满足的室内环境条件。

考核评价

（1）考核程序。以小组为单位进行考核。

（2）考核要点。察看学生是否了解和掌握组织培养实验室的要求、功能和环境条件及日常工作流程（表 1-1-1）。

表 1-1-1　考核评价表

序号	考核内容	分值	赋分
1	训练前准备充分；训练前遵守实验室纪律，严格遵守操作规程；有合作意识；训练后及时总结，勤于思考	4	
2	了解和掌握组织培养实验室的要求、功能和环境条件及日常工作流程	6	
	合计	10	

任务二　组织培养实验室的设计与组成

 工作任务

● **任务描述**：组织培养实验室的各个区域，都是实验室不可缺少的组成部分。各个区域的功能、条件是否合理完善，仪器设备及用具的配置是否完备，都会影响实验室工作的正常进行。因此，实验室设计是十分重要的工作。

●**任务分析**：学习组织培养实验室的设计。

知识准备

组织培养实验室设计前，必须了解和掌握实验室各个区域的主要功能、设计要求、室内环境条件及仪器设备和用具的配置。在布局、面积大小、室内采光通风等方面都应考虑周全。

一个标准的组织培养实验室按功能可分为洗涤室、准备室、缓冲间、接种室、培养室等。在建造或改建时，也可以根据具体情况而设置。

1. 洗涤室

（1）主要功能。洗涤室是用来进行玻璃器皿和试验用具的洗涤、干燥与储存；培养材料的预处理和清洗（图 1-2-1）。

（2）设计要求。根据生产规模来决定洗涤室面积的大小，一般在 10～15 m²。洗涤室空间宽敞明亮，便于多人同时操作；室内应配备电源、水源和大中型水槽，下水道要通畅；地面要耐湿、防滑，便于排水、清洁；门窗密封性能好，但要便于通风。为了工作方便，有时也将高压灭菌器置于洗涤室内，这就要求洗涤室地面耐高温。洗涤室的门不设置门槛，便于小推车平稳进出。

（3）仪器设备与用具配置。工作台、烘箱、晾瓶架、周转筐、托盘、毛刷、水桶和水盆。

2. 准备室

（1）主要功能。准备室主要用来进行药品称量、溶解；各种母液的配制和保存；培养基的配制、分装、封口和高压蒸汽灭菌；蒸馏水（或无离子水）的制备；各种试剂的低温储存等（图 1-2-2）。

图 1-2-1　洗涤室

图 1-2-2　准备室

（2）设计要求。准备室一般为 30 m² 左右，便于多人同时操作。准备室要宽敞、明亮、干燥，门窗密闭性能好且便于通风；墙壁光洁，地面防潮、防滑、耐高温；电源和电路完备；天平台和天平置于受干扰最少的位置；高压灭菌器应尽量远离其他设备。为了操作方便，有时也将准备室和洗涤室合二为一。准备室的门不设置门槛。

（3）仪器设备与用具配置。准备室工作量大，许多重要的工作环节都是在准备室内完成的，所用的仪器设备和用具种类较多，主要包括药品柜、大型工作台、器械柜、培养基搁置架、冰箱、电子分析天平、托盘天平、电子秤、高压蒸汽灭菌器、纯水机（或电蒸馏水器）、磁力搅拌器、恒温水浴锅、酸度计、自动灌装机、电炉、微波炉、电饭煲、医用小推车等。另外，还有各种不同规格的烧杯、量筒、量杯（不锈钢或塑料）、棕色或透明的试剂瓶、培养瓶、吸管、移液管、移液管架、培养皿、玻璃棒、标签纸、称量纸、记号笔、滤纸、pH试纸、周转筐、封口膜、棉线绳、脱脂棉、纱布、蒸馏水桶、水盆等。

3. 缓冲间

（1）主要功能。缓冲间是为了防止外界的带菌气流直接进入接种室，同时，阻隔操作人员衣物携带的细菌和真菌。操作人员在进入接种室之前要在缓冲间更衣、换鞋、洗手，并佩戴试验帽和口罩。

（2）设计要求。缓冲间一般以 3 ~ 5 m² 为宜。缓冲间和接种室之间使用玻璃隔离，并设置滑动门，以减少开关时对室内空气造成扰动。缓冲间地面和墙壁光洁，里面配备洗手池、鞋架和衣帽挂钩，上方安装紫外灯。缓冲间的门不设置门槛。

（3）仪器设备与用具配置。洗手池、搁架、鞋架、衣帽挂钩、紫外灯、拖鞋、工作服、试验帽、口罩、酒精喷雾器等。

4. 接种室

（1）主要功能。接种室是无菌操作的场所。外植体的灭菌和接种、瓶苗的转接等无菌操作都是在接种室进行的。接种室的清洁程度及超净工作台能否提供无菌的操作平台，对组织培养快速繁殖的成功与否起着至关重要的作用（图 1-2-3）。

图 1-2-3　接种室

（2）设计要求。接种室的面积根据生产需要和环境控制的难易程度而定，宜小不宜大，一般以能够容纳足够数量的操作平台和操作空间为准。接种室要求安静、密闭、清洁、明亮、干爽。地面、四壁、天花板应尽可能光洁，不易沾染灰尘，便于清洁和环境灭菌。在接种室内适当高度需要吊装数盏紫外灭菌灯，并在适当位置安装小型空调机。接种室的入口应该配置滑动门，减少人员进出时与外界的空气形成对流，而对室内空气造成扰动。接种室与培养室可通过传递窗相通，最大限度地降低人员及物品进出带来的杂菌污染。接种室的门不设置门槛。

（3）仪器设备与用具配置。接种室应配置超净工作台、空调机、紫外灯、电热式接种器具灭菌器、解剖镜、搪瓷盘、接种工具（医用镊子、4 号解剖刀和刀片、医用剪子、不锈钢接种盘）、针头过滤器、微孔滤膜（0.22 μm）、酒精喷雾器、脱脂棉、75% 酒精、吐温 -20、搁架、医用小推车、座椅、污物桶等。

5. 培养室

（1）主要功能。培养室主要用来进行离体植物材料（外植体）和试管苗的培养（图 1-2-4）。

（2）设计要求。培养室的设计主要考虑以下几个方面：

1）培养室的面积：培养室的面积根据生产规模而定，

图 1-2-4　培养室

面积可大可小，满足生产需要即可。

2）培养室清洁度：培养室要保持较高的清洁度。要求墙壁和顶棚洁白光滑，隔热保温性能好；地面用水磨石或瓷砖铺设，平坦无缝，便于室内卫生清扫和消毒灭菌；门窗密闭性能好，能够有效隔绝外部的灰尘，最好设置滑动门且不设置门槛。

3）温度控制：温度是培养室重要的环境因子，一般保持在 20 ～ 28 ℃。因不同植物所需的温度不同，培养室最好设置成相对独立的小区间（分室），便于用空调机调控温度。培养室的面积较大时，最好采用中央空调，以保证培养室内各部位温度相对均衡。

4）光照控制：培养室最好设置在建筑物的向阳面，并设置双层玻璃或加大窗户，以利于接收更多的散射光。培养架上的灯光照明采用定时开关控制照明时间。光照强度可以使用便携式照度计测量。

5）培养架设计：培养架设计以使用方便、节能、充分利用空间和牢固可靠为原则。培养架一般由专业的生产厂家生产，架材由带孔的新型角钢和金属搁板组成，尺寸为 1 300 mm×500 mm×2 000 mm（长 × 宽 × 高），设计为 5 层，实际为 4 层，每层高度为 300 mm，可以自由组装和拆卸，也可以根据需要调整层间距（300 ～ 400 mm）。底层距离地面的高度为 200 mm。

6）湿度控制：培养室要求湿度恒定，空气相对湿度以 70% ～ 80% 为宜。湿度高的时候可以用除湿机或空调机来除湿，湿度低的时候用加湿器来增加空气相对湿度。

（3）仪器设备与用具配置。培养室内需要配备空调、调速多用振荡器、除湿机、空气加湿器、光照时控器、干湿温度计、温度自动记录仪、培养架、便携式照度计、周转筐等。

任务要求

能够进行组织培养实验室的设计。

任务实施

（1）指导教师带领学生，分组察看组织培养实验室室内布局，进行测量并画出室内平面图。

（2）根据组织培养实验室各个区域的面积大小、采光通风情况、门窗位置等因素，对实验室各个功能区域进行合理安排。

（3）画出设计平面图，并在各个功能区域进行仪器设备与用具的配置。

考核评价

考核评价表见表 1-2-1。

表 1-2-1　考核评价表

序号	考核内容	分值	赋分
1	训练前准备充分；训练时遵守实验室纪律，严格遵守操作规程；有合作意识；训练后及时总结，勤于思考	5	

序号	考核内容	分值	赋分
2	实验室总体功能齐全	5	
3	各个功能区安排合理	5	
4	各个功能区环境条件能够满足工作和生产要求	5	
	合计	20	

📄 **知识拓展**

1. 准备室的仪器设备与用具

（1）电冰箱（100～200 L）：1～2台，用于储存易变质、易分解的药品及各种母液或需要临时低温保存的植物材料。

（2）电热式高压蒸汽灭菌器（300～500 L，立式），1台。

（3）电热式高压蒸汽灭菌器（100 L，立式），1台。

（4）电热式高压蒸汽灭菌器（30 L，立式）：1台，用于培养基、玻璃容器、无离子水、接种器具、针头过滤器、滤纸等的灭菌。

（5）电饭煲（20 L）：1台，用于大量熬制培养基。

（6）不锈钢锅（5 L）：1个，用于熬制少量的培养基。

（7）电磁炉：2台，用于烧水、熬制少量培养基或者在配制某些溶液时进行热水浴。

（8）洗涤用水槽（大中型、不锈钢）1个。

（9）大型工作台1～2张。

（10）药品柜（玻璃橱），1～2个。

（11）干燥箱（中小型），1台。

（12）无离子水发生器或蒸馏水发生器：1台，用于制无离子水。

（13）电炉（2 kW、双联，功率可调）：1台，主要用于熬制铁盐母液。

（14）磁力加热搅拌器：1台，配制母液时，磁力加热搅拌器用于加速溶解某些试剂和药品。

（15）pH计，1台。

（16）托盘天平（500 g，感量0.1 g）：若干架，用于称量少量的蔗糖、琼脂或化学试剂。

（17）电子秤（5 kg，感量0.1 g）：1台，用于称量用量较多的蔗糖或用量较多的化学试剂。

（18）培养瓶（玻璃瓶或聚丙烯塑料瓶，数量取决于生产规模）。

（19）分装器具（1 000 mL、2 000 mL的搪瓷杯或塑料杯）若干个，用于分装培养基。有条件的实验室可以配置自动灌装机。

（20）试剂瓶（1 000 mL、500 mL、250 mL，白色和棕色）各若干个，用于盛装母液或其他化学试剂。

（21）量筒（1 000 mL、500 mL、100 mL、50 mL、20 mL、10 mL）各若干个。

（22）烧杯（2 000 mL、1 000 mL、500 mL、100 mL、50 mL）各若干个。

（23）移液管（10 mL、5 mL、2 mL、1 mL）各若干支；各式洗瓶刷，若干支。

（24）周转筐若干个，用于存放或转移培养基、培养瓶、玻璃容器等物品。

（25）托盘（搪瓷或不锈钢）若干个，用于搬运或转移少量的物品。

其余物品可根据需要而添置。

2. 接种室的仪器设备与用具

（1）超净工作台。根据生产规模和接种室面积来配置超净工作台。超净工作台由三相电机作鼓风动力，功率为145～260 W，将空气通过由特制的微孔泡沫塑料片层叠合而成的滤清器后吹送出来，形成连续不断的无尘无菌的超净从其层流，它除去了大于0.3 μm的尘埃、真菌和细菌孢子等。超净气流的流速为24～30 min，这已经足够防止附近空气的袭扰而引起的污染，这样的流速也不会妨碍接种器具的电热灭菌和接种人员的无菌操作，保证无菌材料在转移接种过程中不受污染。

超净工作台的进风口在背面或正面的下方，也有进风口设在上方的。进风口的金属网罩内有一普通的泡沫塑料片或无纺布，用来阻拦大颗粒尘埃，应经常检查、拆洗或更换。工作台正面的金属网罩内是超级滤清器，如果发现因使用年久，尘埃颗粒堵塞，风速减小，不能保证无菌操作时，需要换上新的。在任何情况下都不应将超净工作台的进风罩对着开敞的门或窗，以延长滤清器的使用寿命。

一般的超净工作台上都有吊装的紫外线灭菌灯，与照明灯平行排列，但应吊装在照明灯罩之外。若将紫外线灯装入照明灯罩里面，则不能起到杀菌作用，因为紫外线不能穿透玻璃。紫外线灯管是石英玻璃，而不是由硅酸盐玻璃制成的。

（2）搁架。搁架用于放置经过高压蒸汽灭菌、等待接种的培养基，可分为多层，以有效利用接种室空间。

（3）医用小推车。医用小推车用来临时放置和推送培养瓶，一般分为2～3层，每层可放置两个周转筐。

（4）电热式接种器具灭菌器。

1）电热式接种器具灭菌器可以代替酒精灯，用来对接种器具进行灭菌。按压电热式接种器具灭菌器正面的触摸屏可以调节灭菌温度。一般根据接种速度，灭菌温度可在160～190 ℃中设置。

2）电热式接种器具灭菌器可以节省时间，提高接种速度，无明火，安全可靠。

3）电热式接种器具灭菌器放置在超净工作台上，双人式超净工作台需要配置两部接种器具灭菌器，一般并排放置在超净工作台的中间，以便接种人员操作。

（5）接种器具：

1）枪式镊子（16 cm）若干把。

2）解剖刀柄（4号）若干把。

3）解剖刀片（11号）若干包。

4）医用不锈钢弯剪（18 cm）若干把。

5）不锈钢接种盘若干只。

（6）玻璃器皿、器具：

1）广口瓶（500 mL，用于存放酒精）若干只。

2）烧杯（250 mL、500 mL）各若干只。

3）玻璃棒若干支。

（7）常备的灭菌药品及助剂：升汞、漂白精片、吐温 -20、酒精（75%）、新洁尔灭。

3. 培养室的仪器设备与用具

（1）培养架。根据培养室面积来合理配置培养架。培养架应纵向对着窗户，以最大限度地接收太阳的散射光。培养架纵向排列可使培养室的光线分布相对均匀。

（2）光照时控器。利用光照时控器可以控制培养室内的光照时间。继电器触头容量为 10 A 的时控器，最大负荷为 2 500 W。还有一些时控器的继电器触头容量只有 5 A，最大负荷只有 1 250 W。不同型号的时控器的负荷不同，而培养室内的照明灯总功率往往远大于时控器的最大负荷。要想用时控器控制大功率的照明电路，可以用时控器控制交流接触器，再用交流接触器来控制大功率的照明电路。

（3）空调机。培养室内的空调机，可以起到调节室温和除湿的作用。

培养室内的温度相对恒定，一般情况下保持在（26±2）℃的范围内，可以满足大部分植物品种的要求。但不同的植物，在培养过程中对温度的要求不同；同一种植物在不同的培养阶段，对温度的要求也不尽相同。这就要求培养室内的温度可控、可调，利用空调机即可调节培养室内的温度，使室内温度保持相对恒定。在北方的冬季，空调机配合室内的供暖设施，完全可以满足植物生长所需的温度条件。在多雨的夏季，空调机开启除湿模式，可以有效降低室内的空气湿度。

（4）空气加湿器。培养室必须保持适当的湿度，才能保证试管苗的正常生长。在冬春季节，室内比较干燥，空气相对湿度低，需要利用空气加湿器来提高培养室内的湿度。

对于以聚丙烯材料为材质的培养容器，盖子上往往有透气膜，低湿度的室内环境会造成培养基里的水分快速流失。在这种情况下，采用空气加湿器来增加培养室内空气湿度就显得尤为必要。

（5）照度计。照度计可以用来测量光照强度。不同的品种，不同的培养阶段，对光照强度有不同的要求。采用照度计来测量光照强度并加以调整，可以改善试管苗的生长状况，提高试管苗的质量。

（6）调速多用振荡器。在进行液体培养时，为了改善培养物的通气状况，需要将培养瓶置于振荡器上，进行振荡培养，使瓶中的培养材料交替暴露于空气和液体培养基中。

（7）除湿机。在夏秋的多雨季节，为了降低培养室内的空气湿度，在有条件的情况下可以配备除湿机，用来提高除湿效率。

（8）干湿温度计。用来观测培养室内的空气相对湿度和温度。

（9）周转筐。用来放置或周转培养基和培养瓶。

任务三 工厂化育苗生产常用设施设备

工作任务

● **任务描述**：植物组织培养要在无菌条件下进行，故要求对植物组织培养工厂设施的构建，高压灭菌锅、超净工作台等仪器设备的使用原理与方法有较好的理解和掌握。

● **任务分析**：掌握植物组织培养工厂基本设施的构建；了解植物组织培养工厂中涉及的常用仪器设备的原理和使用方法。

● **工具材料**：超净工作台，高压蒸汽灭菌锅，电热干燥箱，酸度计，普通冰箱，蒸馏水发生器，解剖镜，电热消毒器，光照培养箱，恒温振荡器，照度计等。

知识准备

植物组织培养是一项对环境条件和操作技术要求严格的工作，在进行植物组织培养之前，要全面了解实验室的构成和最基本的设备，以便顺利进行组织培养工厂化育苗生产。

植物组织培养工厂应根据组织培养生产流程合理设置，使其形成一条流水作业的生产线，以提高工效和保证组织培养育苗生长的无菌环境，组织培养实验室应按照配制培养基→蒸汽灭菌→分离或接种→无菌培养的流程进行平面布局，以提高工效和保证组织培养育苗生长的无菌环境。

一、工厂化育苗生产设施

组织培养育苗生产工厂构建总体要求如下：

（1）组织培养工厂选址要求排灌水方便，远离污染源，水电供应充足，交通便利（但要远离交通干线 200 m 以外），周边环境清洁，地下水水位在 1.5 m 以下。一般建在城市的近郊区。

（2）组织培养工厂各车间的大小与相对比例合理，在车间的设计和设施设备的配置、摆放上与其功能相适应。特别是接种车间和培养车间要求密闭，保温性能良好，能够充分利用自然光源，以减少污染及能耗。为了节省用地，也可以改成楼层设计，但必须增加电梯吊装设备，并考虑各作业间之间流水作业的便捷。

（3）建筑与装修材料要经得起消毒、清洁和冲洗；厂房的防水处理应高标准，不能有渗漏雨现象；地基最好高出地面 30 cm 以上。

组织培养育苗生产工厂包括组织培养育苗生产车间和驯化栽培区。其中，组织培养育苗生产车间主要包括洗涤车间、培养基配制车间、灭菌车间、接种车间、培养车间（图 1-3-1、图 1-3-2）；驯化栽培区包括移栽驯化车间和育苗苗圃，也可以单独设置。另外，还有办公室、值班室、仓库、会议（培训）室、冷藏室、产品展示厅等附属用房。

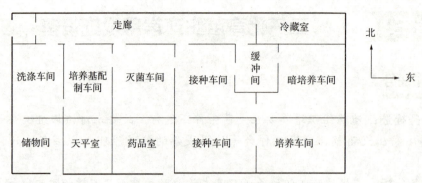

图 1-3-1　组织培养工厂布局图 1

（一）洗涤车间

1. 主要功能

洗涤车间承担器皿器械的清洗、植物材料的预处理、试管苗出瓶，清洗与整理工作等。

2. 设施要求

根据工作量的大小决定洗涤车间的大小，面积在 20 ～ 60 m²。需要注意的是，洗涤用水槽（池）最好设置在车间的一侧，另一侧为立体多层器皿架，分别用于玻璃器皿和用具等的洗涤和洗涤后的储存等；中央摆放长条形工作台，用于玻璃器皿、用具等洗涤前后的临时摆放。

观察室	生根培养室	培养室	培养室	小培养室	紫外消毒室	灭菌室	培养基配制室	天平及药品存放室	升	楼梯
生化室	振荡培养室 / 暗培养室	培养室	人工气候室	接种室	培养基储备间	缓冲间 / 更衣室	洗涤室	办公室	洗 / 卫	洗 / 卫

走廊

*洗：洗手或淋浴间；卫：卫生间；升：升降梯；——：推拉门

图 1-3-2　组织培养工厂布局图 2

3. 仪器与用具配置

洗衣机、洗瓶机、换气扇、医用小推车、大水池等。

知识拓展：化学仪器使用及注意事项

（二）培养基配制车间

1. 主要功能

培养基配置车间配制各种培养基。

2. 设施要求

培养基配制车间的面积一般为 40 ～ 60 m²，要求明亮通风。有条件的可在配制车间内单独设置药品间和天平室（或称量室）。

3. 仪器与用具配置

大型工作台、药品柜、普通冰箱、电子分析天平和托盘天平、电蒸馏水器、磁力搅拌器、恒温水浴锅、电炉或电饭煲、酸度计、培养基分装设备、恒温培养箱、烘箱等。

（三）灭菌车间

1. 主要功能

灭菌车间用于培养基及组织培养器械的灭菌。

2. 设施要求

灭菌车间的面积一般为 15～30 m²。根据生产能力选择不同型号的灭菌锅。由于高压灭菌锅用电量大，应考虑用电负荷设置专用的电线和配电板（盘）。灭菌车间必须有消防设施。

3. 仪器与用具配置

中型压力灭菌锅、小型立式灭菌锅等。

（四）接种车间

1. 主要功能

接种车间用于植物组织培养育苗的接种。

2. 设施要求

接种车间一般可分为缓冲间和接种间。缓冲间（图 1-3-3）要求面积为 3～5 m²，需要配置紫外灯，用于无菌操作人员更换灭菌工作服、拖鞋、佩戴口罩等。接种室（图 1-3-4）面积应根据生产规模而定，要求干爽安静、清洁明亮、墙面光滑平整、地面平坦无缝。除此之外，在设计时需要注意以下几个问题：

图 1-3-3　缓冲间

（1）根据工作量的大小决定接种间的面积，但不宜过大，可以多设置几个小接种间。

（2）为便于无菌操作和提高接种的工作效率，以选用平流风式单人单面超净工作台为宜。

（3）在接种车间内可设计一个紫外光消毒间，与培养间相邻。从培养车间取出准备进行继代培养的材料或外购的组织培养瓶苗在进入接种室前，需要在此室内用紫外线灯消毒 20～30 min，以减少瓶外的污染源带入接种间。

图 1-3-4　接种室

（4）在接种车间外设置风淋室。另外，配备一定的防火设备。

3. 仪器与用具配置

紫外灯、超净工作台、空调机、医用小推车、酒精灯、剪刀、镊子等。为提高劳动生产率和降低生产成本，也可以引进自动化设备生产线（图 1-3-5），可省去大量的人工洗瓶、冲瓶、淋瓶、烘干、灌装等复杂程序，显著提高工作效率。

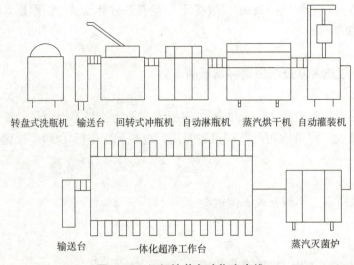

转盘式洗瓶机　输送台　回转式冲瓶机　自动淋瓶机　蒸汽烘干机　自动灌装机

输送台　　　　一体化超净工作台　　　　　　　蒸汽灭菌炉

图 1-3-5　组织培养自动化生产线

（五）培养车间

1. 主要功能

培养车间用于接种到培养瓶等器皿中植物材料的培养（图 1-3-6）。

图 1-3-6　培养车间

2. 设施要求

根据组织培养育苗工厂的生产规模，确定培养车间的数量和面积大小。最好设置计多个培养间，便于对培养条件均匀控制。为便于管理，可单独设置一间液体振荡培养间。另外，培养车间最好与紫外光消毒间和接种间相邻，这样可以保证接种与培养上下工序的衔接顺畅。在条件允许的情况下，可在培养车间内单独设置一间储备室（区），用于存放已灭菌的培养基或未使用完成的培养基，以及无菌纸和无菌用具等。存放的培养基必须严格标明培养基代号及消毒日期，并且排放整齐、有序。储备室内宜保持较低的温度和避免阳光直射，并应安装紫外光灯，以便经常对室内环境进行消毒。

3. 仪器与用具配置

培养架和灯光、通风设施、边台及仪器设备（如空调机、除湿机、换气扇、小推车、折叠梯子）等。

（六）移栽驯化车间

1. 主要功能

移栽驯化车间（图 1-3-7）用于试管苗出瓶后的驯化。

2. 设施要求

在温室基础上营建，要求清洁，面积根据生产规模而定。

3. 仪器与用具配置

空调机、加湿器、恒温恒湿控制仪、光照调节装置、通风口及杀菌剂。

图 1-3-7　驯化车间

（七）育苗苗圃

1. 主要功能

育苗苗圃（图 1-3-8）可分为原种圃、品种栽培示范区和繁殖圃。原种圃用于引进和保存育苗所需的无病毒或珍稀的优良种质资源，主要采用防虫网室保存（部分种类可用试管冷藏保存）；品种栽培示范区主要是栽培本厂生产的各种组织培养育苗的成年植株，展示其优良的观赏性状及生产习性，也作为组织培养材料的采集地；繁殖圃包括育苗区、无性繁殖区和培育大苗区，可以直接向市场供应不同规格的商品苗木。

图 1-3-8　育苗苗圃

2. 设施要求

根据组织培养育苗的规模与目的，确定育苗苗圃的大小。原种圃、品种栽培示范区和繁殖圃的面积分别根据种源和展示品种的多少、市场的需要来确定。

（1）原种圃。在原种圃内防虫网室保存的原种材料要求不带病毒，而且要避免重复感染和因长期继代而发生变异。所保存的原种材料每年应进行一次病毒鉴定。原种圃应有完整的引种档案，记明原种植物的引种来源、品种名称、病毒检测证明、原种定植图和相应的管理记录等。一般每个原种材料应不少于 2～3 株。

（2）品种栽培示范区。品种栽培示范区的面积可根据品种的多少来确定。育苗苗圃应选用地势平坦、土质疏松而肥沃的砂壤土，并有充足的水源和灌溉条件，以及方便苗木的销售运输，且保证苗木纯正无误。

（3）繁殖圃。繁殖圃满足商品大苗的养护和常规无性繁殖采穗的需要。

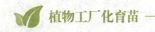

3. 仪器与用具配置

智能温室、普通日光温室或塑料大棚；微灌系统、育苗床、排灌系统、遮阳避雨设施、防虫网室；基质、肥料、消毒剂、穴盘或栽培盆具，以及其他必要的工具与辅助设施（如肥料堆沤场地）等。

（八）主要附属用房

1. 仓库

仓库主要用于存放备用的玻璃器皿、器械及试剂等，便于随时取用。仓库要求干燥、通风、避免光照，备有药品柜、冰箱等设施、设备。化学试剂等物品分类存放于柜中，有剧毒物品（如 $HgCl_2$ 等）需要专人密封保存；需要低温保存的药品和药液存放在冰箱中。仓库应选择在背阳的场地。

2. 冷藏室

在冷藏室（1～5 ℃）内可以暂时存放原种材料和待出库移栽的组织培养育苗，以及进行种质资源的离体保存。通过低温处理，可以控制某些种类的组织培养育苗的分化和生长速度；打破某些植物休眠。如球根花卉唐菖蒲的小球茎在冷藏室3～5 ℃下冷藏1个月，就可以解除休眠。因此，冷藏室对于育苗工厂按计划生产和按时供应大量种苗起着重要调节及储备的作用。

3. 更衣间

更衣间是组织培养育苗生产车间的第一道门户。工作人员等必须在此更换拖鞋和洁净的工作服。更衣间内安装紫外光灯，以便定期进行室内消毒，经常清洗更衣间内的工作服和拖鞋，使更衣间始终保持整洁状态。如有条件可设置风淋设施。

二、工厂化育苗生产设备

（一）灭菌设备

灭菌设备常用电热式高压蒸汽灭菌器。大中型的电热式高压蒸汽灭菌器可分为立式和卧式两种，按容积大小可分为600 L、500 L、300 L、200 L、100 L等多种不同的型号。小型的高压蒸汽灭菌器都是手提式的，可分为50 L、30 L、24 L、18 L，可以根据生产需要合理配置。大中型的高压蒸汽灭菌器多用于培养基和玻璃容器的消毒灭菌；手提式高压蒸汽灭菌器则多用于玻璃容器、无离子水、接种器具、针头过滤器、滤纸等的灭菌。

1. 高压蒸汽灭菌锅

高压蒸汽灭菌锅是一种密闭良好，能承受高压的金属锅，是培养基和操作工具、器皿器具、工作服装等进行灭菌的设备。高压蒸汽灭菌的原理是水在大气中100 ℃左右沸腾，水蒸气压力会增加，沸腾时温度将随之增加，因此，在密闭的高压蒸汽灭菌锅内，当压力表指示蒸汽压力增加到0.105 MPa时，温度则相当于121 ℃，在这种温度下20 min即可完全杀死细菌的繁殖体及芽孢。

高压蒸汽灭菌锅有手提式、立式、卧式等类型（图1-3-9）。根据生产规模选用相应的高压蒸汽灭菌锅，小型手提式方便，大型立式或卧式的效率高。手提式高压蒸汽灭菌锅是一个双层金属圆筒，两层之间盛水（图1-3-10）。高压蒸汽灭菌锅上外部有显示锅内压力和温度的压力表、进行排气的排（放）气阀和安全阀。有些高压锅外部还有加水阀门和排水阀门。

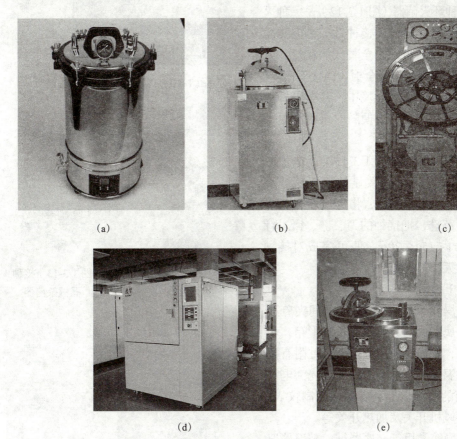

（a） （b） （c）

（d） （e）

图 1-3-9 各种类型的高压锅
（a）手提式高压灭菌锅；（b）立式高压灭菌锅；（c）卧式高压灭菌锅；
（d）超大型立式高压灭菌锅 b-1；（e）常规型立式高压灭菌锅 b-2

（1）外锅。外锅供装水产生蒸汽之用。外锅壁上还装有排气阀、压力表及安全阀。排气阀用于排出空气；压力表以表示锅内压力及温度；安全阀又称保险阀，利用可调弹簧控制活塞，超过定额压力即自行放汽减压，以保证在灭菌工作中的安全。

（2）内锅。内锅用于放置灭菌物品。

2. 细菌过滤器

培养基中有些生长调节物质（如玉米素、赤霉素等）在高温条件下容易分解破坏，使用这些生长调节剂时，就需要使用细菌过滤器。

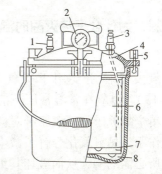

图 1-3-10 手提式高压蒸汽灭菌锅
1—安全阀；2—压力表；3—放气阀；4—软管；
5—螺栓；6—灭菌桶；7—筛架；8—水

细菌过滤器是利用微孔滤膜滤掉微生物以达到无菌的目的，滤膜的孔径有 0.45 μm 和 0.22 μm（图 1-3-11）。

3. 接种器械灭菌器

红外接种环灭菌器（图 1-3-12）是一种灭菌仪器，应用于接种环、接种针等小型物品的高温灭菌消毒，可以完全替代酒精灯，方便快捷，也应用于生物安全柜、净化工作台、抽风机旁、流动车上等环境中，甚至野外等恶劣环境下也可使用，方便随时进行高温灭菌消毒。

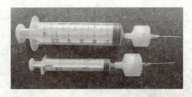

图 1-3-11 细菌过滤器的灭菌装置

接种器械灭菌器（图 1-3-13）是电加热高温干式消毒杀菌，由数显控制面板、石英珠、发热层（板）组成，将电能转化为热能，加热石英珠，把接种的刀、剪、镊、针插入石英珠内 15～20 s，便可完成对接种工具的消毒灭菌。

图 1-3-12 红外接种　　　图 1-3-13 接种
环灭菌器　　　　　器械杀菌器

4. 电热干燥箱

电热干燥箱（图 1-3-14）是中间夹着石棉的双层金属制成的方形箱或长方形箱，箱底装有热源，箱内有数层金属架，并附有温度计和自动温度调节器等装置。外壳为电器箱，电器箱的前面板上装有温度控制仪表、电源开关、风机开关及加热开关等。

图 1-3-14 电热干燥箱

电热干燥箱常用于金属器械、玻璃器皿的干燥和灭菌。灭菌时在 160～170 ℃的温度下保持 1～2 h 即可，但注意灭菌温度不可超过 180 ℃；也可在 80～100 ℃进行培养器皿的干燥、植物材料的烘干。

· 想一想：为什么干热灭菌时温度不能超过 180 ℃?

5. 臭氧发生器

臭氧发生器主要用于空气的消毒杀菌（图 1-3-15）。臭氧在常温常压下能自行分解成氧气和单个氧原子，而氧原子对微生物有极强的氧化作用，臭氧氧化分解了微生物内部氧化葡萄糖所必需的酶，从而破坏其细胞膜，将它杀死，多余的氧原子则会自行重新结合成为普通氧分子。臭氧消毒杀菌效果好，不存在任何有毒残留物，对多种细菌、病毒、芽孢均有很强的杀灭力。

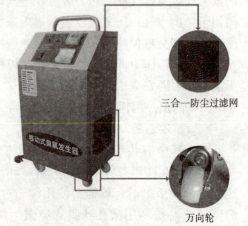

三合一防尘过滤网

万向轮

图 1-3-15 臭氧发生器

6. 紫外线灯

紫外线灯产生的紫外线具有杀菌作用。其主要用于对接种室、缓冲室、培养室等处的空气和环境进行消毒。

（二）接种设备

接种设备主要是指用于无菌操作的超净工作台。

1. 超净工作台

超净工作台是植物组织培养中最常用的一种无菌操作设备，为外植体或培养材料转移到培养基上提供了一个相对无菌的环境条件。根据风幕形成的方式不同可分为垂直送风和水平送风两种类型（图 1-3-16）。

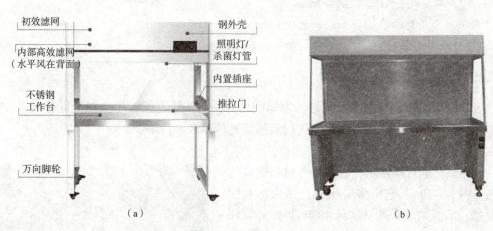

初效滤网　钢外壳
内部高效滤网
（水平风在背面）　照明灯/杀菌灯管
　内置插座
不锈钢工作台　推拉门
万向脚轮

（a）　　　　　　　（b）

图 1-3-16　超净工作台
（a）垂直送风类型；（b）水平送风类型

其工作原理是在特定的空间内，室内空气经过过滤器初滤，由小型离心风机压入静压箱，再经过空气高效过滤器二级过滤，可滤除尘埃和微生物，以固定不变的速率从工作台面上流出，形成了无菌的风幕，保证了台面的无菌状态。

2. 接种工具

植物组织培养进行无菌操作时，需要一些工具对材料进行切分、剪切、插接。这些工具包括解剖刀、手术剪、镊子、接种针、打孔器、解剖针等（图 1-3-17）。解剖刀和手术剪主要用于对材料进行切分、剪切；镊子、接种针用于材料转接；打孔器在肉质根的内部组织取材时应用；解剖针多在茎尖培养上应用。

图 1-3-17　常用接种工具

3. 接种箱

条件不足时可用接种箱代替超净工作台进行无菌操作。接种箱为木质结构，可分为双人操作箱和单人操作箱两种（图 1-3-18）。接种箱要求关闭严密、无缝，箱内安装紫外线灯。接种箱内放置常用的接种工具（如手术剪、镊子、解剖刀等）。培养材料、配制好的培养基等接种前才放入接种箱。使用时先将所用物品放入接种箱中，用消毒剂熏蒸，并打开紫外线灯照射，然后进行操作。

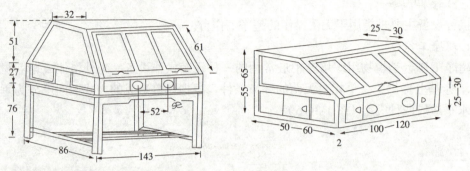

图 1-3-18　接种箱

（三）培养设备

培养设备主要是指用于承载培养容器的培养平台。培养架常用来进行固体培养和液体静止培养。恒温振荡器主要用来进行液体旋转培养和振荡培养。

1. 培养架

培养架是进行固体培养时，培养材料摆放的设备（图 1-3-19）。它由多层组成，每层均有照明设备。培养架的长度基本与 40 W 日光灯管相近（约为 125 cm），高度为 1.8～2.3 m，层高为 40 cm 左右。在培养架的顶部多采用反光膜或反光镜，以增强光照；每层架的隔板可采用玻璃板、金属网，也可放置一些木板。

图 1-3-19　培养架

2. 光照培养箱和人工气候箱

光照培养箱和人工气候箱均可以自动控制温度、湿度和光照，主要进行试管苗培养和移栽（图 1-3-20、图 1-3-21）。

3. 恒温振荡器

恒温振荡器主要用于细胞悬浮培养和液体培养。当为液体培养时，将容器固定在盘架上，使之往复式或旋转式振动，进而改善培养材料的通气状况（图 1-3-22）。

图 1-3-20　光照培养箱　　图 1-3-21　人工气候箱　　图 1-3-22　恒温振荡器

4. 空气调节设备

空气调节设备主要包括空调机、加湿机两种仪器设备，以保证培养室的温度、湿度条件。

（四）检测设备

检测设备指的是测量培养基和土壤溶液 pH 值的 pH 计、测量光照强度的照度计、测量土壤溶液无机盐含量的 EC 计，以及土壤养分速测仪、土壤水势—张力计、叶绿素测定仪等。

1. 解剖镜

解剖镜用于剥离茎尖和观察植物组织培养试管苗的生长分化情况（图 1-3-23）。

2. 显微镜

显微镜用于细胞的显微观察和培养中杂菌的鉴定，一些显微镜有摄影或摄像系统，可记录材料生长情况（图 1-3-24）。

图 1-3-23　解剖镜

3. 培养器皿

培养器皿是用于放入培养基和培养材料进行培养的器皿，要求透光度好、相对密闭、耐高温高压，有试管、三角瓶、培养皿及各种类型的培养瓶（图 1-3-25）。

（1）试管：在茎尖培养、花药培养、幼胚培养和试验配方筛选中选用。其具有使用培养基少、透光率高、易于观察的特点。其有平底和圆底两种类型，常用的规格有 2 cm×15 cm、2.5 cm×15 cm、3 cm×15 cm、2.5 cm×18 cm 等。

（2）三角瓶：组织培养中常用的培养器皿，可用于固体培养，也可用于液体培养。其具有透光率好、瓶口小等特点，有 50 mL、100 mL、150 mL、200 mL、250 mL、500 mL、1 000 mL 等不同规格的三角瓶。

图 1-3-24　显微镜

（3）培养皿：用于花药、胚的固体培养和无菌催芽，也可作为茎尖剥离时的载体。其具有透光好、便于观察、易污染等特点。

（4）其他培养瓶：用于各种类型的培养。其具有来源广泛、成本较低的特点，由不同的材料和不同的规格组成，如果酱瓶、玻璃瓶、专用塑料瓶、兰花瓶等。

（a）　　　　　　（b）　　　　　　（c）　　　　　（d）　　　　　　（e）

图 1-3-25　培养器皿

（a）试管；（b）三角瓶；（c）培养皿；（d）玻璃组织培养瓶；（e）兰花瓶

4. 称量仪器

称量仪器主要包括称量化学药品的各类天平和进行液体量取、定容等的各种容器。

（1）天平：称量各种化学药品、糖、琼脂等。其有普通托盘天平（图1-3-26）、电子分析天平（图1-3-27）。普通托盘天平只称量糖和琼脂；1/10 000的分析天平主要用于对微量元素、有机物和生长调节物质的称量，1/1 000的分析天平用于其他化学元素的称量。

图1-3-26　普通托盘天平　　　　　　图1-3-27　电子分析天平

（2）容量瓶（图1-3-28）：溶液配制时，定容所用。其常用的规格有50 mL、100 mL、200 mL、500 mL、1 000 mL等。颜色有棕色和无色透明两种，棕色容量瓶用于见光不稳定物质的定容和储存。

（3）移液管（图1-3-29）：配制培养基时，按一定量吸取各种母液。其规格有0.1 mL、0.2 mL、0.5 mL、1 mL、5 mL、10 mL等，与吸耳球配合使用。为避免使用时混淆，多在其上贴有标签，标注量取什么种类生长调剂物质母液或基本培养基母液，做到专管专用。

（4）移液枪（图1-3-30）：作用同移液管，能够调节相应量程，使用方便、准确。

（5）量筒（图1-3-31）：量取大量元素母液或配制部分溶液时定容。其规格有10～1 000 mL不等。

（6）注射器：简易的量取母液工具。规格有0.1～50 mL不等。

（7）烧杯：配制溶液时使用。有塑料和玻璃两种不同材质类型的烧杯。

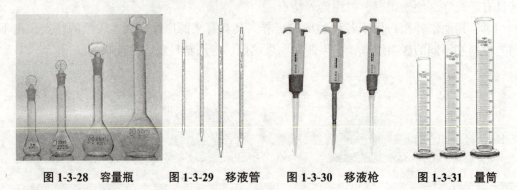

图1-3-28　容量瓶　　　图1-3-29　移液管　　　图1-3-30　移液枪　　　图1-3-31　量筒

5. 分装设备

分装设备是进行培养基分装、定容的容器或设备。根据大小和功能差异可分为简易分装器和全自动分装机两种类型。简易分装器在医药用品商店可以购买，俗称"吊桶"，有 1 000 mL、2 000 mL 等不同规格；全自动分装机在大规模生产中使用，它可以提供培养基配制时的加热、搅拌和精确分装功能，由压缩机和分装罐组成（图 1-3-32）。

6. 离心机

在细胞或小孢子培养中，进行细胞分离、调整密度、收集细胞、去除杂质时，均须进行离心。一般配制低速大容量离心机（图 1-3-33）。

7. 酸度计

用于测量和校正培养基 pH，主要有 pH 试纸和酸度计两种类型（图 1-3-34）。

8. 蒸馏水发生器

为保证实验室用水的质量，配备蒸馏水发生器是有必要的。其一般有单一蒸馏水发生器和双重蒸馏水发生器两类（图 1-3-35）。

9. 温度、湿度测定仪器

温度、湿度测定仪器是准确测定和记录试验环境的温度、湿度的仪器。其可分为干湿球温度计（图 1-3-36）、温湿度计（图 1-3-37）和全自动温湿度控制器（图 1-3-38）等类型。

图 1-3-32　全自动分装机

图 1-3-33　离心机

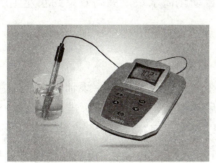

图 1-3-34　酸度计

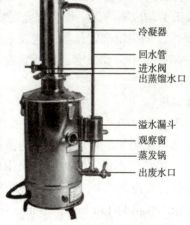

冷凝器
回水管
进水阀
出蒸馏水口

溢水漏斗
观察窗
蒸发锅
出废水口

图 1-3-35　蒸馏水发生器

图 1-3-36　干湿球温度计

图 1-3-37　温湿度计

图 1-3-38　全自动温湿度控制器

10. 其他设备

（1）冰箱或冷藏柜：储存母液和不耐热的物质，也暂时存放植物材料。

（2）医用小推车或周转筐：搬运试管苗和各种容器。

（3）晾瓶架：放置清洗完成的培养瓶。

（4）磁力搅拌器（图 1-3-39）：配制溶液时，进行搅拌。

（5）酶标仪（图 1-3-40）：无病毒苗培育时，进行病毒检测。

（6）照度计：测定培养环境的光照强度。

（五）其他育苗生产辅助设备

工厂化种苗在生产过程中为提高空间利用率，保证种苗充足的养分和生长空间，需要在组织培养育苗生长不同阶段对其进行不同密植规格穴盘之间的移栽。同时，随着种苗产业标准逐步规范、自动嫁接设备及植物工厂相关技术不断发展，对于种苗品质提出了更高的要求，在移栽过程中需要对组织培养育苗进行分选，从而保证种苗特征的一致性，防止穴盘缺苗、种苗病变和畸形。因此，移栽作业效果对于花卉、蔬菜等种苗品质，以及作物后续生长与种苗产业效益具有很大的影响。然而，由于组织培养育苗数量多、移栽作业周期短及劳动强度大等因素，组织培养育苗穴盘移栽已成为集约化育苗生产过程中劳动量需求较大的工序之一。

图 1-3-39　磁力搅拌器

图 1-3-40　酶标仪

随着人工劳动成本增加、现代农业对自动化生产水平要求不断提高，种苗特征识别、可靠夹持操作、末端精准定位等关键技术方面的不断突破和提高，最终智能钵苗移栽机等设备将在减轻人工劳动强度、填补农业自动化需求及发展高效集约农业生产方式等方面发挥重要的作用。

1. 移动苗床

移动苗床主要用于温室育苗、养花等（图 1-3-41）。

（1）移动苗床规格。移动苗床是由苗床网、铝合金边框、滚轴管、横撑、支架、手轮、调节小腿等组装而成，整体结构采用后热镀锌工艺。苗床标准高度为 0.75 m，可以进行微调，标准宽度为 1.7～1.8 m，也可以根据温室宽度定尺，长度可根据要求定作。

移动苗床的网格为 130 mm×30 mm（长×宽），丝径有 3 mm+3 mm 和 3 mm+4 mm（可以根据穴盘来定做苗床网）。先焊接再热镀锌，锌量高达 500 g/m²，防腐性能高，承重能力好，寿命长，一般 20 年不生锈。

（2）移动苗床特点。

1）手动驱动，操作简单，移动方便。苗床边框为铝合金材质，支架部分的钢管和苗床网都采用热镀锌工艺，能在潮湿环境下长期使用。

2）可向左、右移动 300 mm，能使温室的使用面积达到 80% 左右。

3）设有限位防翻装置，防止由于偏重引起的倾斜问题。

4）铝合金边框连接件和防翻钩全部采用新型 ABS 材质，产品具有硬度大、强度高、光泽度好等优点，避免普通连接件使用一段时间会存在生锈情况。

5）支架连接全部添加拉称，能更好地固定在地面上。

6）有效提高温室土地利用率，苗床覆盖面积可达到温室面积的 80% 左右。

图 1-3-41　移动苗床

2. 穴盘

穴盘也称为育苗盘，它已经成为工厂化种苗生产工艺中的一种重要器具。

（1）穴盘规格。标准穴盘的尺寸为 540 mm×280 mm，因为孔穴直径大小不同，孔穴数在 18～800 孔。

（2）穴盘育苗的优势。

1）穴盘育苗在由填料、播种、催芽等过程中均可利用机械完成，操作简单、快捷，适用于规模化生产。

2）穴盘中每穴内种苗相对独立，既减少相互之间病虫害的传播，又减少小苗之间营养的争夺，根系也能充分发育。

3）增加育苗密度，便于集约化管理，提高温室利用率，降低生产成本。

4）由于统一移栽和管理，使小苗生长发育一致，提高种苗品质，有利于规模化生产。

5）种苗起苗移栽简捷、方便，不损伤根系，定植成活率高，缓苗期短。

6）穴盘苗便于存放和运输。

3. 种苗转移车

种苗转移车包括穴盘转移车和成苗转移车。穴盘转移车将移栽组织培养育苗的穴盘运往温室，车的高度及宽度应根据穴盘的尺寸、温室的空间和育苗数量来确定。成苗转移车采用多层结构，应根据商品苗的高度确定放置架的高度，车体可设计成分体组合式，以利于不同种类园艺作物种苗的搬运和装卸。

4. 穴盘钵苗智能移栽机

穴盘钵苗智能移栽机（图 1-3-42）是一种集成钵苗识别、夹取和移植等功能的自动化设备，涉及机械结构、机器视觉、机器人动力学传感器技术、控制技术，以及计算信息处理等多方面的学科领域技术。

图 1-3-42　全自动移栽机

5. 移栽机

通过移栽机的斜向导苗管将秧苗引入开沟器打开的秧沟内，秧苗在格栅式托苗装置的支撑下处于直立状态，然后在开沟器和覆土压轮之间形成的覆土流的作用下，完成种植过程。这时，撑秧杆也陷在土里了。当机器向前移动时，V 形压轮将沟壁上的土向下推，形成二次覆盖，并将土压实。这时，扶秧杆相对于秧苗向上运动，同时继续起到扶秧的作用，以防止秧苗在覆盖压实过程中被泥土压垮或下陷，并跟随机器向前运动（图 1-3-43）。

6. 嫁接机械

嫁接机械能够自动化、半自动化（手动操作）实现嫁接功能的机械装置。嫁接是利用植物受伤后具有愈伤的机能来进行的。嫁接时，使两个伤面的形成层靠近并扎紧在一起，结果因细胞增生，彼此愈合成为维管组织连接在一起形成一个整体。

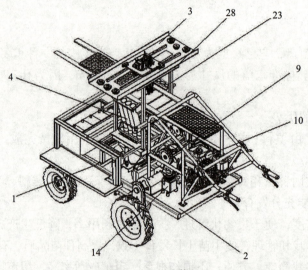

图 1-3-43　移栽机

1—底盘支架；2—连接平板；3—自动取苗分苗装置固定仓；4—导苗筒；9—左侧的变速箱；
10—发动机；14—充气泵；23—升降支撑梁；28—顶部横梁

✒ 任务要求

学习组织培养主要仪器设备的使用方法；能对组织培养仪器设备进行维护和修理。

◎ 任务实施

一、参观植物组织培养工厂

（1）指导教师集中讲解本次实验实训的目的、要求及内容。

（2）指导教师集中介绍植物组织培养工厂的规则及有关注意事项，或由组织培养工厂管理员介绍工厂的有关规章制度。

（3）根据班级人数，将全班分成几个小组，由指导教师按植物组织培养的生产工艺流程分别带领学生参观实验室，讲解实验室的布局、基本设施以及各分室的功能和设计要求。

二、仪器设备的使用

植物组织培养工厂常用设备的使用见表 1-3-1。

表 1-3-1　植物组织培养工厂常用设备的使用

设备名称	操作技术要点
电子天平	1. 放稳天平，旋转脚螺旋，使水平气泡在水平指示的红环内； 2. 接通电源； 3. 放入称量纸，按清零键或 TARE 键，使液晶屏显示"0"状态； 4. 称量样品
超净工作台	1. 清理台面，放入无菌操作必需物品（酒精灯、接种工具）； 2. 依次打开工作台电源、风机和紫外线灯开关； 3. 30 min 后关闭紫外线灯，打开照明灯，准备接种
电热干燥箱	1. 将包扎好的物品（培养皿、接种工具等）放于箱内，关上箱门； 2. 接通电源，设定温度和时间或旋动恒温调节器至红灯亮； 3. 待温度上升至 160～170 ℃时，保持此温度 2 h； 4. 灭菌后停止加热，温度下降至 40 ℃以下开门取物
酸度计	1. 按要求安装酸度计，初次使用的玻璃电极需用蒸馏水浸泡一昼夜以上，甘汞电极要用饱和氯化钾溶液浸泡； 2. 将"pH—mv"开关拨到 pH 位置，打开电源，预热 30 min。然后用将电极插入已知 pH 的标准缓冲溶液中校正，使数值和标准缓冲液的 pH 数值相同。校正后，用蒸馏水冲洗电极； 3. 将电极上多余的水珠吸干，然后将电极浸入被测液中，使溶液均匀接触电极。所显数值即是待测液的 pH； 4. 测量结束，关闭电源，冲洗电极，将玻璃电极浸入蒸馏水中，甘汞电极浸泡在饱和氯化钾溶液内
蒸馏水发生器	1. 按要求安装蒸馏水发生器，须配置专供配电板； 2. 打开进水阀门，接通电源，在出水管结蒸馏水； 3. 使用结束后，切断电源，然后关闭进水阀门
照度计	1. 打开电源和光检测器盖子，并将光检测器水平放在测量位置； 2. 选择适合测量量程（如 ×2 000、×10 000 等）； 3. 当显示数据比较稳定时，读取并记录读数器中显示的观测值。观测值等于读数器中显示数字与量程值的乘积； 4. 观测结束后，关闭电源，盖上光检测器盖子，并放回盒里

考核评价

考核评价表见表 1-3-2。

表 1-3-2　考核评价表

序号	考核内容	分值	赋分
1	训练前准备充分；训练中遵守实验室纪律，严格按训练规程操作，观察认真，有合作意识；训练后及时总结，勤于思考	2	
2	能说出植物组织培养工厂的构造和主要功能	2	
3	会正确使用电子天平、超净工作台、酸度计、电热干燥箱、照度计；会正确保养常用的仪器设备	6	
	合计	10	

项目二 组织培养育苗工厂化生产管理

项目情景

植物组织培养育苗工厂化生产是现代农业的重要组成，是植物组织培养技术成果转化为商品化的过程。而商品化生产的核心是追求效益和对经济发展做出贡献。组织培养育苗工厂化生产管理，就是为了提高工厂化经营管理的经济效益，实行计划生产、规模生产、成本核算、利润核算。通过生产计划的制订有利于企业在资金使用、人员安排、资源利用等方面发挥最大的作用，使企业能持续、健康发展。按照全年生产计划进行生产方案制订，并按其进行生产实施，可以更科学、更高效地进行组织培养育苗工厂化生产。

学习目标

➤ 知识目标

1. 了解组织培养育苗工厂化生产计划制订的依据。
2. 了解组织培养育苗工厂化生产的工艺流程。
3. 掌握组织培养育苗工厂化生产计划的制订方法及相关内容。
4. 掌握组织培养育苗工厂化生产的成本核算方法、销售核算及效益分析的方法。
5. 掌握组织培养育苗工厂化生产提高效益、降低成本的有效措施。

➤ 技能目标

1. 能根据企业发展战略及市场需求制订组织培养育苗工厂化生产计划，并进行成本核算及效益分析。
2. 能根据企业生产实际及生产计划制订生产方案。

➤ 素质目标

1. 培养学生的团队协作能力、协调沟通能力及社会适应能力。

2.培养学生分析问题、解决问题及归纳总结的能力。

3.培养学生的动手操作能力、组织管理能力及创新意识。

4.引导学生爱岗敬业、精益求精的工作态度。

5.引导学生热爱农业、服务农业的信念，提高科技兴农意识。

任务一　组织培养育苗工厂化生产计划制订

工作任务

●**任务描述：** 生产计划是根据市场需求和经营决策对未来一定时期的生产目标和生产活动所做的事前安排。生产计划的制订是进行植物组织培养育苗工厂化生产的关键，生产量不足或过剩，都会带来直接的经济损失。因此，要对生产任务做出统筹安排，确定具体的生产内容及计划安排。

●**任务分析：** 生产计划的制订要以用户为中心，以市场为导向，依据市场需求，包括组织培养育苗的种类、数量、质量、需求时间，以及组织培养育苗生产企业的生产条件和规模等因素，编制全年植物组织培养育苗工厂化生产计划，既可以满足供货需求，又可以避免生产量不足无法满足市场的情况。

知识准备

一、生产计划制订的原则及依据

生产计划的制订是进行试管苗规范化生产的关键，制订生产计划需要考虑全面、计划周密。生产计划制订的原则一般是根据市场需求状况与趋势、自身生产条件与规模实力，制订全年植物组织培养生产的全过程。制订生产计划，首先要确定生产规模，生产规模的大小就是生产量的大小，要根据市场的需求、组织培养试管苗增殖率和生产种苗所需的时间来确定。

1.市场调研

组织培养育苗市场调研的内容主要包括市场需求的调查、市场占有率的调查及其科学的分析与预测。一般根据区域种植结构、自然气候、种植的植物种类及市场发展趋势等预测市场需求。要根据市场对某种植物的需求量、实验室的规模及生产条件，制订与之相适应的生产计划。

2.供货数量

如有订单则根据订单制订计划，生产数量应比计划销售的数量增加20%～30%。若没有订单一般要限制增殖的瓶苗数，并有意识地控制瓶内幼苗的增殖和生长速度。可通过适当降温或在培养基中添加生长抑制剂和降低激素水平等方法控制，或将原料材料进行低温或超低温保存。

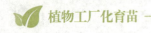

3. 供货时间及供货方式

根据订单或市场预测确定苗木生产数量后，尤其是直接销售刚刚出瓶的组织培养育苗或正在营养体（苗盘）中驯化的组织培养幼苗，必须明确供货时间，同时，要确定是集中供货还是分批供货，根据具体供货要求和时间安排生产计划。

二、试管苗增殖率的估算

要切合实际对植物组织培养育苗增殖率进行估算，根据市场需求及组织培养育苗的增殖率和生产种苗所需的时间合理制订生产计划。试管苗的增殖率是指植物快速繁殖中间繁殖体的繁殖率。增殖率的计算包括理论计算和实际计算。

1. 试管苗增殖率的理论值计算

理论增殖率值是指接种一块芽或增殖物经过一段时间的培养后所得到的芽或苗数，以苗、芽或未生根嫩茎为单位，估算方法一般以苗或瓶为计算单位。年生产量（Y）取决于无菌母株苗数（m）、每个培养周期增殖的倍数（X）和全年可增殖周期次数（n），其公式为 $Y=mX^n$。该公式可以作为制订年生产计划的依据。从这一公式可以看出，培养周期越短，每次增殖的倍数越高，年增殖总倍数就更高。只要每年能增殖 8 ～ 10 次，每次增殖 3 ～ 4 倍以上，就可以满足快速繁殖的要求。

如果每年增殖 8 次（$n=8$），每次增殖 4 倍（$X=4$），每瓶 8 株苗（$m=8$），全年可繁殖的苗是 $Y=8\times4^8=52$（万株）。此计算为生产理论数字，在实际生产过程中还有其他因素，如污染、培养条件发生故障、人力的规模与容量的限制等，产生一定污染率、不合格苗率及成活率等因素，能造成一些损失，实际生产的数量应比估算的数值低。

如果在葡萄试管苗生产中，若一株无菌苗每周期增殖 3 倍，一个月为一个繁殖周期，那么自当年 9 月至翌年的 3 月，欲培育 5 000 株成苗应从多少株无菌苗开始培养？根据上述公式可知：$m=Y/X^n$。依据公式，已知 $Y=5\,000$，$X=3$，$n=6$，代入公式后，计算求得 $m=5\,000/3^6=6.86$（株苗）。若将培养物的污染率、试管苗不合格率及成活率等因素都考虑在内，保险系数应增加一倍，即由 14 株原种无菌苗开始培养，半年后可以生产 5 000 株成苗。

在生产实践中，蝴蝶兰每个月为一个繁殖周期，每年繁殖 10 次，每次增殖 3 倍，若年产 100 万株，则根据公式 $m=Y/X^n$，计算得到 $m=17$ 株，所以 17 株无菌蝴蝶兰苗一年繁殖即可得到 100 万株。生产中考虑其他污染、故障造成损失等因素，实际生产过程中需要 35 株原种无菌苗。

2. 试管苗增殖率的实际值计算

试管苗增殖率的实际值是指接种一个芽或转接一个苗，经过一定的繁殖周期所得到的实际芽或苗数。众所周知，每次继代培养所得到的新苗并非都可利用，在实际生产过程中，由于其他因素（如污染、培养条件发生故障、移栽死亡等）会造成一些损失，实际生产的数量要比估算的数值低。

试管苗实际增殖率的计算方法是通过生产实践的经验积累而获得的。为了使计算数据更接近实际生产值，引入了有效苗和有效繁殖系数等概念。有效苗是指在一定时间内平均生产的符合一定质量要求的能真正用于继代或生根的试管苗；有效繁殖系数是指平均每次继代培养中由一个苗（或芽段）得到有效新苗的个数。有苗率则是指有效苗在繁殖得到的新苗数中所占的比率。

若设 N_e 为有效苗数，N_o 为原接种苗数，N_t 为新苗数，L 为损耗苗数，C 为有效繁殖系数，P_e 为有效苗率，则有 $N_e=N_t-L$；$P_e=N_e/N_t$；$C=N_e/N_o=P_eN_t/N_o$。

假设 m 个外植体连续培养 n 次继代繁殖后所获得的有效试管苗（Y）为
$$Y=mC^n=m\ (N_e/N_o)\ ^n=m\ (P_eN_t/N_o)\ ^n$$

如一株高为 6 cm 的马铃薯试管苗，被剪成 4 段转接于继代培养基上，30 d 后这些茎段平均又再生出 3 个 6 cm 高的新苗，其中可用于再次转接繁殖的苗为新生苗的 85%。如此反复培养 4 个月，可以获得马铃薯的试管苗。将已知 $m=1$，$N_t=4\times3\times4=48$，$n=$（4×30）$/30=4$，$P_e=85\%$，$N_o=4$ 代入公式 $Y=m\ (P_eN_t/N_o)\ ^n$ 中得 $Y=1\times$（$48\times85\%/4$）$^4=$ 10 824（株）。

所得到的有效试管苗要成为合格的商品苗，还需要经过生根培养、炼苗与移栽等过程，其中也存在一定消耗，若有效生根率（有效生根苗占总生根苗的百分数）为 R_1，生根苗移栽成活率为 R_2，成活苗中合格商品苗率为 R_3，那么 m 个外植体经过一定时间的试管繁殖后所获得的合格商品苗总量（M）为 $M=YR_1R_2R_3$。

如果前面提到马铃薯试管苗的有效诱导生根率为 85%，移栽成活率为 90%，合格商品苗的获得率为 90%，那么经过继代培养所获得的试管苗最终可以培养出 $M=$ 10 824$\times$85%$\times$90%$\times$90%$=$7 453（株）合格的商品苗。

3. 全年生产量及全年出苗率的计算

全年生产量及全年出苗率的计算公式如下：
$$全年生产量＝全年出瓶苗数 \times 炼苗成活率$$

例如，组织培养生产无论有多少种植物，它们平均 30 d 为一个增殖周期，一部超净工作台每人转苗量为 1 200 株，按全年 300 工作日计算全年的生产量。
$$全年生产量＝1\ 200\times300=360\ 000（株）$$

30% 苗量为增殖培养，70% 苗量为生根出苗，计算全年成活出苗量。
$$全年出苗量＝360\ 000\times70\%=252\ 000（株）$$

任务要求

在制订生产计划过程中，要遵循科学的方法，需要全面考虑、计划周密、工作谨慎，正常因素和非正常因素都要考虑。做足充分的市场调研，确定组织培养工厂化生产品种；合理估算出试管苗增殖率，根据订单及订货量组织生产，计算出全年生产量及统计出苗率。

任务实施

一、年度生产计划的制订

1. 企业内部调研

通过调查研究，主要弄清楚企业以下几个方面的情况：

（1）企业的发展总体规划和长期的经济协议。

（2）企业的生产面积、生产规模、设施和设备情况。

（3）企业的技术水平和劳动力情况。

（4）企业的原材料消耗和库存情况。

2. 市场外部调查

通过组织培养育苗的市场调查、分析预测，进而得出科学的结论，并以此结论为指导制订出组织培养育苗的生产计划。根据市场调研结果，了解具体供货时间和供货量，确定不同植株的用苗时间和用苗量，确定定植时间及外植体采集时间等，做到全年生产、全年供应。

（1）繁殖品种。通过市场调研，选出适宜企业组织培养工厂化生产的新品种，可以直接购买，也可以引种进行生产性跟踪调查和比较筛选，选出该品种最优良的单株进行取芽。

（2）计划数量。依据计划的生产数量来考虑，一般至少应在生产季节前 6~8 个月开始准备。生产工厂要根据各个种类及品种的诱导时间、繁殖系数、继代增殖及生根周期，不同季节移栽培养所需的时间、估计污染率，还要考虑瓶苗质量及有效成苗数、移栽成活率等因素，来计划确保一定生产量所需的繁殖苗基数。确定组织培养育苗的生产量，应考虑在生产过程中不可避免的污染损耗、变异畸形苗淘汰、移栽成活率等因素。组织培养育苗的生产数量一般比计划销售量高 20%~30%。

（3）出苗时间。依据不同植物种类的生长周期，同时，结合销售计划和销售时期拟定。一般情况下，刚出瓶的组织培养育苗不能成为商品苗销售，需要进行室外壮苗、炼苗，原则上组织培养种苗的出瓶日期应根据生产品种的不同比销售日期提前 40~60 d。

3. 制定工厂化生产的工艺流程

工厂化生产种苗，首先要制订生产计划。制订生产计划要根据植物的组织培养技术路线，确定工厂化生产的工艺流程。因此，工厂化生产的工艺流程是制订生产计划的重要依据。拟定工艺流程又要依据植物组织培养的技术路线（图 2-1-1）。

组织培养育苗工厂化生产流程制定前，应查询相关资料，拟订培养方案。首先，确定外植体类型，通常植株外植体可以选择侧芽、叶片、茎尖、花器官、种子等，经表面消毒后进行接种诱导培养，配制初代培养基，诱导外植体产生丛生芽或愈伤组织，获得中间繁殖体；其次配制继代培养基进行继代培养获得无限小植株，经壮苗生根培养获得生根苗；最后通过驯化炼苗进行移栽。

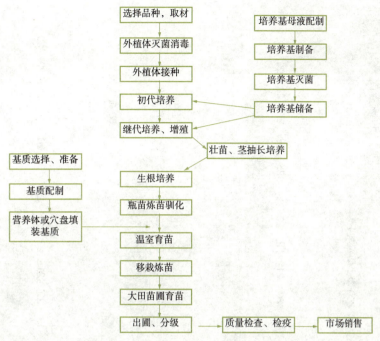

图 2-1-1 组织培养育苗工厂化生产流程图

二、生产计划的安排

1. 初步确定各项生产计划指标

结合前期调研，在充分对企业情况摸底的情况下，根据企业的总体发展部署，初步确定年度各项生产计划指标。生产计划指标要根据快速繁殖的具体安排、生产量及每瓶接种株数、工作效率、全年生产量等，计划培养基瓶数量、培养基数量、培养架数量、用工数量及相关材料用量等（表 2-1-1），防止生产中出现人力和设备的不足导致材料积压老化。

2. 初步安排生产进度

年销售计划量的计划公式如下：

$$年销售计划量 = 年实际生产数量 \times (1 - 损耗) \times 移栽成活率$$

（1）如果供苗时间比较长，从秋季到春季可分期分批出苗，则可在继代增殖 4～5 代后一边增殖，一边诱导生根出苗（表 2-1-2）。

（2）如果供苗实际集中，但又有足够长时间可供继代增殖，则可连续多代增殖，待存苗达到足够数量后，再一次性壮苗、生根、集中出苗（表 2-1-3）。

（3）如果接到供货订单较晚，距离供苗时间很短，往往需要增加种苗基数，同时在前期加大增殖系数。

3. 讨论与修正，正式编制生产计划

初步确定各项生产计划指标后，在企业生产部门内部要进行广泛的讨论，征求意见，看生产计划指标是否符合实际，使企业的生产能力和资源得到充分、合理利用，使企业获得良好的经济效益。

表 2-1-1 ×××× 年组织培养室春季生产计划安排

月份	品种	1	2	3	4	5	6	7	8	9	10	11	12	13	14	15	16	17	18	19	20	21	22	23	24	25	26	27	28	29	30	31
12月	马铃薯				6 400 瓶（增殖苗）								17.28万苗													40.32万苗						
	山药																		12 800 瓶（增殖苗）													
	草莓																															
1月	马铃薯			8 280 瓶		25.2万苗																										
放假	山药												16 560 瓶		14.4万苗											35.28万苗						
	草莓																															12	
2月	马铃薯					30.24万苗																										
	山药				4万苗						春节放假一周							9.6万苗				30.24万苗										
	草莓																															
3月	马铃薯			8 280 瓶							38.4万苗（生根苗）										20.16万											
	山药																															
	草莓																															

表 2-1-2　组织培养育苗生产计划方案一

继代次数	继代增殖苗	诱导生根数
	种苗 × 增殖系数 × （1- 污染损耗率）	绿茎数 × 生根率 × （1- 污染损耗率）
0	50×5×（1-5%）≈ 237	
1	237×5×0.95 ≈ 1 125	
2	1 125×5×0.95 ≈ 5 343	
3	5 343×5×0.95 ≈ 25 379	
4	25 379×5×0.95 ≈ 120 550	
5	120 550×3×0.95 ≈ 343 567	
6	120 000×3×0.95 ≈ 342 000	223 567×0.7×（1-5%）≈ 148 672
7	120 000×3×0.95 ≈ 342 000	222 000×0.7×0.95 ≈ 147 630
8	120 000×3×0.95 ≈ 342 000	222 000×0.7×0.95 ≈ 147 630
9	留 100 ～ 200 芽作种苗保存	> 222 000×0.7×0.95 ≈ 147 630
合计		≥ 591 562

约 1/3 继续增殖壮苗，2/3 用于诱导生根，保险起见继代周期按 40 d 计算

表 2-1-3　组织培养育苗生产计划方案二

继代次数	继代增殖苗	诱导生根数
	种苗 × 增殖系数 × （1- 污染损耗率）	绿茎数 × 生根率 × （1- 污染损耗率）
0	50×5×（1-5%）≈ 237	
1	237×5×0.95 ≈ 1 125	
2	1 125×5×0.95 ≈ 5 343	
3	5 343×5×0.95 ≈ 25 379	
4	25 379×5×0.95 ≈ 120 550	
5	120 550×5×0.95 ≈ 572 612	
6	120 000×3×0.95 ≈ 342 000	120 550×3×0.95 ≈ 343 567
7	452 612×3×0.95 ≈ 1 289 944	859 962×0.7×0.95 ≈ 571 874
合计		≥ 651 674

其中约 1/5 绿茎已符合生根要求，可用于诱导生根，保险起见继代周期按 40 d 计算

　　需要注意的是，生产计划是根据市场的需求和种植生产时间，制订全年植物组织培养生产的全过程。制订生产计划需要全面考虑、计划周密、工作谨慎，正常因素和非正常因素都要考虑到。因此，制订某种植物组织培养生产计划，应根据市场需求、植物不同的需求量、用苗的时间和用苗的数量进行合理计划。生产计划必须注意以下 5 点：

　　（1）确定生产的品种及母苗的数目。

　　（2）对各种植物的增殖率应做出切合实际的估算。

　　（3）要有植物组织培养全过程的技术储备（外植体诱导技术、中间繁殖体增殖技术、生根技术、炼苗技术）。

（4）要掌握或熟悉各种组织培养育苗的定植时间和生长环节。

（5）要掌握组织培养育苗可能产生的后期效应。

虽然生产计划有一定的预见性，但不一定完全准确。在生产过程中，还应根据市场的变化，及时反馈信息进行相应的适度调整，才能更好地促进种苗的适时生产和有效销售。

三、生产资金预算的制定

1. 母株材料的预算

首先确定组织培养生产植株品种，确定购买母株种苗的数量。种苗的数量确定主要依据供需量及试管苗增殖率进行估算。

2. 基本建设及生产设备的预算

组织培养育苗移栽设施主要包括温室、塑料大棚、防虫遮阳网、锅炉房、仓库等。基本建设还包括药品配制室、接种室、无菌培养室、药品储藏室、洗涤室等。这些设备一般都有较长的使用年限，一般在初次生产时需要大批量采购，以后生产时可以适量补充，在进行预算时也要采取就近定价的原则，同时要计算设备的维护费。

3. 生产仪器及工具的预算

组织培养育苗快速繁殖车间的主要设施和仪器包括成像显微镜、离心机、解剖镜、电泳设备、酶标定仪、干燥架、医用手术车、药品橱、电子天平、通风橱、操作台、玻璃器皿柜、磁力搅拌器、冰箱、高压灭菌锅、蒸馏水器、恒温培养箱、超净工作台、加湿器等，以及接种剪、接种解剖刀等接种工具。这些仪器设备一般在初次生产时需要大批量采购，以后按折旧计算。

4. 培养基药品费

以 MS 培养基为例，通常需要的药品主要包括 NH_4NO_3、KNO_3、$CaCl_2$、$MgSO_4 \cdot 7H_2O$、KH_2PO_4、$FeSO_4 \cdot 7H_2O$、Na-EDTA、$MnSO_4 \cdot 4H_2O$、$CuSO_4 \cdot 5H_2O$、$ZnSO_4 \cdot 7H_2O$、KI、H_3BO_3、$Na_2MoO_4 \cdot 2H_2O$、VB_1、VB_6，以及植物生长调节剂 BA、NAA、IBA 等。

5. 水、电、暖费用的预算

进行组织培养育苗工厂化生产时需要用水、用电进行高压灭菌及无菌操作、照明用电、空调用电、超净工作台用电、日光灯用电、空调用电等。冬天组织培养育苗移栽还涉及温室取暖的费用，在进行预算时要充分考虑。

6. 人工费

人工费通常指的是与生产直接相关的人工成本，可以按月计算出平均人工费，也可以按批量计算人工费。

7. 包装运输费

包装运输费主要包括纸箱、包装袋、标签等相关费用。运输费包括运输工具的租赁费用、燃料费用等。

四、管理措施的制订

1. 机构设置与部门岗位职责

要合理设置组织培养苗木工厂化生产的组织机构，健全管理体制，明确各部门岗位职责。

2. 生产计划制订与组织实施

通过市场调查与分析预测，结合自身生产条件和能力，科学制订生产计划，并有效组织实施，使生产目标制订合理，生产针对性强，生产效率高。

3. 人员管理

人员管理好，生产效率、产品质量就有了保障，经济效益也会随之提高。

4. 生产过程管理

组织培养苗木工厂化生产工艺流程比较复杂，涉及许多方面的工作，通过制定合理的规章制度，实施科学化、规范化、标准化的管理，才能使生产按计划有条不紊地进行，保证产品质量，避免人为损失。

5. 产品管理

每种组织培养育苗的产品均建立完整的档案，便于查询，以确保产品质量和售后跟踪服务。

6. 销售管理

确定合理的销售范围，选择合适的销售渠道与销售方式，做好销售统计售后服务和跟踪调查工作。

 考核评价

考核评价表见表 2-1-4。

表 2-1-4　考核评价表

序号	考核内容	分值	赋分
1	相关资料完整，各生产技术指标的数量明确	3	
2	按照年度生产任务，进行工作进度安排合理	2	
3	生产计划编制规范、内容完整	2	
4	能够按照生产实际及市场价格，科学合理地制定各项目成本预算	3	
	合计	10	

 任务二　组织培养育苗工厂化生产计划实施

工作任务

● **任务描述**：生产计划是企业为了生产出符合市场需要或顾客要求的产品，对生产任务做出统筹安排，确定具体的生产内容及计划安排。生产计划实施就是按照制订的生产计划进行工厂化生产，使其达到预期目标。

● **任务分析**：实施生产计划的第一步是建立无性繁殖系，准备繁殖材料，掌握无性繁殖系的建立流程，并使其达到需要的增殖基数。同时，控制存架增殖总瓶数，使增殖材料不多不少，既能按时完成生产计划，又不造成浪费影响经济效益。因此，组织培养育苗工厂化生产计划实施至关重要。

知识准备

一、种源选择及母株培育

种源是组织培养苗木工厂化生产的必要条件和首先要考虑的问题。选择的植物品种既要适应市场的需求，又要考虑适应当地的环境条件，以便简化生产条件，降低生产成本。种源主要有两条途径：一是通过外购、技术转让或种苗交换等方式获得无菌原种苗；二是自主研发，从初代培养外植体开始获得无菌原种苗。广泛收集和引进目标植物建立种质资源圃，选择市场潜力大、特性典型、纯度高、生长健壮、无病虫害的植物作为母株进行生产。

二、离体快速繁殖组织培养育苗

离体快速繁殖主要通过初代培养获得无菌材料、继代快速繁殖增殖、生根等技术环节和工序，获得健壮生根苗。

（1）外植体的取材选择。除培养基成分外，决定组织培养成败的另一个重要因素就是外植体的来源。虽然从理论上讲，植物细胞都具有全能性，且能够再生新植株，因此，任何器官、任何组织都可以作为外植体。但实际上，植株的不同器官之间的分化能力有巨大差别，因此，选择合适的外植体就显得尤为重要。

通常木本植物、较大的草本植物多采用带芽茎段、顶芽或腋芽作为快速繁殖的外植体。易繁殖、矮小或具短缩茎的草本植物多采用叶片、叶柄、花茎、花瓣等作为快速繁殖的外植体。例如，蝴蝶兰的组织培养外植体主要有叶片、花梗腋芽、花梗节间、茎尖、根尖等。其中，花梗腋芽是蝴蝶兰组织培养的最佳外植体，也是目前利用最广泛的外植体。另外，在选择外植体时，应先选择生长健壮、无病虫害、不变异的母株。外植体的最佳成熟度通常是叶片的叶龄为 3～5 天，花梗腋芽为第一朵花现蕾时，茎尖或根尖选取无菌苗或株龄 40 天内的植株。

（2）外植体的消毒。无菌的外植体材料是植株组织培养成功的重要前提和根本保证，而消毒是获得无菌外植体的有效方法，它通过一些表面消毒剂来杀死外植体表面的微生物，又尽可能保持外植体的生命力。因此，外植体的消毒处理是组织培养工作中的重要一环。

常用的消毒剂：0.1% 的升汞溶液（$HgCl_2$），成本很低，但不环保，使用安全性较差，同时易残留，容易对外植体产生毒害作用；10% 次氯酸钠溶液（$NaClO$），环保，使用安全，不残留，但成本较高。

消毒方法（以花梗腋芽为例）：首先将取回的花梗用 75% 的酒精棉花擦干净表面的灰尘、残留的农药、肥料、部分细菌、真菌等，然后将花梗剪成长为 4 cm 左右的花梗段（腋芽上下各 2 cm 左右），剥去腋芽外的苞片，在超净工作台上用 0.1% 升汞溶液（或

10% 次氯酸钠溶液）消毒 13 ～ 20 min，最后用无菌水清洗 5 ～ 6 次。

（3）外植体无菌体系接种。接种室和操作台的清洁与消毒。

接种工具包括酒精灯、接种盘、高温灭菌器、接种刀、镊子等。

接种具体操作过程：接种前的准备工作，对接种室及操作台进行消毒，开紫外线灯及风机，消毒 20 min 后方可进行操作；对接种器具进行消毒；将准备好的培养基消毒放入操作台内，开始接种分盘。

（4）外植体无菌体系培养。

1）初代培养。外植体接种并获得无菌材料之后，需要诱导外植体生长和分化，使之能够顺利增殖，从而建立起无性系。不同的植物，有着各自不同的再生方式，通常归纳为四种：直接诱导新生芽、愈伤组织脱分化产生不定芽、体细胞胚状体发育而成的再生小植株、原球茎发育而成的再生小植株（具体见项目三任务五）。

2）继代培养。将中间繁殖体移植到增殖培养基中，经过反复转接实现增殖材料数量上的递增，这个培养阶段称为继代培养（具体见项目三任务五）。在继代培养阶段，会出现增殖率降低和分化再生能力衰退的现象。如蝴蝶兰，大多数品种培养材料在组织培养过程中会随着继代培养次数的增加而逐渐衰退，主要表现在种性退化、生长不良、再生能力和增殖率下降、变异率提高等。

3）生根培养。将成丛的试管苗分离成单苗，转接到生根培养基上，在培养容器内诱导生根的方法。生产中，常采用不同措施实现壮苗生根，如在低无机盐和糖类、高光强的条件下，试管苗对水分胁迫等逆境的抗性将有所增强（具体见项目三任务五）。

三、组织培养苗木的驯化移栽

组织培养育苗的驯化移栽主要是针对组织培养育苗应用无土栽培技术进行组织培养育苗定植前的培育，以提高组织培养育苗对自然环境的适应性，这是决定组织培养成败和能否及时满足市场种苗需求的关键技术环节。

（1）准备工作。

1）选择育苗容器。一般采用穴盘，带根苗需穴格较大，扦插苗则需穴格较小。

2）基质选配。具备良好的物理特性：保水透气；具备良好的化学特性：稳定、无毒、pH 值及电导率等适宜；物美价廉，便于就地取材。

3）基质的种类。有机基质：泥炭、椰糠、花生壳、木屑等；无机基质：蛭石、珍珠岩、次生云母矿矿石、河沙、炉渣等。

4）场地、工具及基质灭菌、装盘。场地、工具灭菌：多采用化学药剂灭菌；基质灭菌：多采用蒸汽灭菌或化学药剂灭菌；基质装盘。

5）营养液的配制。营养液的成分：大量、微量等；营养液常用药品的来源：试验研究需分析纯，规模化生产用化学纯或工业化合物；营养液配方；植物营养液的配制。

（2）组织培养育苗移栽。

1）自然适应：组织培养育苗由试管内条件转入室温，暴露于空气中，环境落差大，需要逐步适应。

2）起苗、洗苗、分级：将苗瓶置于水中，用小竹签深入瓶中轻轻将苗带出，尽量不要伤及根和嫩芽，置水中漂洗，将基部培养基全部洗净。将苗分为有根苗和无根苗两类。

3）移栽：拿起苗，用手指在基部上插洞，将苗根部轻轻植入洞内，撒上营养土，将苗盘轻放入苗池中。无根苗需要先蘸生根液再进行移植。若用栽苗机应按规定操作。

（3）组织培养育苗扦插。将经自然适应的小苗洗净，每叶节切一段，基部向下扦插在沙盘中。

（4）组织培养育苗驯化管理。

1）"绿化"炼苗：结合灌水施营养液：一般浓度为 0.15%～0.3%；逐渐加大光照强度和时间。

2）影响组织培养育苗驯化的因素：温度；空气相对湿度；光照条件；炼苗时间；移栽基质；苗的生理状况。

（5）成苗管理。成苗应及时供水，控制苗床温度，并进行适当施肥。

四、组织培养苗木的质量鉴定

苗木质量检测是保证苗木质量和保护种植者利益的重要环节，也是确定苗木价格的重要依据。我国组织培养育苗商品化生产起步晚、规模小。组织培养育苗的质量检测标准尚不完善。

（1）组织培养苗木质量鉴定的项目内容。主要包括商品性状、健康状况、遗传稳定性。

1）商品性状。

①苗龄。苗龄相对较大，早熟性较好，质量较高，则定级高。

②农艺性状。农艺性状包括叶片数、生长状况、株高、茎粗、植株展幅等，根据不同作物要求定级。

2）健康状况，检测是否携带流行病菌、真菌、细菌、病毒等。

3）遗传稳定性，检测的内容主要是试管苗是否具备品种的典型性状、是否整齐一致，并采用 RAPD 或 AFLP 法对快速繁殖材料进行"指纹"鉴定，以确定其遗传稳定性。

（2）组织培养苗木的质量标准。原种组织培养育苗的质量标准是不携带病毒和病原物，保持品种纯正。对于生产性组织培养瓶苗的质量标准，要根据根系状况、整体状况、出瓶苗高和叶片数，通过 4 项指标进行判定。出圃种苗的质量标准主要根据茎秆粗度、苗高、根系状况、叶片数、整体感、整齐度和病虫害损伤等指标来判定。

五、组织培养苗木的包装与运输

（1）对包装箱的要求。包装箱的质量可因苗木种类、运输距离不同而异。为降低成本，近距离运输可用简易的纸箱或木条箱；远距离运输要多层摆放，充分利用空间，应考虑箱的容量、箱体强度，以便经受压力和颠簸。

（2）对组织培养苗木的要求。采用水培及基质培（砂砾、炉渣等作基质）进行育苗，起苗后根系全部裸露，须采取保湿及保护等措施，否则经长途运输后成活率会受到影响；采用岩棉、草炭作为基质进行育苗，既保湿又有利于护根，效果较好；穴盘育苗法基质使用量少，护根效果好，便于装箱运输，近些年来推广应用较多。

苗龄方面，一般远距离运输应以小苗为宜，尤其是带土的秧苗。小苗龄植株体积小，叶片少，运输过程中不易受损，单株运输成本低。但是在早期产量显著影响产值的情况下，为保护地及春季露地早熟栽培培育的秧苗必须达到足够大的苗龄才能满足用户要求。

（3）对运输工具的要求。运输工具依据运输距离而定，距离近的可用小型运输车；距离远的需依靠火车或大容量汽车。对于珍贵苗木或紧急要求者也可空运。

（4）对运输适温的要求。一般植物苗木运输需低温条件（9～18℃）。果菜秧苗（如番茄、茄子、辣椒、黄瓜等）的运输适温为10～21℃，低于4℃或高于25℃均不适宜，因此，在长距离运输中最好选用具有调温、调湿装置的汽车。

（5）对运输工作的要求。

1）运输前准备，应确定具体起程日期，注意天气，做好运前的防护准备。如在冬春季运输，应做好秧苗防寒防冻准备。起苗前几天最好进行种苗锻炼，以增强种苗抗逆性。运输前种苗包装工作应快速进行，尽量缩短时间，减少种苗的搬运次数，将苗损伤减少到最低。同时，做好根系保护及根系处理，水培苗或基质培苗，取苗后基本上不带基质，根据苗的大小可由数十株至上百株扎成一捆，用水苔或其他保湿包装材料将根部裹好再装箱。

2）运输中，应快速、准时。远距离运输中途不宜过长时间停留。运到地点后应尽早交给用户及时定植。如用带有温湿度调节的运输车运苗，应注意调节温湿度，防止温湿度过高或过低损害种苗。

任务要求

实施过程中，要严格按照生产计划开展各项任务的实施。实施过程主要包括：品种选育及母株培育；离体快速繁殖；组织培养育苗的驯化移栽；苗木传送与运输；苗木质量检测。需要注意的有：

（1）能根据企业实际，制定各种管理细则和管理目标。

（2）能根据生产实际调查、检查计划执行情况。

（3）能根据生产实际状况，考核、总结生产计划完成情况，并提交总结报告。

任务实施

（1）品种选育与母株培育。根据需要选择有市场需求、发展潜力大、品种典型、纯度高、生长健壮、无病虫害的植株。

（2）离体快速繁殖。离体快速繁殖要经过无菌苗建立（包括外植体选择、消毒、接种与脱分化培养）、继代快速繁殖及生根等工序。

（3）组织培养育苗的驯化移栽。实施过程：选择组织培养育苗驯化设施；选好移栽基质种类并消毒处理；移栽场地及工具消毒；营养液配制；组织培养育苗移栽；组织培养育苗驯化管理；成苗管理。

（4）苗木传送与运输。

（5）苗木质量检测。

考核评价

考核评价表见表 2-2-1。

表 2-2-1　考核评价表

序号	考核内容	分值	赋分
1	组织培养育苗工厂化生产流程准确	3	
2	能够建立无性繁殖体系	4	
3	存架增殖瓶数符合生产计划要求	3	
	合计	10	

任务三　　经济效益分析

工作任务

● **任务描述**：植物组织培养育苗工厂化生产既受技术和工艺影响，又受企业管理制约，与生产成本和效率密切相关。为了取得更好的经济效益，就要降低生产成本，提高生产效率。因此，需要对组织培养育苗工厂化生产经济效益进行准确分析。

● **任务分析**：组织培养育苗工厂化生产只有生产出质优价廉的试管苗，才能在市场竞争中获胜，也才能获得较好的经济效益。目前，组织培养育苗生产成本的核算方法很多，比较复杂，如何正确掌握成本核算及成本控制方法，真正实现低成本、高效益非常重要。

知识准备

一、组织培养育苗工厂化全年生产量的核算

1. 存架增殖总瓶数（T）的控制

存架增殖总瓶数不应过多或过少，如盲目增殖，一段时间后就会因缺乏人力或设备，处理不了后续的工作，使增殖材料积压，一部分苗老化，超过最佳接转继代的时期，造成生根不良、生长势减弱、增殖倍率降低等不利后果。增殖瓶数不足，会造成母株数量不够，也会延误产苗。

存架增殖总瓶数（T）= 增殖周期内的工作日天数（W）× 每工作日需要的母株瓶数（S）

按公式计算的数字控制增殖总瓶数，可以使处于增殖阶段的苗子在一个周期内全部更新次培养基，使苗子全部都处于不同生长阶段的最佳状态。

2. 增殖与生根的比例

需按实际情况确定，增殖倍率高的，生根的比例大，每个工作日需用的母株瓶数较少，产苗数（即生根的瓶数 × 每瓶植株数）较多；反之，增殖倍率低，因需要维持原增殖瓶数，就占用了较多的材料，用于生根的材料就少。生产上也可以通过改变培养基中植物生长调节剂的用量、糖浓度和培养条件等加以调整。

3. 全年实际生产量的核算

每名工人的全年实际生产量按下式计算：

每名工人的全年实际生产量＝全年总工作日 × 平均每个工作出瓶苗数 ×（1－损耗率）× 移栽成活率

如果某一种植物平均 35 d 为 1 个增殖周期，每次增殖 4 倍，全年可增殖 10 代。每名工人在 1 个增殖周期内有 30 个工作日，平均每天接种 100 瓶，每瓶 10 株，其中 30 瓶为增殖用瓶，70 瓶用于生根。如果组织培养育苗损耗率为 10%，移栽成活率为 85%，那么，每名工人全年实际生产量 =300（工作日）× 700 ×（1-10%）× 85% =160 650（株）。

二、年生产 100 万株植物组织培养育苗的产量核算

年生产 100 万株植物组织培养育苗的生产成本核算，是以影响增殖苗数和生根苗数的丛芽分化率、生根率、增殖周期、生根周期、污染率等项技术指标为基础的。

例如，以丛芽增殖倍数 5 周 3 倍、生根率 95%、污染率 5%、组织培养育苗出售时赠送 5% 为基础。

出苗数＝生根接种数 ×（1-5%）× 95%

每周期增殖数＝每次增殖培养接种数 ×（1-5%）× 3

因此，若要每年生产 100 万株植物组织培养育苗，需要每次增殖培养接种 61 090 株，1 个周期可增殖到 174 106 株；每次留 61 090 株继续增殖培养，其余 113 016 株用于生根培养，则每次可出苗 101 996 株；每年生根培养 10 次，共出苗 1 019 960 株（表 2-3-1）。若增殖培养按 5 株 / 瓶计，则每年增殖培养需接种 122 180 瓶；生根培养以 10 株 / 瓶计算，则每年生根培养需接种 113 016 瓶。

表 2-3-1 年生产 100 万株组培苗的产量推算（引自：汪一婷）

继代培养代次	增殖继代苗数 / 株	生根苗数 / 株	出苗数 / 株
1	61 090	113 016	
2	61 090	113 016	101 996
3	61 090	113 016	101 996
4	61 090	113 016	101 996
5	61 090	113 016	101 996
6	61 090	113 016	101 996
7	61 090	113 016	101 996
8	61 090	113 016	101 996

继代培养代次	增殖继代苗数 / 株	生根苗数 / 株	出苗数 / 株
9	61 090	113 016	101 996
10	61 090	113 016	101 996
11			101 996
合计	61 090	1 130 160	1 019 960

按照国际组培苗生产要求，为了防止组培苗发生变异，每两年需重新建立无菌繁殖体系。若从建立无菌繁殖材料 5 个芽开始，以植物组培苗的丛芽增殖率 5 周 3 倍、污染率 5% 为基础进行推算，需增殖培养 10 次，增殖组培苗才能达到 61 090 株，累计增殖培养组培苗 94 109 株（表 2-3-2）。按增殖培养 5 株 / 瓶计，即增殖培养接种约 18 821 瓶，平均每年用于建立无菌繁殖体系时需增殖培养 接种约 9 410 瓶。因此，若要每年生产 100 万株植物组培苗，需接种无菌繁殖材料 9 410 瓶、增殖培养 122 180 瓶、生根培养 113 016 瓶，共计 244 606 瓶。表 2-3-2 为年生产 100 万株组培苗的所需无菌繁殖材料的推算。

表 2-3-2　年生产 100 万株组培苗的所需无菌繁殖材料的推算

继代培养代次	增殖继代苗数 /（株 / 代）	计算依据		
		苗数 / 株	增殖倍数	1- 污染率 5%
1	5	14	3	0.95
2	14	40	3	0.95
3	40	114	3	0.95
4	114	325	3	0.95
5	325	926	3	0.95
6	926	2 639	3	0.95
7	2 639	7 521	3	0.95
8	7 521	21 435	3	0.95
9	21 435	610 900	3	0.95
10	61 090		3	0.95
合计	94 109		3	0.95

三、成本核算

组织培养育苗工厂化生产是商业行为，只有生产出质优价廉的试管苗，才能在市场竞争中获胜，才能获得较好的经济效益。组织培养育苗的成本核算比较复杂，既有工业生产的特点，也有农业生产的特点。一般做法是认真记录年产一定数量组织培养育苗的各项支出。成本构成一般由直接生产成本和间接生产成本构成。直接生产成本包括人工费＋材料＋电费＋地租＋折旧（占比 68%）等；间接生产成本包括管理人员工资＋公司后台管理费用（占比32%）。

1. 直接生产成本

直接生产成本包括培养基药品费用、工人工资、水电消耗费用，以及各种易耗品（如消毒剂、刀具、纸张、记号笔、玻璃器皿、日光灯管等）消耗费用等。根据组织培养育苗全部生产过程，包括无菌材料培养、继代扩繁培养、诱导生根培养、组织培养育苗的清洗等。直接生产成本可按以下几类进行计算：

（1）MS培养基药品成本。配制MS培养基所需药品成本，主要包括大量元素、微量元素、铁盐、有机物与生长调节剂等药品费用，以及蔗糖、琼脂、蒸馏水费用等。

（2）培养基配制成本。配制MS培养基100 L成本及计算依据，主要包括熬制培养基及分装过程的用电成本、用工成本、用水成本等。

（3）接种成本。接种增殖苗与生根苗中的用电成本及人工成本。

（4）培养室成本。培养室成本主要是指培养室内的日光用电及空调用电成本。

（5）组织培养育苗清洗及包装人工费。

（6）酒精、洗涤用品及工作服等费用。

（7）其他用水费。

（8）移栽成本。移栽成本包括单株试管苗移栽前成本和瓶苗移栽成本。

（9）固定资产折旧费用。固定资产包括厂房建设、基本仪器设备等。

2. 间接生产成本

（1）市场营销及经营管理开支等费用。

（2）科研投入。

（3）其他费用。其他费用包括办公用品费、通信费、差旅费、检疫费等。

四、组织培养育苗工厂化生产的成本控制

经济效益主要受市场因素和自身经营管理水平两大因素限制。根据市场需求，以销定产，引进畅销的名、特、新、优植物品种，应及时生产出组织培养种苗，并批量投放市场，可减少成本投入，有效提高经济效益。降低生产成本，就是要降低污染率，提高接种人员的操作水平和生产效率，减少设备投资、降低能耗、实施简化组织培养、适度规模生产、加强横向联合。同时，掌握熟练的技术技能，制定有效的工艺流程，提高生产效率。具体措施如下：

（1）加强环境质量控制，提高技术操作水平，降低污染损失。组织培养育苗大规模的工厂化生产过程中，污染是经常发生的，它不仅影响组织培养育苗质量，而且增加了组织培养育苗生产成本。如果污染控制措施不力，往往造成较大的损失。有人测算：当污染率为5%时，成本增加10%；当污染率为30%时，成本增加106.5%。造成污染的原因主要有原始材料带菌、培养基或操作工具消毒不严格、无菌操作不规范、培养环境质量差等。在试管繁殖过程中，转接苗时应注意技术操作规范，接种工具真菌污染培养器皿，避免母瓶的污染。通过降低污染率，也可以提高成品。

（2）减少设备投资，延长使用寿命。试管苗生产需要一定的设备投资，设备购置应计划周密，杜绝盲目购置。例如，可用精密pH试纸代替价格高的酸度计。一个年产木

本植物 3～5 万株苗、草本植物 10～20 万株苗的试管苗工厂，一部超净台即可。经常保养、及时检修、避免损坏，延长寿命是降低成本提高经济效益的一个重要方面。组织培养室和炼苗室的加温、降温及人工光照明、灭菌、转接苗所用点、成本很高，为降低成本要利用当地的自然条件。制作培养的药品占 8.23%，为降低成本，可用食糖代替蔗糖，琼脂要用物美价廉的琼脂粉或琼脂条。

（3）降低器皿消耗，使用低价的代用品。试管繁殖中使用大量培养器皿，少则数千，多则上万，投资大，加上这些器皿易损耗，费用较大。培养瓶除有一部分三角瓶做试验用外，生产中的培养瓶可采用果酱瓶代用。组织培养药品中的蔗糖可用食糖代用，生产的产品效果是同样的。

（4）降低培养基成本。在工厂化生产组织培养育苗的过程中，按正常条件以 MS+ 激素培养基测算，培养基的成本占组织培养育苗生产成本的 15% 左右，即每株 0.075 元。其中，琼脂占培养基成本的 50%，蔗糖占 30%，蒸馏水占 15%。因此，国内外许多学者将简化培养基、降低培养基成本研究的重点放在了减少琼脂用量、降低蔗糖成本和用白开水（或自来水）代替蒸馏水上。

（5）节约水费、电费开支。水费、电费在试管苗总生产成本中占有较大比重，节约水电开支也是降低成本的一个主要问题。据测算，水费、电费约占组织培养育苗成本的 45%，即每株为 0.225 元，其中水费很少，主要是电费。电费主要是用于培养期间辅助光照和调控温度、湿度。因此，减少培养期间辅助光照和调控温度、湿度的开支是节约电费的关键。

1）利用当地的自然资源。试管苗增殖生长均需要一定温度和光照，应尽量利用自然光照和自然温度。

2）减少水的消耗。制备培养基要求无离子水，经一些单位试验证明，只要所用水含盐量不高，pH 值能调节至 5.8 左右，就可以用自来水、井水、泉水等代替无离子水或蒸馏水，以节省部分费用。

（6）降低人工、固定资产折旧与营销费用。初步折算，组织培养育苗生产中人工费占 20%，即每株 0.10 元；折旧费占 10%，耗材与营销等其他费用占 10%。目前来看，人工和耗材只能通过制订科学的操作规程，加强技术培训和管理，通过提高劳动者素质和技术水平，达到提高劳动生产率，进而降低单株成本的目的；而固定资产折旧与营销等投入与生产规模关系最大，因此做好市场运作，选准适销对路品种，扩大生产规模，实行订单生产，这样单株分摊成本才能下降。另外，采用先进生产技术，降低生产设施成本，从而减少固定资产折旧也是可能的。

（7）提高繁殖系数和移栽成活率。在保证原有良种特性的基础上，尽量提高繁殖系数，试管繁殖率越大，成本越低。在试管繁殖过程中，利用植物品种的特性，诱导最有效的中间繁殖体，如微型扦插、愈伤组织、胚状体等都能加速繁殖速度和繁殖数量。但需要注意的是中间繁殖体不能产生品种变异现象。

1）重视炼苗期管理、提高生根率和炼苗成活率也是提高经济效益的重要因素。试管繁殖快，要达到生根率的 95% 以上，炼苗成活率要达到 85% 以上。组织培养育苗移栽到大田前，必须有一个炼苗期。炼苗时间应选择在组织培养育苗 7 cm 高时进行，植株过矮，不易操作；过高，则移栽后易失水萎蔫。炼苗期应该包括在培养瓶中炼苗 2～3 d，再移栽到温室基质中炼苗 10 d 或 10 d 以上两个过程。

2）炼苗期管理：特别是移栽到温室基质中，炼苗过程的管理对组织培养育苗出圃的质量和移栽成活率影响最大。炼苗期时间不长，但管理要求十分严格。首先温度变幅不宜过大；其次光照先弱后强，逐步增加；最后，水分适宜，空气湿度要大（相对湿度为80% 以上）。基质水分过多，不利于根系生长，可能造成烂根死苗；光照太强、空气干燥，由于根系吸水能力尚差，可能造成生理性缺水而萎蔫死亡。

（8）发展多种经营，开展横向联合。结合当地的种植结构，安排好每种植物的定制茬口，发展多种植物试管繁殖。如发展花卉、果树、经济林木、药材等，将多种作物结合起来，以主代副，完成一个总额灵活的试验苗工厂，也是降低成本、提高经济效益的途径。

积极开展出口创汇，拓宽市场。将国内产品逐步进入国外市场。向日本市场出口"切花菊花"，向东欧市场出口"切花玫瑰"，向东南亚市场出口"水仙球"等，都有较高的经济效益。

组织培养中有"快速繁殖""去病毒或病毒鉴定""有益突变体的选择""种质保存"等多项技术，要加强技术之间的紧密合作，使之在多方面发挥效益。加强与科研单位、大专院校、生产单位的合作，采取分头生产和经营，互相配合，既可发挥优势，又可减少一些投资。

（9）商品化生产的信誉。坚持使用优良、稀有、名贵品种，多点试验和多点栽培示范，对推广和销售有着重要的意义。要培训技术人员，来储备技术。组织培养一般技术并不复杂和深奥，容易学会。但要试验一种新的植物，时常要做大量系统的研究，只有具备一定的理论基础和实际操作技术，才能解决一个个难关。因此，在进行生产的同时，还要做些试验研究，以储备技术，来适应市场的需要和变化。

（10）加大名、优、特组织培养育苗抢占市场。根据市场需求，以销定产。同时，加大科研力度，引种培育珍稀、名、特、优植物新品种，快速增殖种苗，抢占市场，引导市场的需求。同时加大脱毒种苗，培育有自主产权的组织培养育苗，形成批量生产，降低成本，提高经济效益。在一定的条件下，植物组织培养生产规模越大，生产成本越低，利润越高。组织培养生产量小，基础设施的成本高，必定利润低。

任务要求

组织培养育苗工厂化生产经济效益分析，首先成本核算要准确，直接生产成本和间接生产成本要考虑周全。其次，应采取工艺流程创新、设施设备更换、加大营销手段等有效措施，降低成本，提高经济效益。

任务实施

生产成本核算步骤如下：

（1）MS 培养基药品成本。配制 MS 培养基 100 L 所需药品成本见表 2-3-3。其中，药品费约为 20.82 元，食用蔗糖 24 元，琼脂 176 元，共计 220.82 元，则培养基费用约为2.21 元/升，按 20 瓶/升分装，平均每瓶需要药品费 0.1 105 元。

表 2-3-3　配制 100 L 培养基所需的药品成本（以 MS 基本培养基为例）

	试剂名称	包装 /g	用量 mg/L	单价 /（元·g⁻¹）	药品成本 / 元
大量元素	NH_4NO_3	500	1 650	0.042	6.93
	KNO_3	500	1 900	0.042	7.98
	$CaCl_2 \cdot 2H_2O$	500	440	0.04	1.76
	$MgSO_4 \cdot 7H_2O$	500	370	0.032	1.184
	KH_2PO_4	500	170	0.046	0.782
铁盐	$FeSO_4 \cdot 7H_2O$	500	27.8	0.036	0.100 08
	$Na_2\text{-}EDTA \cdot 2H_2O$	500	37.3	0.12	0.447 6
微量元素	$MnSO_4 \cdot 4H_2O$	500	22.3	0.06	0.133 8
	$CuSO_4 \cdot 5H_2O$	500	0.025	0.06	0.000 15
	$ZnSO_4 \cdot 7H_2O$	500	8.6	0.048	0.041 28
	KI	500	0.83	1.00	0.083
	H_3BO_3	500	6.2	0.036	0.022 32
	$Na_2MoO_4 \cdot 2H_2O$	500	0.25	0.72	0.018
	$CoCl_2 \cdot 6H_2O$	100	0.025	0.58	0.001 45
	……				
有机物	VB1	100	0.1	0.6	0.006
	VB6	25	0.5	0.56	0.028
	6-BA	1	0.8	10	0.8
	NAA	50	0.04	1	0.004
	IBA	1	0.5	10	0.5
小计					20.821 68
	蔗糖	500	30 000	0.008	24
	琼脂	1 000	8 000	0.22	176
总计					220.821 68

注：1 升培养基分装 20 瓶。

（2）培养基配制成本。配制 MS 培养基 100 L 成本及计算依据，见表 2-3-4。其中，溶解琼脂用电 7.5 kW·h，灭菌用电为 78 kW·h，电价以 1.0 元 /（kW·h）计（以下计算相同），合计用电 85.5；洗瓶用水 20 元，洗瓶用工费 70 元；配制和分装用工费用 62.5 元，共计 238 元。100 L 培养基的成本共计 362.07 元（药品成本和配制成本）。按每升分装 25 瓶计，每瓶培养基成本约为 0.144 8 元。生产 100 万株植物组织培养育苗，总共需用培养基 251 840 瓶，所需培养基的总成本为 36 473.48 元。

表 2-3-4　100 L 培养基的配制成本

项目	计算依据	金额 / 元
琼脂溶解	1.5 kW 高压灭菌锅一次溶解 50 L 琼脂需 2.5 h，溶解 100 L 需 5 h，需用电 7.5 kW·h	7.5
培养基灭菌	3.9 kW 高压灭菌锅灭菌 5 L 培养基需 1 h，灭菌 100 L 共需 20 h，需用电 78 kW·h	78
配制人工费	按 2 人每天配制和分装 80 L、工资 50 元，配制 100 L，共需 62.5 元	62.5

项目	计算依据	金额 / 元
洗瓶用水	每天洗瓶 2 500 个，按每天用水 10 t 计算，共需 20 元	20
洗瓶用工费	按 2 人每天洗瓶 2 500 瓶，共计 70 元	70
合计		238

（3）接种成本。按每周期分别接种增殖苗与生根苗 62 900 株与 116 350 株，无菌繁殖材料平均接种 4 845 株计，共接种 184 095 株；若每人每小时接种 100～105 株，每天工作 8 h，每个周期工作 25 d，9 人（9 台超净工作台），一年需要接种 250 d。接种成本及计算依据见表 2-3-5。生产 100 万株植物组织培养育苗需要接种成本 88 592.5 元。其中，电费为 21 092.5 元，人工费为 67 500 元。

表 2-3-5　年生产 100 万组织培养育苗的接种成本

项目	计算依据	金额 / 元
切割器皿灭菌用电	每天 3.9 kW·h，每年工作 250 d，需用电 975 kW·h	
工具消毒用电	消毒器功率为 90 W·h，一年需用电 1 620 kW·h	
超净工作台用电	超净工作台功率为 750 W·h，一年需用电 15 187.5 kW·h	
照明用电	40 W 日光灯，一年照明需用电	
空调用电	空调功率 2.5 kW，平均每天开 4 h，一年需用电 2 500 kW·h	
人工费	日工资 30 元，一年用工费 67 500 元	
合计		

（4）培养室成本。培养室成本及计算依据见表 2-3-6。年生产 100 万株植物组织培养育苗培养室成本为 147 618.24 元。其中，培养室电费为 133 218.24 元，人工费为 14 400 元。

表 2-3-6　年生产 100 万组织培养育苗培养室成本

用电项目	计算依据	金额 / 元
培养室日光灯用电	每天光照 12 h，每层设 40 W 灯管 2 支，放置培养瓶 100 瓶，瓶苗一个转接周期为 5 周，每瓶苗用电 0.336 kW·h。生产 100 万株苗接种 251 840 瓶，共需用电 84 618.24 kW·h	
培养室空调用电	空调功率 1.5 kW，每天开 18 h，共 5 台空调，每年开 12 个月，共需用电 48 600 kW·h	
人工费	按每月每人 600 元，全年需 14 400 元	
合计		

（5）组织培养育苗清洗及包装人工费。每人每天包装清洗 2 100 株，105 万株共需 500 d；以每人每天工资 30 元计，共需 1.5 万元。

（6）酒精、洗涤用品及工作服等费用。每年的酒精费用为 8 400 元，洗涤用品费为

5 600 元，工作服费用为 1 000 元，共需 1.5 万元。

（7）其他用水费。按平均每天用水 1 t 计，一年工作 250 d，共用水 250 t，需水费为 500 元。

（8）移栽成本。移栽成本包括单株试管苗移栽前成本和瓶苗移栽成本。单株试管苗移栽前成本，包括诱导培养基、分化培养基、继代增殖培养基、生根培养基成本等。生产 50 万株组织培养育苗，每株试管苗所用生根培养基的成本为每株 0.014 6 元（68 587 瓶，0.106 3 / 瓶），每株试管苗培养基原料成本为 0.035 8 元。瓶苗移栽成本，包括营养钵和基质购置费，移栽和管理人工费，移栽用水、遮阳网、薄膜购置费等，培养 50 万株组织培养育苗，瓶苗移栽成本为 0.360 2 元 / 株（表 2-3-7）。

表 2-3-7　瓶苗移栽及管理成本

序号	项目	用量	单价或定额	1 株苗成本 / 元	序号	项目	用量	单价或定额	1 株苗成本 / 元
1	苗木移栽容器	70 万个	0.03 元 / 个	0.03	6	苗木移栽容器		每人日 50 元，每天栽 500 株	0.1
2	园田土	100 m³	100 元 /m	0.02	7	苗木管理人工费	30 d	每人日 50 元，每天管理 7 万株	0.067 2
3	细河沙	100 m³	100 元 /m	0.02	8	栽苗用水	500 t	1 元 /t	0.01
4	草炭土	150 袋	10 元 / 袋	0.003	9	移栽用易耗品		5 000 元	0.01
5	营养杯装土人工费		每人日 50 元，每天装 500 钵	0.1	10	合计			0.360 2

（9）固定资产折旧费用。固定资产包括厂房建设、基本仪器设备等。按年生产 100 万株试管苗的生产规模，组织培养工厂基本建设设备等固定资产按组织培养中心实际共投资总金额 140 万元。若按年均 5% 的折旧率推算，生产 100 万株试管苗固定资产折旧金额约为 7 万元，每株出瓶苗将增加成本费 0.07 元（表 2-3-8）。

表 2-3-8　室内仪器设备折旧费用

序号	项目	数量	单价	费用 / 万元	折旧期限 /a	折旧费 / (万元·a⁻¹)
1	双人超净工作台上	4 台	8 000 元 / 台	3.2	5	0.64
2	培养架	10 架	4 000 元 / 架	4	20	0.2
3	空调	5 台	5 000 元 / 台	2.5	5	0.5
4	立式高压灭菌锅	1 台	14 000 元 / 台	1.4	5	0.28
5	1% 电子天平	1 台	9 000 元 / 台	0.9	10	0.09
6	1‰电子天平	1 台	12 000 元 / 台	1.2	10	0.12
7	酸度计	1 台	2 000 元 / 台	0.2	10	0.02
8	搅拌器	2 台	500 元 / 台	0.1	5	0.02
9	冰箱	1 台	5 000 元 / 台	0.5	10	0.05
10	接种推车	5 辆	200 元 / 辆	1	5	0.2

续表

序号	项目	数量	单价	费用 / 万元	折旧期限 /a	折旧费 /（万元·a⁻¹）
11	手术刀、镊子	100 套	50 元 / 套	0.5	10	0.05
12	塑料周转箱	100 个	25 元 / 个	0.25	5	0.05
13	培养瓶	6 万只	1 万元 / 只	6	20	0.30
14	净水器	1 万台	1 万元 / 台	1	10	0.1
15	恒温干燥箱	1 台	3 000 元 / 台	0.3	10	0.03
16	臭氧发生器	3 台	3 000 元 / 台	0.9	5	0.18
17	合计					2.83

根据核算结果，统计每年生产 100 万株植物组织培养育苗各项目的费用成本，主要包括材料费、电费、用工费、管理人员费用、科研投入费用、其他费用、设备折旧费等，计算出成本累计总额。再根据瓶苗污染率 5%、生根率 95% 的情况，计算出每株植物组织培养幼苗的成本费用（表 2-3-9）。目前，组织培养育苗多以移栽后的成苗作为商品苗出售，每瓶苗的有效苗率为 95%，移栽成活率和移栽后的成苗商品合格率为 95%，计算出实际每株苗成本价格。根据销售价格，扣除成本费用，计算出实际所得利润值。

表 2-3-9　年生产 100 万组织培养育苗的成本核算

项目	成本费用 / 元	项目成本占总成本比例 /%
材料费		
电费		
用工费		
管理人员费		
科研投入费		
其他费用		
设备折旧费		
……		
合计		

考核评价

考核评价表见表 2-3-10。

表 2-3-10　考核评价表

序号	评价内容	分值	得分
1	能准确计算出组织培养育苗工厂化生产成本	3	
2	能根据销售产出和成本统计出年度效益	4	
3	能掌握提高经济效益、降低成本的有效措施	3	
	总分	10	

项目三 组织培养植物工厂化生产基本技术

项目情景

组织培养技术的不断发展，为植物工厂化育苗创造了坚实的技术支撑。把组织培养的各种技术手段应用于工厂化育苗，可以提高繁殖倍率，加快繁殖速度，增强幼苗的长势，提升育苗质量。因此，掌握组织培养技术是保障植物工厂化育苗顺利进行的重要前提条件。

组织培养植物工厂化育苗是以先进的育苗设施和设备装备种苗生产车间，以现代生物技术、环境调控技术、施肥灌溉技术、信息管理技术贯穿种苗生产过程，以现代化、企业化的模式组织种苗生产和经营，从而实现种苗的规模化生产。组织培养植物工厂化育苗技术的发展，加快了国产科学仪器设备的推广应用，通过技术和产品持续迭代形成自我发展能力与核心竞争力，打造一批具有国际竞争力的高端科学仪器企业，从根本上提高体系化研发和应用能力。

学习目标

➢ 知识目标

1. 掌握培养基母液配制和保存的方法。
2. 掌握培养基配制的方法。
3. 掌握基本的组织培养知识。
4. 了解植物组织培养的各种再生方式，掌握植物无性快速繁殖知识。
5. 了解无糖快速繁殖技术。
6. 掌握植物脱毒苗培养技术。

➤ **技能目标**

1.能配制和保存培养基母液。

2.能配制培养基。

3.能进行日常的各种实验室灭菌操作、污染预防、培养室环境调控。

4.能在组织培养快速繁殖的各个环节进行独立操作，能够处理和解决培养环节出现的问题。

5.能进行脱毒苗的培养。

➤ **素质目标**

1.培养学生团队协作意识。

2.培养学生自我学习的习惯和能力。

3.培养学生的动手能力和严格遵守操作规程的意识与习惯。

4.引导学生塑造良好的职业道德和文明的行为、习惯。

5.引导学生热爱农业、服务农业的信念，提高科技兴农意识。

6.引导学生具备钻研技术、业务，积极进取的品质。

任务一　　　　培 养 基

子任务一　培养基的类型

⊙ 工作任务

● **任务描述**：在植物组织培养快速繁殖过程中，不同的植物品种成同一植物品种在不同的培养阶段，所采用的基本培养基和培养基的物理形态都是不同的。如果选择使用的基本培养基或培养基的物理形态不适合植物的生长、分化，则难以达到理想的效果。因此，根据植物品种选择合适的培养基类型，是十分必要的。

● **任务分析**：学习培养基分类的知识。

● **工具材料**：数种不同基本培养基的样品，两种不同物理形态的培养基样品。

 知识准备

培养基是培养物生长分化的基质，一般由无机盐、碳源、氨基酸、维生素、生长调节物质和有机附加物等几类物质组成。依据培养基的成分，培养基可分为基本培养基和完全培养基。基本培养基含有无机盐、碳源、氨基酸、维生素和水；而完全培养基是在基本培养基的基础上，根据需要，添加各种植物生长调节物质，如6-苄氨基嘌呤

（6-BA）、激动素（KT）、玉米素（ZT）、2-异戊烯基腺嘌呤（2-IP）、2，4-二氯苯氧乙酸（2，4-D）、萘乙酸（NAA）、吲哚丁酸（IBA）、吲哚乙酸（IAA）、赤霉素（GA）等，以及附加成分，如椰汁、香蕉汁、土豆汁、番茄汁、酵母提取物、水解乳蛋白、水解酪蛋白、活性炭、抗生素、抗氧化剂等。依据培养基的物理形态可分为固体培养基和液体培养基。根据植物品种类型和同一品种的不同培养阶段，需要选择不同类型的基本培养基和不同物理形态的培养基。

基本培养基的种类很多，常用的有几十种，如 MS、改良 MS、White、改良 White、WPM、B5、N6、VW、LS、SH、Miller、KC 等。具体选用哪种基本培养基，应根据品种、植物材料、培养目的而定。

任务要求

掌握培养基的两个分类体系。

任务实施

辨识两种不同物理形态的培养基样品。

在配制培养基时，如果加入琼脂，就成为固体培养基；如果不加入琼脂，即液体培养基。固体培养基和液体培养基各有优点和缺点。固体培养基的最大优点是使用方便、不需要特殊的培养设备；缺点是培养物与培养基接触面小，培养基各部分营养物质浓度不同，影响培养物对营养成分的吸收。同时，培养物分泌的某些有害物质（如酚类）可以在培养基表面积累，对培养物造成自我毒害，必须及时转接。而液体培养基由于使用摇床、转床之类的设备；通过振荡培养，促使培养基里的营养成分分布均匀，与培养物充分接触，有利于营养物质的吸收。并且液体振荡培养可以减少某些培养物（如兰科植物的茎尖）暴露在空气中的时间，避免培养物的褐化。同时，振荡培养为培养物提供了良好的通气条件，有利于培养物的生长发育。尽管如此，由于使用方便，目前仍普遍采用固体培养基。

考核评价

考核评价表见表 3-1-1。

表 3-1-1　考核评价表

序号	考核内容	分值	赋分
1	训练前准备充分；训练中遵守实验室纪律；认真观察，勤于思考，及时总结	4	
2	辨识基本培养基样品和固体、液体培养基样品	6	
	合计	10	

子任务二　培养基的成分

工作任务

● **任务描述**：培养基中的各种成分，在植物的生长发育中都起着重要作用，都是培养基不可缺少的组成部分。在培养基中，各种成分的用量都有着严格的要求。因此，了解和掌握培养基的各种成分及用量是十分必要的。

● **任务分析**：学习培养基的各种成分及其用量。

● **工具材料**：配制培养基所需的各种大量元素试剂、微量元素试剂、铁盐、有机成分试剂、生长调节物质、蔗糖、琼脂、无离子水（或纯净水）、有机附加物和其他添加成分。

知识准备

培养基都是由无机盐、碳源、氨基酸、维生素、生长调节物质、有机附加物及其他添加成分等几类物质组成。

培养基中的各种成分，按照其作用和用量，可分为无机盐类（包括大量元素试剂、微量元素试剂、铁盐）、碳源（一般用蔗糖）、琼脂、有机成分试剂、生长调节物质、无离子水。另外，还可能用到有机附加物及其他添加成分。

1. 无机盐

（1）大量元素。根据对植物体内各种元素的分析，现已知道植物普遍需要若干种元素来维持生命活动。各种大量元素在植物体内的含量，一般各自占植物体干重的万分之几至百分之几十（表 3-1-2）。

表 3-1-2　植物所需大量元素占植物体干重的百分数　　　　　　　　　　　%

元素名称	氧	碳	氢	氮	钾	磷	镁	硫	钙
含量	70	18	10	0.3	0.3	0.07	0.07	0.05	0.03

根据国际生理学会的建议，植物所需要的元素，其浓度大于 0.5 mmol/L 的属于大量元素；小于 0.5 mmol/L 的则属于微量元素。在组织培养中，培养基中元素的含量（浓度）常用 mg/L 为单位。

大量元素不但是组成植物有机体的结构物质，而且参与组成一些特殊的生理活性物质，并且这些元素之间互相协调，以维持植物体内离子浓度的平衡、胶体稳定、电荷平衡等电化学方面的作用。

在组织培养时，各种营养元素主要从培养基中获得。如氧和氢元素从水中获得，矿质元素靠无机盐提供，碳元素靠培养基中的碳源（蔗糖、果糖等）提供。无论何种培养基，其大量元素除碳、氢、氧这三种元素外，都含有氮、钾、磷、镁、硫、钙元素。以MS 培养基为例，其大量元素由表 3-1-3 中的无机盐来提供。

表 3-1-3　MS 培养基的大量元素成分

序号	无机盐成分	化学式	用量 / (mg · L^{-1})
1	硝酸铵	NH_4NO_3	1 650
2	硝酸钾	KNO_3	1 900
3	氯化钙	$CaCl_2 \cdot 2H_2O$	440
4	硫酸镁	$MgSO_4 \cdot 7H_2O$	370
5	磷酸二氢钾	KH_2PO_4	170

目前，在组织培养中可供利用的基本培养基有 70 多种，各种无机盐离子的存在形态和浓度各不相同，但应用最普遍的就是 MS 培养基。MS 培养基的特点是无机盐浓度高，具有高含量的氮、钾，尤其硝酸盐的用量很大，且含有一定量的铵盐，是较稳定的离子平衡溶液，能够满足植物对矿物质营养的需求，支持培养物的快速生长。当培养物久不转接时仍然能够维持其最低限度的生存。MS 培养基在配制、储存和消毒过程中，即使有些成分略有出入，也不会影响离子间的平衡。

（2）微量元素。植物所需的微量元素包括铁、锰、硼、锌、铜、钼、钴、碘、氯、钠（表 3-1-4）。有研究者认为，碘可能不是植物必需的。对于大多数植物来说，痕量（极其微量）的氯即能满足需要，过量的氯会对植物造成胁迫。而忌氯植物则不需要添加氯即能正常生长发育。钠对于高等植物来说并非普遍需要，但对于盐生植物、具 C$_4$ 光合途径的植物和进行景天酸代谢的植物却可能是必需元素。对于大多数植物来说，在钠用量过多的情况下，存在钠盐胁迫，影响植物的生长发育。在植物组织培养过程中，需要严格限制钠的用量，通常只限于用 NaOH 调节培养基的酸碱度，无须额外添加钠盐。

研究表明，绝大多数植物组织对无机元素的需求是很一致的，各种配方只是出于不同的目的，在元素或离子的数量、比例上有所调整。在生产中，适当增加微量元素的用量，可以抑制试管苗的玻璃化；而适当减少微量元素的用量，则可以抑制外植体褐化现象的发生，特别是茎尖培养过程中的褐化现象。

表 3-1-4　MS 培养基的微量元素成分

序号	无机盐成分	化学式	用量 / (mg · L^{-1})
1	硫酸锰	$MnSO_4 \cdot 4H_2O$ ($MnSO_4 \cdot H_2O$)	22.3 (16.9)
2	硫酸锌	$ZnSO_4 \cdot 7H_2O$	8.6
3	硼酸	H_3BO_3	6.2
4	碘化钾	KI	0.83
5	钼酸钠	$Na_2MoO_4 \cdot 2H_2O$	0.25
6	硫酸铜	$CuSO_4 \cdot 5H_2O$	0.025
7	氯化钴	$CoCl_2 \cdot 6H_2O$	0.025

（3）铁盐。在组织培养过程中，随着试管苗的生长发育，培养基的 pH 值会发生偏移，影响试管苗对铁元素的有效利用，有时候会表现出缺铁症状。为了保证培养基里铁

元素的稳定供应，现在培养基中都采用螯合态的铁盐（表 3-1-5）。

表 3-1-5 MS 培养基的铁盐成分

序号	成分	缩写及化学式	用量 / (mg · L⁻¹)
1	乙二胺四乙酸二钠	Na_2–EDTA	37.3
2	硫酸亚铁	$FeSO_4 \cdot 7H_2O$	27.8

2. 碳源

在组织培养过程中，培养物基本上不能进行光合作用，即使能够进行光合作用，极低的光合速率也不能满足植物对糖类的需求。因此，无论采用何种培养基，都需要添加糖类。糖作为碳源，为细胞提供合成新化合物的碳骨架，为细胞的呼吸代谢提供底物和能源。糖还在植物细胞内维持一定的渗透势。

培养基中常用的糖类是蔗糖，葡萄糖也是较好的碳源。有时候也用到麦芽糖，甚至是可溶性的淀粉。然而除蔗糖及其水解产物（葡萄糖）外的其他糖类，对多数培养物的效果都不太好。

培养基里的蔗糖用量一般为 2% ～ 4%（兰科植物的蔗糖用量低）。在诱导花药愈伤组织或在进行胚培养时，蔗糖浓度可适当提高，有时高达 15%。高浓度的蔗糖对胚状体的发育起重要作用。在快速繁殖工作中，常用市售的白砂糖或绵白糖代替分析蔗糖的纯度。

3. 琼脂

琼脂是最好的固化剂，也是一种由海藻中提取的高分子碳水化合物。在培养基中，琼脂本身不提供任何营养，它的主要作用是使培养基在常温下凝固，在 40 ℃以下即凝固为固体状凝胶。

琼脂在培养基里的用量一般在 4 ～ 10 g/L，新购进的琼脂要先试试它的凝固能力，进而确定它在培养基里的最适宜用量。琼脂的用量可根据季节适当调整，夏季适当减少，冬季适当增加。当试管苗发生玻璃化现象时，也需要增加琼脂用量。

琼脂的凝固能力受培养基的 pH 值、高压灭菌时间长短、灭菌温度的影响。培养基的 pH 值过高或过低、高压灭菌的时间过长、温度过高会使琼脂发生水解，降低其凝固力。

4. 有机成分

选定基本培养基之后，往往需要添加一些有机成分，以利于培养物的快速生长和发育。常加入的有机成分包括维生素类、氨基酸类、肌醇（表 3-1-6）。

虽然大多数植物细胞或组织在培养中都能合成所必需的维生素，但合成的量不足，通常需要加入一种或数种维生素。盐酸硫胺素（维生素 B1）、盐酸吡哆醇（维生素 B6）、烟酸（维生素 B3）是 MS 培养基中常用的维生素。另外，还有泛酸钙（维生素 B5）、生物素（维生素 H）、钴胺素（维生素 B12）、叶酸（维生素 B9）、抗坏血酸（维生素 C）等，可根据需要适当选用。维生素类物质在植物细胞里主要是以各种辅酶的形式参与各项代谢活动，促进植物的生长、分化。

培养基中还需添加一至数种氨基酸，最普遍采用的是甘氨酸。有时候也会用到其他种类的氨基酸，如谷氨酸、谷氨酰胺、天门冬氨酸、天冬酰胺等。小分子的氨基酸（如甘氨酸、丙氨酸等）可直接被细胞吸收利用。有时候根据需要还可以在培养基里添加多肽、水解乳蛋白、水解酪蛋白，这在兰科植物的组织培养中应用得较为普遍。

肌醇不直接促进培养物的生长，但能促进活性物质作用的发挥和糖类的相互转化，参与碳水化合物的代谢、磷脂代谢和离子平衡作用，在适当情况下能促进愈伤组织生长、胚状体和芽的形成。肌醇也是细胞壁的构建材料，能够促进细胞壁的形成。但肌醇用量过多，会加速外植体的褐化。

腺嘌呤（维生素 B4）及其硫酸盐加入培养基，可促进芽的形成和生长。在诱导外植体发生芽的阶段，对于某些难出芽的植物可以试用。腺嘌呤是合成各种细胞分裂素的前体之一，各种细胞分裂素分子中都含有腺嘌呤基团。将腺嘌呤应用于组织培养，提供给植物组织，有利于内源细胞分裂素的合成。

表 3-1-6　MS 培养基的有机成分

序号	有机成分	化学式	用量 / (mg·L^{-1})
1	盐酸硫胺素（维生素 B1）	$C_{12}H_{17}CIN_4OS \cdot HCl$	0.1
2	盐酸吡哆醇（维生素 B6）	$C_8H_{11}O_3N \cdot HCl$	0.5
3	烟酸（维生素 B3）	NC_5H_4COOH	0.5
4	甘氨酸（氨基乙酸）	NH_2CH_2COOH	2
5	肌醇	$C_6H_{12}O_6 \cdot 2H_2O$	100

5. 生长调节物质

在组织培养过程中，除培养基中的营养物质外，还必须加入某些植物生长调节物质（即植物激素）。植物激素是培养基中的关键物质，它能以极其微小的用量促进培养物的生长和器官分化，它在组织培养中起着决定性的作用。在组织培养过程中，常用生长素和细胞分裂素两类植物激素。

（1）生长素类。生长素类在组织培养中的生理作用是促进细胞伸长生长和细胞分裂，诱导受伤的组织表面的细胞恢复分裂能力，形成愈伤组织；诱导根的形成；配合一定量的细胞分裂素共同诱导不定芽的分化、侧芽的萌发与生长；诱导某些植物产生胚状体。

常用的生长素包括吲哚乙酸（IAA）、吲哚丁酸（IBA）、萘乙酸（NAA）、2，4-二氯苯氧乙酸（2，4-D）。它们作用的强弱顺序是 2，4-D>NAA>IBA>IAA。其中，IAA 为天然的植物生长素，也是最早发现的植物生长素，它见光易分解，不耐热；NAA、IBA、2，4-D 都是人工合成的生长调节物质。2，4-D 一般用于初代培养，启动细胞脱分化，而再分化阶段则往往不用 2，4-D，通常用 NAA、IBA、IAA。

生长素类物质一般用 1 M 的热碱溶液（KOH、NaOH）助溶，常配制成 0.1 mg/mL 的溶液，密封后置于冰箱中储存备用。

（2）细胞分裂素类。细胞分裂素类物质常用的有激动素（KT）、6-苄氨基嘌呤（6-BA）、玉米素（ZT）、2-异戊烯基嘌呤（2-IP）、氯吡苯脲（CPPU）、噻苯隆（TDZ）。它们的药剂活性强弱顺序为 TDZ>CPPU>2-IP>6-BA>KT。

细胞分裂素的生理作用是多方面的，主要可归纳为促进细胞分裂与扩大（与生长素促进细胞伸长的作用不同），可使茎增粗，抑制茎伸长；抑制顶端优势，诱导芽的分化，促进侧芽萌发生长。当细胞分裂素／生长素的比值高时，有利于诱导愈伤组织或器官分化出不定芽，这时细胞分裂素起主导作用。当细胞分裂素／生长素的比值小时，则有利于根的形成，这时生长素起主导作用。培养基中细胞分裂素与生长素的比值是决定器官分化的关键，增强蛋白质的合成，抑制组织的衰老。离体的组织或器官很快就会衰老。如果用细胞分裂素处理则可以延缓衰老，有保鲜的效果。

细胞分裂素类化合物易溶于稀盐酸，一般用 1 M 的稀盐酸在热水浴的条件下助溶，配制成 1 mg/mL 的浓度，密封后置于冰箱中储存备用。

此外，赤霉素类（GA）、脱落酸（ABA）等在植物组织培养中也有应用。

6. 有机附加物及其他添加成分

在组织培养中，还经常用到一些天然物质作为添加成分。如椰子的液体胚乳（椰汁）、麦芽提取物、番茄汁、马铃薯汁、香蕉汁、乳熟期玉米浆、酵母提取物等。在培养基中添加某些天然物质，常常会取得意想不到的效果。

在组织培养过程中，出于某种培养目的，抑或是根据植物品种、植物材料的特性，需要在培养基中添加其他的成分。较常用的有活性炭（AC）、抗生素、抗氧化剂、生长抑制剂等。

（1）活性炭。活性炭具有很强的吸附能力，它主要吸附非极性物质，可以减少某些有害物质的影响，但对物质的吸附没有选择性。活性炭的吸附能力随温度的升高而减弱。在培养基中加入活性炭，可以吸附植物组织自身分泌的酚类物质，有效防止植物材料的褐化。

（2）抗生素。培养基中加入抗生素，可以有效防止外植体内生菌造成的污染，抑制细菌生长，但对真菌没有明显的作用。抗生素类物质各有其抑菌谱，需要加以选择试用。但需要注意的是，抗生素对植物组织的生长有抑制作用。一种抗生素可能对某些植物适用，而另一些植物却不大适用。同时使用或交替使用两种以上的抗生素，可以防止细菌产生抗药性，比使用单一的抗生素效果好。在工作中，不能因为使用了抗生素而放松灭菌措施。在停止使用抗生素之后，污染率往往会显著上升。所以，在商业快速繁殖中，要尽量避免使用抗生素。常用的抗生素类物质有青霉素、链霉素、土霉素、庆大霉素等。抗生素在培养基中的用量一般为 5 ～ 20 mg/L。

（3）抗氧化剂。植物材料在切割后，会分泌一些酚类物质，集聚在培养基表面。酚类物质接触氧气后，氧化为相应的醌类物质，在培养基和培养物接触处产生可见的茶色、褐色乃至黑色污染区域。醌类物质会对培养物造成自身毒害，使培养物生长停滞，失去分化能力，最终死亡，这就是酚污染。

抗酚类氧化常用的抗氧化剂有半胱氨酸及其盐酸。可用 50 ～ 200 ppm（mg/L）浓度的半胱氨酸无菌溶液浸洗外植体表面的切口，也可以经过过滤灭菌之后滴入培养基的表面。其他的抗氧化剂有维生素 C、谷胱甘肽、二硫苏糖醇等。

（4）生长抑制剂。在植物组织培养中有时候也能用到生长抑制剂。生长抑制剂的作用是调节植物的内源激素和外源激素的水平，使它们之间相互作用的结果达到人们的预期目标。比较常用的生长抑制剂有脱落酸、缩节胺、三碘苯甲酸、矮壮素、B9、根皮苷及其分解后的产物根皮酚（间苯三酚）等。

三碘苯甲酸易被植物吸收，能在茎中运输，可以阻碍植物体内生长素自上而下的极性运输，抑制植物的顶端优势，使植物矮化，促进侧芽的生长和分蘖。培养基中加入三碘苯甲酸可以加速侧芽的分化，提高增殖倍率。

根皮苷（或根皮酚）可以延缓试管苗的生长，矮化植株，促进试管苗分化出丛生芽（诱导侧芽萌发），并且提高生根率，常用于常温和低营养条件下种质资源的保存（表3-1-7）。

表 3-1-7　根皮苷在种植保存中的应用

植物品种	植物材料	培养基	根皮苷用量/($mg \cdot L^{-1}$)	保存时间	生长率	生根率
长白柳	嫩茎再生丛芽	N—68	3.2	43 个月	0.97%	99.6%
牛皮杜鹃	嫩茎再生丛芽	DR	2.7	46 个月	1.12%	快
长白玫瑰	嫩茎再生丛芽	B_5	2.8	40 个月	0.83%	99.8%
天目铁木	嫩茎再生丛芽	1/8DR	2.8	18 个月	2.26%	—

7. 基本培养基的选择和改良

（1）基本培养基。基本培养基是指培养基的基本组成成分，与有无有机添加物、有无激素无关，是植物组织培养通用的配方。基本培养基有多种，每种基本培养基，其无机盐的成分和含量、碳源、有机物（氨基酸、维生素、肌醇）的用量都是固定的。

基本培养基有 70 多种，最常用的是 MS 培养基（适用于绝大部分植物）、WPM 培养基（适用于某些木本植物）、Wimber 培养基（兰科茎尖培养）、改良 KC（兰科茎尖培养）、B5 培养基、N6 培养基（适用于禾本科及某些单子叶植物）。

在生产实践中，究竟选用哪种基本培养基，需要根据植物所在的科、属和生理习性来进行初选，然后经过一系列的试验来进行试培养，观察植物是否适应选定的基本培养基。如果不适应，就要有针对性地对选定的基本培养基进行改良。如果基本培养基改良后的培养效果仍然不理想，就需要考虑有针对性地选择其他类型的基本培养基。

（2）MS、WPM 培养基的无机盐含量及离子浓度（正负离子浓度）对比。

1）MS 培养基。MS 培养基无机盐用量及总离子浓度见表 3-1-8。

表 3-1-8　MS 培养基无机盐用量及总离子浓度

无机盐	分子量	用量/($mg \cdot L^{-1}$)	物质的量/($mmol \cdot L^{-1}$)	离子的量/($mmol \cdot L^{-1}$)	各种离子的当量浓度/($meq \cdot L^{-1}$)	总离子浓度/($meq \cdot L^{-1}$)
NH_4NO_3	80	1 650	20.625	NH_4^+ 20.625 NO_3^- 20.625	NH_4^+ 20.625 NO_3^- 39.436 K^+ 20.061 Ca^{2+} 5.986 Mg^{2+} 3.008 Cl^- 5.986 SO_4^{2-} 3.008 $H_2PO_4^-$ 1.250	99.360
KNO_3	101	1 900	18.811	K^+ 18.811 NO_3^- 18.811		
$CaCl_2 \cdot 2H_2O$	147	440	2.993	Ca^{2+} 2.993 Cl^- 5.986		
$MgSO_4 \cdot 7H_2O$	246	370	1.504	Mg^{2+} 1.504 SO_4^{2-} 1.50		
KH_2PO_4	136	170	1.250	K^+ 1.250 $H_2PO_4^-$ 1.250		

结论：

① MS 培养基的总离子浓度为 99.360 meq/L。

② Ca^{2+} 和 Mg^{2+} 的含量比例为 2 ： 1。

③ MS 培养基的总氮含量为 60.061 mmol/L（毫摩尔 / 升）。

④ MS 培养基的两种形态的氮素比例为铵态 N ：硝态氮 N=1 ： 2。

2）WPM 培养基。WPM 培养基无机盐用量及总离子浓度见表 3-1-9。

表 3-1-9　WPM 培养基无机盐用量及总离子浓度

无机盐	分子量	用量 / (mg·L^{-1})	物质的量 / (mmol·L^{-1})	离子的量 / (mmol·L^{-1})	各种离子的当量浓度/(meq·L^{-1})	总离子浓度 / (meq·L^{-1})
NH_4NO_3	80	400	5.000	NH_4^+ 5.000 NO_3^- 5.000	NH_4^+ 5.000 NO_3^- 9.712 Ca^{2+} 6.018 K^+ 12.630 SO_4^{2-} 14.388 Cl^- 1.306 $H_2PO_4^-$ 1.250 Mg^{2+} 3.008	53.312
$Ca(NO_3)_2 \cdot 4_2H_2O$	236	556	2.356	Ca^{2+} 2.356 NO_3^- 4.712		
K_2SO_4	174	990	5.690	K^+ 11.380 SO_4^{2-} 5.690		
$CaCl_2 \cdot 2H_2O$	147	96	0.653	Ca^{2+} 0.653 Cl^- 1.306		
KH_2PO_4	136	170	1.250	K^+ 1.250 $H_2PO_4^-$ 1.250		
$MgSO_4 \cdot 7H_2O$	246	370	1.504	Mg^{2+} 1.504 SO_4^{2-} 1.504		

结论：

① WPM 培养基的总离子浓度为 53.312 meq/L。

② Ca^{2+} 与 Mg^{2+} 的含量与 MS 培养基的 Ca^{2+} 与 Mg^{2+} 含量相当，并且两者的比例也是 2 ： 1。

③总氮含量为 14.712 mmol/L。

④铵态氮与硝态氮的比例几乎精确等于 1 ： 2。

⑤ SO_4^{2-} 含量很高。

3）MS 培养基与 WPM 培养基的对比（表 3-1-8、表 3-1-9）。

①总离子浓度，WPM 培养基相当于 MS 培养基的 53.7%。

②两者的最大差别在于总氮含量，WPM 只相当于 MS 的 25%。

③两者的硝态氮与铵态氮的比例都是 2 ： 1。

④钙、镁、磷的含量完全相同。

⑤ WPM 培养基中硫的含量是 MS 培养基的 4 倍多，将近 5 倍。

⑥ WPM 培养基的 Cl^- 含量少，只相当于 MS 培养基的 22%，为降低 Cl^- 的含量，WPM 是通过以 $Ca(NO_3)_2 \cdot 4H_2O$ 代替绝大部分 $CaCl_2 \cdot 2H_2O$ 实现的。WPM 基本培养基适用于忌氯的木本植物。

⑦表 3-1-8 和表 3-1-9 相比较，说明配方改良时，钙、镁、磷的含量尽量保持不变，只改变氮素的含量（或铵态氮与硝态氮的比例）。这个原则对绝大部分植物都是适用的。

（3）较为特殊的兰科植物配方。

1）V·W 培养基（用于兰科植物茎尖培养）。V·W 培养基无机盐用量及总离子浓度见表 3-1-10。

表 3-1-10　V·W 培养基无机盐用量及总离子浓度

无机盐	分子量	用量 / $(mg \cdot L^{-1})$	物质的量 / $(mmol \cdot L^{-1})$	离子的量 / $(mmol \cdot L^{-1})$	各种离子的当量浓度 / $(meq \cdot L^{-1})$	总离子浓度 / $(meq \cdot L^{-1})$
$Ca_3(PO_4)_2$	310	200	0.645	Ca^{2+}　1.935 PO_4^{3-}　1.290	NO_3^-　5.198 NH_4^+　7.576 K^+　7.036 Ca^{2+}　3.870 Mg^{2+}　2.032 PO_4^{3-}　3.870 $H_2PO_4^-$　1.838 SO_4^{2-}　9.608	41.028
KNO_3	101	525	5.198	K^+　5.198 NO_3^-　5.198		
KH_2PO_4	136	250	1.838	K^+　1.838 $H_2PO_4^-$　1.838		
$MgSO_4 \cdot 7H_2O$	246	250	1.016	Mg^{2+}　1.016 SO_4^{2-}　1.016		
$(NH_4)_2SO_4$	132	500	3.788	NH_4^+　7.576 SO_4^{2-}　3.788		

2）KC 培养基（兰科各属植物无菌种子发芽）。KC 培养基无机盐用量及总离子浓度见表 3-1-11。

表 3-1-11　KC 培养基无机盐用量及总离子浓度

无机盐	分子量	用量 / $(mg \cdot L^{-1})$	物质的量 / $(mmol \cdot L^{-1})$	离子的量 / $(mmol \cdot L^{-1})$	各种离子的当量浓度 / $(meq \cdot L^{-1})$	总离子浓度 / $(meq \cdot L^{-1})$
$(NH_4)_2SO_4$	132	500	3.788	NH_4^+　7.576 SO_4^{2-}　3.788	NH_4^+　7.576 SO_4^{2-}　9.608 NO_3^-　8.474 $H_2PO_4^-$　1.838 K^+　1.838 Ca^{2+}　8.474 Mg^{2+}　2.032	39.840
$Ca(NO_3)_2 \cdot 4H_2O$	236	1 000	4.237	Ca^{2+}　4.237 NO_3^-　8.474		
KH_2PO_4	136	250	1.838	K^+　1.838 $H_2PO_4^-$　1.838		
$MgSO_4 \cdot 7H_2O$	246	250	1.016	Mg^{2+}　1.016 SO_4^{2-}　1.016		

3）V·W 培养基、KC 培养基与 MS 培养基的对比。

①从总离子浓度方面看，V·W 培养基、KC 培养基只相当于 MS 培养基的 40% 左右。若兰科植物选用 MS 培养基，通常用 1/3MS。外加添加 1 g/L 的水解乳蛋白或水解酪蛋白，其总离子浓度基本达到 V·W 培养基、KC 培养基的水平。低盐配方是与兰科植物的生长习性相适应的。

②总氮含量很低，只相当于 MS 培养基的 20% 和 25% 左右。

③ V · W 培养基、KC 培养基的 SO_4^{2-} 含量较高，是 MS 培养基的 3 倍。

④ V · W 培养基、KC 培养基不含 Cl^-，而 MS 培养基的 Cl^- 浓度达到 5.986 mmol/L。忌氯是兰科植物的共性，尤其是附生兰，寄宿于潮湿雨林的枯树上或苔藓中，大都是气生根，不接触土壤，基本上在近乎无 Cl^- 或低 Cl^- 的环境中生存。

⑤ V · W 培养基、KC 培养基，其 NH_4^+ 只相当于 MS 培养基的 1/3，NO_3^- 只相当于 MS 培养基的 12.5% 和 20%。铵态氮正好能满足兰科植物需求，而硝态氮含量偏低。在缺少硝态氮的情况下，若长时间不转接或温度过高、光照过弱，会引起兰科植物组织培养育苗的严重玻璃化。这种推理也与从事兰科植物组织培养的实践经验相吻合。

任务要求

掌握培养基的各种成分所包含的化学试剂名称。

任务实施

将各种化学试剂和材料，按照大量元素、微量元素、铁盐、碳源、琼脂、有机成分、生长调节物质、无离子水、有机附加物和其他添加成分的分类要求进行分类，完成培养基的配制。

考核评价

考核评价表见表 3-1-12。

表 3-1-12　考核评价表

序号	考核内容	分值	赋分
1	训练前准备充分；训练中遵守实验室纪律；认真观察，勤于思考，及时总结	2	
2	按照大量元素、微量元素、铁盐、碳源、琼脂、有机成分、生长调节物质、无离子水、有机附加物和其他添加成分的分类要求，将各种试剂和材料进行分类	8	
	合计	10	

任务二　培养基母液的配制和保存

工作任务

● **任务描述**：在生产实践中，配制培养基时，通常都是分别量取各种成分的浓缩液，稀释后混合在一起，然后定容。这样做，与逐一称量各种试剂相比，节省了大量的时间和人力成本，提高了工作效率。

● **任务分析**：学习培养基母液的配制方法（以 MS 培养基为例）。

● **工具材料**：

1. 材料：各种无机盐试剂（大量元素、微量元素、铁盐所包含的各种无机盐）、有机成分（包括维生素 B1、维生素 B6、烟酸、甘氨酸、肌醇）、生长调节物质（6-BA、NAA）、蒸馏水。

2. 工具：托盘天平、电子分析天平、磁力加热搅拌器、电炉（双联）、烧杯、玻璃棒、量筒、试剂瓶。

知识准备

一、培养基母液的配制

在配制培养基时，为了减少工作量，提高工作效率，最有效的办法就是预先配制一系列的浓缩储备液，即培养基母液。母液按药品的性质分别配制，单独保存。

（1）大量元素母液 I 由硝酸铵、硝酸钾、硫酸镁（$MgSO_4 \cdot 7H_2O$）、磷酸二氢钾配制而成；大量元素母液 II 由氯化钙（$CaCl_2 \cdot 2H_2O$）单独配制而成。

（2）微量元素母液由培养基配方中要求的数种试剂配制而成。

（3）铁盐母液由硫酸亚铁和乙二胺四乙酸二钠盐配制而成。

（4）有机成分母液由维生素 B1、维生素 B6、烟酸、甘氨酸、肌醇配制而成。

（5）生长调节物质 6-BA 和 NAA 应分别配制成不同浓度的母液。

一般大量元素可以配制成 50～100 倍浓缩液，微量元素和铁盐可配制成 500～1 000 倍浓缩液，有机成分可配制成 50～100 倍浓缩液。当配制培养基时，按照使用量分别量取各种母液即可。这样，每种药品称量一次，配制成母液之后，可以使用多次，并且可以减少称取量过少造成的误差。

在配制大量元素母液时，含 Ca^{2+} 的无机盐要单独配制、单独保存，不可与其他种类的大量元素混溶，以免母液发生沉淀。

现以 MS 培养基为例，说明母液的配制方法。先按配方的成分，依次分别称量，再按照表 3-2-1 的组合，在各个容器（烧杯）里用无离子水分别进行溶解。有的药品较难溶解于水，可以用磁力加热搅拌器加热搅拌助溶。每种母液在定容之后应分别贴上标签，注明母液名称、配制日期及配制 1 L 培养基应量取的量。有机成分的母液容易滋生菌类而变质，储存时间不宜过长。无机盐母液如果发现有霉菌或沉淀现象，就应停止使用。

表 3-2-1　MS 培养基母液配制

母液种类	成分	规定量 / (mg·L⁻¹)	扩大倍数	称取量 /mg	母液体积 / mL	量取标准量 / mL
大量元素 I	NH_4NO_3	1 650		165 000		
	KNO_3	1 900	100	190 000	1 000	10
	$MgSO_4 \cdot 7H_2O$	370		37 000		
	KH_2PO_4	170		17 000		

续表

母液种类	成分	规定量/ ($mg \cdot L^{-1}$)	扩大倍数	称取量/mg	母液体积/ mL	量取标准量/ mL
大量元素Ⅱ	$CaCl_2 \cdot 2H_2O$	440	100	44 000	1 000	10
微量元素	$MnSO_4 \cdot 4H_2O$	22.3	1 000	22 300	1 000	1
	$ZnSO_4 \cdot 7H_2O$	8.6		8 600		
	H_3BO_3	6.2		6 200		
	KI	0.83		830		
	$Na_2MoO_4 \cdot 2H_2O$	0.25		250		
	$CuSO_4 \cdot 5H_2O$	0.025		25		
	$CoCl_2 \cdot 6H_2O$	0.025		25		
铁盐	Na_2–EDTA	37.3	1 000	37 300	2 000	2
	$FeSO_4 \cdot 7H_2O$	27.8		27 800		
有机物	维生素B1	0.1	100	10	500	5
	维生素B6	0.5		50		
	烟酸	0.5		50		
	甘氨酸	2		200		
	肌醇	100		10 000		

植物生长调节物质（植物激素）应当分别配制。多数植物生长调节物质难溶于水，配制时应该用稀 HCl 或 NaOH 溶液助溶。如萘乙酸（NAA）、吲哚丁酸（IBA）、2，4-D、赤霉素（GA）可用 1 M 的 NaOH 在热水浴中溶解，再配制成 0.1 mg/mL 的母液；激动素（KT）、6-苄氨基腺嘌呤（6-BA）、玉米素（ZT）、异戊烯基腺嘌呤（2-IP）可用 1 M 的稀 HCl 在热水浴中溶解，再配制成 0.5 mg/mL 或 1 mg/mL 的母液。激素母液定容后，贴上标签，再标明母液成分和量取标准量。

二、培养基母液的保存

培养基母液配置完毕后，将容器密封，自然冷却至室温，再置于 2～4 ℃的冰箱中，避光保存（图 3-2-1）。经过长时期保存后，如果培养基母液、激素母液变质或发生沉淀，应该倒掉，重新配制。

图 3-2-1 培养基母液的保存

任务要求

掌握培养基母液的配制方法。在组织培养称量工作中，需要注意两个细节：一个是电子天平及其他称量仪器的使用要按照仪器使用规范，严谨操作；另一个是药品称量要严格，差之毫厘，谬以千里。药品称量工作关系到培养基配方含量及药品浓度，直接影响组织培养育苗长势的好坏，在任务实施中更关系到研究数据的正确与否。通过养成严谨的做事态度，从而形成好的工作作风，培养大国工匠精神。

任务实施

1. 大量元素、微量元素和有机成分母液的配制

（1）确定各种母液组分需要配制的倍数，计算各种试剂的需求量。

（2）各种试剂的称量。按照各种试剂的需求量进行称量。大量元素试剂用感量为 0.1 g 的托盘天平称量。微量元素试剂、有机成分试剂需要用感量为 0.1 mg 的电子分析天平称量。

（3）加水进行溶解。将大量元素、微量元素、有机成分各组分加水进行溶解。一般需要先用一半左右的水量（定容体积的一半）进行溶解。大量元素组分的各种试剂易溶于水，玻璃棒搅拌即可。微量元素组分的某些试剂需要借助磁力加热搅拌器进行加热搅拌，并滴入少量的盐酸才能完全溶解。

（4）定容并储存。待试剂完全溶解后，加入蒸馏水进行定容。定容后充分搅拌，然后倒入试剂瓶或储存容器，贴上标签，标上量取标准量"____mL/L"。

2. 生长调节物质母液的配制

（1）确定母液需配制的倍数，计算试剂的需求量。

（2）试剂的称量。生长调节物质需要用感量为 0.1 mg 的电子分析天平进行称量。

（3）试剂的溶解。6-BA 先用少量 1 M 的热盐酸进行助溶，必要时进行水浴加热，以促进溶解。NAA 需要先用 1 M 的热 NaOH 进行助溶解。

（4）定容并储存。待试剂完全溶解后，加入蒸馏水定容。定容后充分搅拌，用试剂瓶密封储存。试剂瓶贴上标签，标上浓度"____mg/mL"。

考核评价

考核评价表见表 3-2-2。

表 3-2-2　考核评价表

序号	考核内容	分值	赋分
1	训练前准备充分；训练中遵守实验室纪律；认真观察，勤于思考，及时总结	5	
2	试剂的需求量计算正确，称量准确	5	
3	试剂完全溶解	5	
4	定容准确，量取标准量标注正确	5	
	合计	20	

任务三　培养基配制

工作任务

● **任务描述**：培养基是人工配制的、供植物组织培养育苗生长发育的基质。配制培

养基是组织培养实验室的日常工作，也是一种基本技能。

● **任务分析**：学习培养基的配制方法（以 MS 固体培养基为例）。

● **工具材料**：

1. 材料：培养基母液、蔗糖、琼脂、蒸馏水、培养瓶。

2. 工具：电饭锅（或不锈钢锅、电磁炉）、托盘天平（或电子秤）、烧杯、量筒、pH 计（或 pH 试纸）、搪瓷缸（或分装杯）。

知识准备

一、培养基的配制

培养基的配制包括计算、量取和称量、熬煮并加入各种母液和蔗糖、定容并调节 pH 值这几个主要环节。配制培养基时，预先做好材料和用具的准备工作，再根据选定的培养基配方，将所需的各种母液从冰箱里取出，按顺序依次摆放好，然后根据生产需要，确定培养基的用量。

知识拓展：浅谈植物激素

二、培养基的分装

培养基的配制完毕，应尽快分装，因为琼脂在 40 ℃以下会凝固。培养基可以人工分装，也可以用自动灌装机来进行分装。分装时要注意灌注量。过多会浪费培养基，又减小培养物的生长空间；过少则会因营养不足而影响培养物生长。一般以占培养容器体积的 1/5 ～ 1/4 为宜，培养基厚度应为 1.5 cm。分装时，尽量不要将培养基粘到瓶口或瓶壁上，以免引起污染。分装完毕，应立即拧紧瓶盖或用封口膜封紧。

任务要求

能够熟练掌握培养基配制各个环节的操作，并能够在同学的协助下完成培养基的配制。

任务实施

（1）根据培养基的用量，计算各种母液、琼脂和蔗糖的用量。

（2）选用合适的熬煮容器（不锈钢锅或电饭煲），在熬煮容器里放入无离子水，大约占熬煮容器体积的一半，加热。

（3）称量琼脂。在水温达到 40 ～ 50 ℃时，加入琼脂并搅拌，使琼脂在水中分散均匀。在熬煮过程中注意搅拌，勿使琼脂糊锅底或有液体溢出。

（4）在烧杯（1 ～ 2 L）里注入适量的无离子水。计算各种母液的用量，依据各种母液的量取标准量依次量取各种母液，并倒入烧杯，充分搅拌，防止混合液出现浑浊或沉淀物。

（5）待熬煮容器内沸腾，琼脂充分溶化之后，加入母液混合液并搅拌。

（6）称取蔗糖，倒入熬煮容器内。

（7）用无离子水定容至最终体积后，充分搅拌。

（8）调整 pH 值。大多数培养物最适宜的 pH 值一般为 5.6 ～ 6.0，有的品种需要调整到 5.2 左右。用 pH 计或 pH 试纸测试培养基的 pH 值。若培养基偏酸或偏碱，可以用 1 M 的 HCl 溶液或 NaOH 溶液来调整。

 考核评价

考核评价表见表 3-3-1。

表 3-3-1　考核评价表

序号	考核内容	分值	赋分
1	遵守实验室规章制度、工作态度严谨、有团队意识和协作精神	4	
2	正确的计算和准确的量取、称量	5	
3	充分熬煮琼脂	5	
4	准确的定容	3	
5	准确地调节 pH 值	3	
	合计	20	

任务四　组织培养技术

工作任务

● **任务描述**：组织培养的消毒灭菌过程非常重要，直接关系到组织培养技术的成效。对外植体、培养基及操作工具进行规范灭菌，对接种及培养环境进行合理调控，影响组织培养繁殖中幼苗的生长。

● **任务分析**：学习常见的灭菌技术及培养条件的调控。

● **工具材料：**

1. 药品：高锰酸钾和甲醛、95% 的酒精、0.1% 升汞溶液、吐温 -20、次氯酸钠等。

2. 工具：高压蒸汽灭菌锅、电热式接种器具灭菌器、超净工作台等。

知识准备

视频：植物组织培养一般工作流程

一、灭菌技术

1. 室内环境灭菌

无菌室投入使用前，需要进行一次彻底的熏蒸灭菌。投入使用后，每年要定期进行 1 ～ 2 次熏蒸灭菌。熏蒸灭菌所用的药品是高锰酸钾和甲醛。

甲醛的用量一般按每立方米空间 2 ~ 6 mL 计算；高锰酸钾的用量是甲醛的一半。在无菌室彻底清扫完毕后，关严窗户，将称量好的高锰酸钾放入无菌室地面上的烧杯内（最好在烧杯下面铺两层报纸，以便于清理溅出物），然后将甲醛倒入烧杯内，立即关闭无菌室的门，人员快速撤离。几秒钟后，甲醛即沸腾挥发。

无菌室熏蒸灭菌需要密闭保持 24 h 之后，人员才能进入室内。为了消除甲醛对人体的毒害，可以用氨水清除室内空气中残留的甲醛。其方法是量取与甲醛等量的氨水，倒在另一个烧杯内，使甲醛与氨发生中和反应，以消除甲醛的气味。熏蒸完毕，一日数次开启门窗通风换气。

在每次工作前，无菌室内的地面应用 2% 的新洁尔灭擦拭，工作台用 75% 的酒精擦拭。

2. 用具灭菌

接种器具、玻璃器皿、滤纸进行高压蒸汽灭菌时，可以延长灭菌时间和提高压力。针头过滤器灭菌时，温度不应超过 121 ℃，以免损坏滤膜。

在接种过程中，接种器具传统的灭菌方法是采用灼烧灭菌，也就是将镊子、解剖刀、剪刀等浸入95% 的酒精中，然后取出，放在酒精灯或本生灯的火焰上灼烧，然后放在无菌的支架上，放凉后使用。但灼烧灭菌使用明火，存在安全隐患，并且费工费时，现在普遍采用电热式接种器具灭菌器代替酒精灯进行电热灭菌（图 3-4-1）。接种器具进行电热灭菌时，可以根据接种速度的快慢，设置灭菌温度，一般灭菌温度设置为 160 ~ 185 ℃。

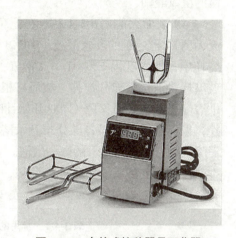

图 3-4-1 电热式接种器具灭菌器

3. 培养基灭菌

培养基在制备过程中带有各种杂菌，分装后应立即灭菌。如果不能立即灭菌，也应放置于凉爽的地方，在 24 h 之内完成灭菌工作。

分装后的培养基，应该放进高压蒸汽灭菌器内进行高压蒸汽灭菌（图 3-4-2）。灭菌条件：在灭菌器内完全由蒸汽填充的情况下，压力达到0.11 MPa（对应温度为 121 ℃）。培养基（培养瓶内的培养基适量）一般只需要 20 min 就能达到彻底灭菌。

图 3-4-2 高压蒸汽灭菌器（卧式）

培养基灭菌的条件比较严格，既要保证灭菌彻底，又要防止培养基中的成分变质或效力降低。因此，不能随意延长灭菌时间和增加压力。并且，琼脂在长时间的灭菌后凝固能力会下降，甚至不能凝固。

4. 外植体（植物材料）灭菌

植物材料从采集到接种，需要经过严格的无菌处理。一般要经历冲洗、浸洗、初步灭菌、表面灭菌几个步骤。

（1）冲洗：将采来的植物材料除去不用的部分之后，再仔细挑选干净，然后切割到适当大小，置于自来水龙头下，流水冲洗数分钟至数小时。易漂浮或细小的材料可用尼龙网袋或纱布绑扎住，置于烧杯中冲洗，洗去植物材料表面可见的污物。

（2）浸洗：将植物材料置于洗洁精或洗衣粉水中，浸洗 5 ~ 10 min，边浸泡边搅拌。浸洗时间长短视材料的洁净度而定，必要时用海绵块轻轻擦拭植物材料表面。浸洗完毕，用自来水冲洗掉植物材料表面残留的清洁剂。

（3）初步灭菌：将植物材料置于澄清的漂白精片溶液里（1 ~ 2 片 /L），浸泡 5 ~ 10 min，边浸泡边搅拌。浸泡完毕，用自来水冲洗植物材料表面残留的次氯酸钠。

（4）表面灭菌（图 3-4-3）：在超净工作台上（气流无菌），将适量的升汞溶液（0.1%）倒入消毒过的烧杯中，加入吐温 -20（1 ~ 2 滴 /L），用消毒过的玻璃棒将消毒液充分搅拌。然后将植物材料放进升汞溶液里进行表面灭菌（同时开始计时），并轻轻搅拌，以促进植物材料各部分与升汞溶液充分接触并消除植物材料表面附着的微小气泡。

图 3-4-3　外植体表面灭菌

灭菌剂也可以使用其他的药剂，使用较多的是有效成分为 2% 的次氯酸钠溶液（表 3-4-1）。

表 3-4-1　常用的表面灭菌剂使用浓度及效果比较

杀菌剂	使用浓度 /%	灭菌时间 /min	去除的难易	效果
次氯酸钙	9 ~ 10	5 ~ 30	易	很好
次氯酸钠	2	5 ~ 30	易	很好
过氧化氢	10 ~ 12	5 ~ 15	最易	好
溴水	1 ~ 2	2 ~ 10	易	很好
硝酸银	1	5 ~ 30	较难	好
氯化汞	0.1	5 ~ 15	较难	最好

注：（1）使用浓度是指配制后的有效成分的浓度。
　　（2）上述灭菌剂都应在使用前临时配制，氯化汞溶液可以短期储存

表面灭菌结束后，倒出消毒液，将烧杯里的植物材料用无菌水进行冲洗，以清除灭菌剂残留。若选用升汞溶液作为灭菌剂，因升汞残留较难去除，在灭菌结束后，需要对植物材料冲洗最少 5 次。

在对植物材料进行表面灭菌时，应根据植物材料对灭菌剂的敏感性和耐受能力来选用不同灭菌剂，确定适宜的灭菌时间和冲洗的次数。

次氯酸钠和次氯酸钙是利用自身分解而释放的氯气来杀菌，因此，灭菌时要用加盖

的广口瓶或带螺旋盖的广口容器。过氧化氢是利用其分解时释放出的原子态氧来杀菌的。这三种杀菌剂的残留物对植物材料的影响较小，灭菌后用无菌水冲洗 3～4 次就可以了。

5. 污染的类型及原因

（1）污染的类型。

污染是指在组织培养过程中，培养基或培养材料滋生细菌、真菌等微生物，使培养材料不能正常生长和发育的现象。组织培养过程中的污染，根据病原体来分，可分为细菌污染和真菌污染两大类。

1）细菌污染常在接种 1～2 天后，培养基表面或植物材料周围出现黏液状物、菌落或浑浊的水迹状，有时甚至出现泡沫发酵状现象。细菌污染以芽孢杆菌最普遍、最严重（图 3-4-4）。

2）真菌污染多在接种 3 天以后才表现出来，主要症状是培养基或植物周围出现绒毛状菌丝，然后形成黑、白、黄、绿等不同颜色的孢子层（图 3-4-5）。

图 3-4-4 细菌污染

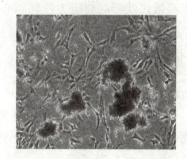

图 3-4-5 真菌污染

彩图二维码

（2）污染的原因。

1）培养基和培养容器灭菌不彻底。

2）培养容器密封性差。

3）接种或培养环境不清洁。

4）接种时没有严格进行无菌操作。

5）外植体消毒不彻底。

植物材料带菌或培养基灭菌不彻底，会造成普遍的细菌污染。操作人员不严格遵守无菌操作规程也是造成细菌污染的重要原因。培养环境不清洁、超净工作台的过滤装置失效、培养容器密封性差等因素是引起真菌污染的主要原因。

6. 预防污染的措施

（1）灭菌要彻底。培养基和接种器具都要进行严格的灭菌。培养基需要在 121 ℃的条件下灭菌 20 min。若灭菌时间不足或灭菌温度不够，培养一段时间后，培养基表面就会产生细菌性污染。接种器皿（接种盘、滤纸）需要事先进行高压蒸汽灭菌，并在常温下密封保存（72 h 内能够保证无菌）。接种器具（解剖刀、镊子）需要在接种过程中插入电热灭菌器（温度设置为 160～180 ℃）进行随时灭菌。

对于被污染的培养瓶和接种器皿，应单独浸泡、单独清洗。有条件时，最好灭菌后再清洗。

（2）选择适当的植物材料。认真选择植物材料，可以减少外植体的带菌量。一般一年生的植物材料比多年生的植物材料带菌少；幼嫩的材料比老的材料带菌少；温室生长的材料比田间生长的材料带菌少；不带泥土的部位比带泥土的部位带菌少。

用茎段（或茎尖）作为外植体时，应在室内对枝条进行预培养。将枝条冲洗干净后插入无糖的营养液或自来水中，使其萌发新枝或促进其嫩枝延长。然后取新枝或嫩枝作为外植体，可大大减少材料的污染。

（3）室内环境消毒。室内除每年一次用高锰酸钾和甲醛进行熏蒸消毒外，平时还应该对接种室和培养室进行紫外线消毒或 2% 来苏尔消毒。臭氧消毒机对室内环境的消毒效果也很好。

（4）定期维护空气过滤设备。为了使超净工作台有效工作，防止操作区域本身带菌，要定期对过滤器进行维护。对初效过滤器需要定期进行清洗和更换。对于高效过滤网，不必经常更换，但要定期检测。通过设备自带的压差表查看终阻力或用粒子计数器测量操作区的带菌量。如果高效过滤器的终阻力达到 400 ～ 450 Pa 或尘埃粒子超标，就需要更换高效过滤网。

二、培养条件及调控

培养条件是影响植物细胞、组织、器官在组织培养中形态发生的重要因素。在组织培养中，温度、光照是人工可控的外界条件。但气体状况、相对湿度、培养基渗透压、培养基的 pH 值，往往是通过培养基的更新来调节的。

知识拓展：无菌
操作规范

1. 温度

温度是影响试管苗生长、发育、分化的重要因素。绝大多数植物品种，其培养物生长最适宜的温度范围是 26 ～ 28 ℃。温度过高，试管苗大概率发生玻璃化现象；温度过低，特别是培养室内冬季供暖不足的情况下，培养架下层的试管苗生长发育迟缓。

部分品种需要在较低的温度下才能生长良好。如水仙（25 ℃）、天香百合鳞茎形成阶段（20 ℃）、文竹（17 ～ 24 ℃）。也有的品种，需要相对较高的温度，如花叶芋（28 ～ 30 ℃）。

温度有时候可能影响到形态发生的类型。例如，蝴蝶兰花梗腋芽培养，在 25 ℃时，花梗上部的腋芽发育成花芽，而下部腋芽产生营养芽；而在 28 ℃时，则所有的花梗腋芽都发育成营养芽。

2. 光照

在植物组织培养中，光照强度一般为 500 ～ 5 000 lx。大多数植物在 2 500 ～ 4 000 lx 的光照条件下生长分化较好。在弱光下，试管苗长势弱；在弱光和较高的温度下，不少品种的试管苗会发生严重的玻璃化现象。

在某些品种的培养初期，外植体容易褐化，多采用暗培养或在弱光下培养。如兰科植物的茎尖培养，通常都是在接种后进行 7 ～ 10 天的暗培养或在弱光下培养（500 lx）；北美冬青的嫩茎培养，通常在接种后进行 7 天的暗培养，避免茎段褐化。在褐化高峰期过后，在 1 500 lx 的光照下培养 7 天，淡绿色的嫩芽萌发后，增殖率很高。

光照时长（光周期）也是影响外植体分化的条件之一。大多数植物对光照周期不敏感，光照时间在 12 h 左右就能满足需要。但在进行葡萄茎段培养时，对日照长度敏感的葡萄品种只有在短日照条件下才能形成根，而对日照长度不敏感的葡萄品种在任何条件下均可形成根。

3. 气体状况

在组织培养过程中，培养容器内的气体成分会发生缓慢变化。随着时间的延长，在生长素的作用下，培养物会释放出越来越多的乙烯。当乙烯气体达到一定浓度，就会引起培养物的组织衰老、叶片枯黄脱落，而衰老的组织和叶片会释放出更多的乙烯，造成瓶内的气体状况恶化。

另外，随着培养基里碳源的消耗，试管苗需要进行适度的光合作用来合成同化产物以满足自身的生长需要，而瓶内的碳源不足以提供合成同化产物所需的 CO_2。所以，与外界进行适度的气体交换显得尤为必要。

一般情况下，培养容器采用透气盖或透气膜，比采用聚乙烯封口膜更适合培养物的生长发育。

4. 空气相对湿度

培养容器内的相对湿度在很长时间内都保持在 100% 的水平。之后，随着时间的推移，培养基中的水分会被培养物消耗，也会有一部分逸失。因此，容器内的相对湿度也会下降。如果培养容器内水分散失过多，培养基渗透压就会升高，影响培养物的生长和分化。如果封口材料过于密闭，导致培养容器内的有害气体难以散去，也会对培养物的生长分化不利。植物组织培养室内的相对湿度应保持在 80% 左右，必要时，应利用加湿机对室内空气进行加湿。

5. 培养基的 pH 值

随着培养物的生长和分化，培养基的 pH 值也会有所变化。尤其是当大量的金属离子被吸收利用之后，培养基的 pH 值会随之降低，进而影响培养物的生长发育。为解决这一问题，就需要将培养物及时转接，并且尽量选用营养元素能被平衡吸收的培养基。

任务要求

掌握不同的灭菌方式及方法，能够对培养环境进行调控。

任务实施

1. 灭菌

（1）对室内环境进行灭菌：无菌室采用甲醛和高锰酸钾进行密闭熏蒸灭菌，密闭保持 24 h 后人员方可进入。熏蒸完毕，一日数次开启门窗通风换气。在每次工作前，地面用 2% 的新洁尔灭擦拭，工作台用 75% 的酒精擦拭。

（2）对使用用具进行灭菌：采用电热式接种器具灭菌器代替酒精灯进行电热灭菌。接种器具进行电热灭菌时，可以根据接种速度的快慢，设置灭菌温度，一般灭菌温度设置为 160 ～ 185 ℃。

（3）对配制好的培养基进行灭菌：采用高压蒸汽灭菌器进行高压蒸汽灭菌。灭菌条件是在灭菌器内完全由蒸汽填充的情况下，压力达到 0.11 MPa（对应温度为 121 ℃），需要灭菌 20 min。

（4）对外植体（植物材料）灭菌：外植体灭菌要经历冲洗、浸洗、初步灭菌、表面灭菌几个步骤。初步灭菌：将植物材料置于澄清的漂白精片溶液里（1～2 片/L），浸泡 5～10 min，边浸泡边搅拌。表面灭菌：在超净工作台上，使用升汞溶液（0.1%）加入吐温 -20（1～2 滴/L）进行表面灭菌。

2. 调控培养条件

调控培养条件主要包括培养温度、光照、气体状况、空气相对湿度、培养基的 pH 值。温度调控在 25 ℃左右；光照强度保持在 2 500～4 000 lx，保持环境空气流通。

考核评价

考核评价表见表 3-4-2。

表 3-4-2　考核评价表

序号	考核内容	分值	赋分
1	正确对室内环境进行灭菌且操作规范	5	
2	外植体灭菌操作规范且未有褐化现象	5	
3	培养基灭菌后无污染	5	
4	培养环境控制合理	5	
	合计	20	

任务五　园艺植物的无性系快速繁殖

工作任务

● **任务描述**：园艺植物的无性系，是指以园艺植物的营养器官（而非生殖器官）为植物材料，建立起可以持续进行培养的无菌繁殖体系。无性系快速繁殖一般要经过无菌培养的建立（初代培养）、诱导外植体生长与分化、中间繁殖体的增殖（继代培养）、壮苗与生根、试管苗炼苗移栽与苗期管理等阶段。

● **任务分析**：以一种植物营养器官为外植体，进行初代培养、继代培养、壮苗与生根、试管苗炼苗移栽。

● **工具材料**：

1. 材料：MS 培养基、植物外植体、生长调节剂、配制好的初代培养基、继代培养基、生根培养基等。

2. 工具：剪刀、手术刀、镊子、培养瓶、营养钵等。

知识准备

一、初代培养（无菌培养的建立）

外植体接种并获得无菌材料之后，需要诱导外植体生长和分化，使之能够顺利增殖，从而建立起无性系。不同的植物有着各自不同的再生方式，可将植物的再生方式归纳为以下四种。

1. 顶芽和腋芽直接诱导新生芽

以顶芽或腋芽作为外植体，在培养基里经过诱导，可以发育为丛生苗（图 3-5-1）。将丛生苗切割后进行转接，做继代培养，从而得到无数的嫩茎。一些木本植物和少数草本植物可以通过这种方式进行再生繁殖，如北美冬青、月季花、三角梅、菊花等。这种繁殖方式也称为"无菌短枝扦插"或"试管微型扦插"。它不经过愈伤组织途径而再生，是最能使无性系后代保持原品种性状的一种繁殖方式。

图 3-5-1　由顶芽或腋芽发育而成的丛生苗

适宜这种再生繁殖方式的植物，只能采用顶芽、侧芽或带芽的茎段作为外植体。种子萌发后取幼嫩的枝条作外植体也可以。

茎尖培养是指采用幼嫩的顶芽的茎尖分生组织进行分项培养的方式，是一种比较特殊的顶芽培养方式。茎尖培养根据培养目的和取材大小，可分为茎尖分生组织培养和普通茎尖培养两种类型。茎尖分生组织仅限于茎顶端的圆锥区，其长度在 0.1 mm 以下。通过茎尖分生组织培养，可以获得无病毒植株。但茎尖分生组织培养，取材难度大，茎尖不易成活，成苗所需的时间长。普通茎尖培养是指用较大的茎尖进行培养。这种较大的茎尖培养具有技术简单、操作方便、茎尖容易成活、成苗所需时间短等特点。

在外植体材料采集时，如果该植物有无病毒不在考虑之列，那么最好采用腋芽或带腋芽的茎段。在某些园艺品种中，有些观赏性状是由病毒的存在所引起的，而该病毒对寄主植物并无危害，这时候采取茎尖培养就会使病毒脱除，使得植物具有观赏价值的性状丢失。在这种情况下，就应该采用较大的顶芽、腋芽或带腋芽的茎段作为外植体。

如果某种植物具有比较强的顶端优势，那么在组织培养时也同样会表现出顶芽抑制侧芽萌发的现象，难以得到新发的侧枝，限制了繁殖速度，通常采用切除顶芽和增加细胞分裂素的措施加以克服。有时候最初的几次继代培养中侧芽很少萌发，随着继代次数的增加，细胞分裂素在器官中逐步积累，顶端优势现象才得以解除，侧芽萌发，发育为丛生苗。这类比较难以繁殖的种类应及时进行继代培养，始终保持组织植物组织处于幼嫩状态，以利于分化出侧枝，避免组织老化而降低分生能力。

在茎尖和腋芽的培养中，还能用到赤霉素。赤霉素可以减少茎基部产生愈伤组织并有助于茎尖成活。椰子的液态胚乳也对茎尖存活与生长有明显的效果。为减少茎尖的褐化死亡，培养基中也经常需要添加某些抗氧化剂。

2. 不定芽的发生

植物的许多器官（如茎段、叶柄、花梗、根、萼片等）都可以作为外植体来诱导不定芽，但外植体产生愈伤组织（图3-5-2）的能力差异很大。有的植物由外植体诱导出的愈伤组织非常明显；有的植物的外植体可能仅仅诱导出一点愈伤组织甚至不生长出愈伤组织。在大多数情况下，不定芽（图3-5-3）发生在外植体产生的愈伤组织上。对于那些不易产生愈伤组织的品种，不定芽就从外植体表面受伤的或没有受伤的部位直接分化出来，如百合、观赏凤梨等。将完全从愈伤组织上分化不定芽的方式叫作器官发生型再生方式；将较少发生或不发生愈伤组织、直接从外植体上发生不定芽的方式叫作器官型再生方式。

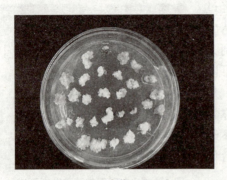

图3-5-2　愈伤组织

图3-5-3　不定芽

3. 体细胞胚状体的发生与发育

胚状体是由体细胞形成的，类似于生殖细胞形成的合子胚发育过程的胚胎发生途径（图3-5-4）。胚状体有5种发生途径，即由外植体的表皮细胞直接产生胚状体、由外植体组织内部的细胞产生胚状体、由愈伤组织的表面细胞产生胚状体、由单个游离细胞直接产生胚状体、由胚性细胞复合体的表面细胞产生胚状体。

胚状体的发生现象在高等植物中是普遍存在的。通过体细胞胚状体的发生进行无性系的大量繁殖，具有极大的潜力。其特点是成苗数量多、速度快、结构完整。

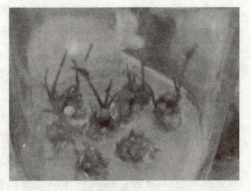

图3-5-4　药用植物半夏的胚状体再生途径

由胚状体发育而成的再生小植株与顶芽苗、腋芽苗或不定芽苗的发育不同，两者之间的显著差异在于：胚状体在形成的最初阶段，多来自单个细胞，很早就有根端和苗端的两极分化，极幼小时也是一个根芽齐全的、完整的微型植株；由胚状体发育而成的小植株与周围的愈伤组织或外植体组织之间，几乎没有什么有结构的联系，易于与其他部分分离，通常不需要经过诱导生根阶段。

植物体细胞胚的产生是植物激素外因的诱导和遗传型内因的影响共同作用的结果。

胚状体是植物再生的第三种方式。在胚状体发育到适宜的阶段之后，可以用人工合成的营养物质和保护物包裹起来，做成"超级种子"进行播种，这叫作"薄膜包装胚状体"。

4. 原球茎的发育

原球茎的途径是植物的第四种再生方式（图3-5-5）。在兰科植物的组织培养中，常利用茎尖和腋芽（短缩茎腋芽或花梗腋芽）作为外植体，诱导原球茎。从茎尖或侧芽培养中产生的原球茎与种子萌发产生的都是这样的原球茎，但茎尖和侧芽产生的原球茎不是由胚性细胞组成的，有时候称之为"类原球茎"。茎尖或侧芽培养，周围一般能产生几个到几十个极为微小但肉眼可见的原球茎，经过一段时间的培养，原球茎膨大并逐渐转绿，分化出毛状假根，叶原基发育成幼叶，随后生根，形成完整的植株。在扩大繁殖时，应在转绿前将原球茎剥离成小团，必要时给予针刺等损伤，转移到新的增殖培养基上，可以产生更多的原球茎。

图 3-5-5 兰科植物的原球茎再生途径

二、继代培养

1. 继代培养的作用

在组织培养第一阶段获得了芽、不定芽、胚状体和原球茎，意味着已经建立起可用于增殖的无性系。这些可用于增殖的无菌的芽、不定芽、胚状体和原球茎，统称为中间繁殖体。中间繁殖体可以进行进一步的培养增殖，使之实现数量上的递增，并能够发挥快速繁殖的优势。

将中间繁殖体移植到增殖培养基中，经过反复转接实现增殖材料数量上的递增，这个培养阶段称为继代培养。在继代培养阶段，如果排除污染的因素，并能及时转接，那么增殖材料将能实现几何级数的递增。此阶段一个周期一般为30～45天，增殖材料的增殖倍数一般为3～4倍，甚至更高。

2. 继代培养过程中容易出现的问题

在继代培养过程中，由于增殖材料增殖速度快，生长旺盛，培养基中的营养物质会在有限的时间内消耗殆尽，再加上培养容器空间有限、培养容器的密封性发生改变等原因，必须将增殖材料及时转接。如果转接不及时，不但会影响增殖倍率，而且会降低增殖材料的质量。具体表现在以下两个方面：

（1）玻璃化。久不转接是指当培养基中的营养物质不能满足增殖材料的需求时，增殖材料就会出现生长缓慢和生长停滞现象。随着增殖材料在呼吸作用中消耗自身储藏的营养物质，其器官和组织趋向老化，顶端分生组织生长衰弱，下部叶片逐渐失绿、黄化、叶肉组织解体，叶柄自茎部脱落；胚状体和类原球茎分化率降低。

随着器官和组织的衰老，新发育的嫩枝呈现出半透明的水渍状，叶片皱缩且纵向卷曲，脆弱易碎。电镜下观察，叶表缺少角质层，没有功能性气孔，不具栅栏组织，仅有海绵组织。新发育的胚状体和类原球茎失绿，呈半透明的水渍状，这种现象叫作"玻璃化"（图3-5-6）。随着玻璃化加重，新发育的嫩枝、胚状体和类原球茎转为白色并逐渐枯死。研究证明，增殖材料的玻璃化现象会随着衰老的器官和组织中乙烯合成的增加并释放而加重。

（2）菌类污染。转接不及时，培养容器因久置，螺旋盖或封口膜密闭性下降，造成菌类污染的可能性大大增加。根据统计，放置四个月而未及时转接的增殖

图 3-5-6　培养物的玻璃化现象

材料，污染率达到20%左右。污染了的增殖材料已失去应用价值，不能继续进行继代培养，只能丢弃。

3. 继代培养过程中的驯化现象和分化再生能力的衰退现象

（1）驯化现象。在植物的继代增殖过程中，发现有一些植物的组织或器官经过一段时间的继代培养之后，只需要加入少量或不需要加入生长调节物质，就可以正常进行生长和分化，这种现象就叫作"驯化"。如北美冬青的嫩茎在继代增殖过程中，经过一年的继代培养之后，培养基里不需要加入6-BA就可以进行正常的生长和分化，嫩茎的增殖倍率依然能够保持在 3.0 ~ 3.5 的范围内。

但驯化现象只能短暂保持，不可以长久持续。在继代培养过程中，植物需要的生长调节物质仍是不可缺少的。

（2）分化再生能力的衰退现象。在长期的继代培养过程中，植物材料自身会发生一系列的生理变化，出现形态发生能力的丧失，这种现象叫作分化再生能力的衰退。不同的植物保持再生能力的时间是不同的，而且差异很大。以茎尖、腋芽或不定芽方式继代增殖的植物，经过长时间的继代培养之后，仍然能够保持旺盛的增殖能力，一般很少出现再生能力的衰退。而以愈伤组织分化或以圆球茎、胚状体途径再生植株的植物，较容易发生再生能力的衰退。

再生能力衰退主要有以下三个原因：

1）在继代培养过程中，原有的与器官形成有关的特殊物质在离体植物材料内部逐渐消耗殆尽并无法合成。

2）内源生长调节物质的减少或产生内源生长调节物质的能力丧失。

3）可能是细胞染色体出现畸变，数目增加或部分染色体丢失，导致分化再生能力和方向的变异。

三、生根培养和壮苗培养

1. 苗材的选择

当增殖材料达到一定数量之后，就可以使其中的一部分分流进入壮苗生根阶段。同一个培养容器内的植物材料存在代差，发育程度不完全一致，长势不均匀，若不能及时将生长健壮的个体转移到壮苗生根培养基上，就会发生老化现象，或因生长空间过分拥挤而使新发育的个体过于弱小，最后被迫丢弃。

所以，需要将生长健壮的大苗分离出来，转入生根壮苗培养基上，促进生根和壮苗，为后续的移栽创造条件。

生根壮苗培养基的矿质元素用量较低，一般为基本培养基的1/2。配方中可完全去掉或仅用很低浓度的细胞分裂素，并加入适量的生长素。生长素类物质常用的是NAA和IBA。

在生根壮苗培养基上，大多数植物需要将个体分离成单苗，部分适合丛植的植物可以分成小丛苗。

2. 不同植物的各种壮苗生根措施

在培养基上生根的难易程度因植物的种类而异。

（1）对于容易生根的植物，采用下列生根培养手段，均可诱导根的发生：

1）采用常规的生根培养方法诱导生根，进而形成完整的植株。

2）延长在增殖培养基上的培养时间即可生根，最好是适当降低一些增殖倍率，减少细胞分裂素的用量而增加生长素的用量，将增殖培养与生根培养合二为一。这种方式适用于适合丛植的植物，如吊兰、火炬花、白鹤芋等。

3）切割粗壮的嫩枝进行瓶外生根。这类植物通常不经过生根培养阶段，如菊花、香石竹等。

（2）一些生根比较困难的植物，则需要采取下列措施促进生根：

1）采用液体静止培养并在培养容器中放置滤纸桥，托住待生根的嫩枝，靠滤纸的吸水性供应水和营养物质及生长素，加速生根。

2）接种在固体的生根培养基中培养一段时间，促发根原基，此后无论生根与否，都可以移栽成活。这类植物如蓝莓、北美冬青、山茶花等。

3）增殖阶段细胞分裂素用量过高时，残留在小苗组织内的细胞分裂素含量较多，在生根培养基上仍能不停增殖。这种情况下小苗生根比较困难，需要在生根培养基上再转接一次，以降低组织内残留的细胞分裂素含量，促进生根。

（3）弱苗的生根处理。一些长势比较弱的丛苗还需要在进行生根培养之前，在不含激素的空白培养基上进行一次壮苗培养，促使苗生长健壮，便于下一步诱导生根，提高移栽成活率。

由胚状体发育而成的小苗，原本是发育完全的、带有幼根的独立小植株，可以不经过生根培养阶段。但因经胚状体发育途径产生的幼苗特别多，且个体较小，也需要在不含植物激素的空白培养基上进行壮苗培养，以利于壮苗生根。

试管苗是以培养基中的糖类作为碳源，属于异养形，在移栽之后就需要有一个由异养型转变为自养型的过程。这个过程就是一个通过光合作用合成自身需要的营养物质，以摆脱对异养条件依赖的过程。在生根壮苗阶段，应该采取措施，增强试管苗适应外界异养条件的能力。具体做法是减少培养基中糖的用量并提高光照强度。糖的用量约减少一半，光照强度由原来的1 500～3 000 lx提高到2 500～5 000 lx的水平，条件许可的情况下还可以适度增加自然光的照射。在低无机盐和糖类、高光强的条件下，试管苗对水分胁迫等逆境的抗性将有所增强。虽然小植株叶片较小、新根不发达，甚至可能表现出短暂的生长延缓和轻微的失绿，但这样的幼苗比在高营养、低光照的条件下生长发育的较健壮、较绿的幼苗移栽成活率更高，对外界环境的适应性更强。

3. 木本植物的木质化程度和壮苗生根培养

一般来说，木本植物较草本植物难以生根。

在生根培养阶段，部分木本植物（如蓝莓等）经过一段时间的培养，在嫩茎的下端出现类似于愈伤组织的较为轻微的膨大现象。继续培养，只有少部分的嫩茎发育出短粗的根，大部分嫩茎并无根系发生，也有部分植物（如北美冬青）经过 60 ～ 90 天的生根培养，嫩枝下端略显膨大并分化出数目不等的根原基，呈白色粒状。继续培养，大部分根原基没有明显变化，只有少量的根原基发育出带根毛的新根。

对于生根比较困难的木本植物，需要采用液体静止培养并在培养容器中放置滤纸桥，托住待生根的嫩枝，靠滤纸的吸水性供应水和营养物质及生长素，加速生根。也可以接种在固体的生根培养基中培养一段时间，促发根原基，此后无论生根与否，都可以移栽成活。试验证明，在壮苗生根阶段，木本植物的嫩茎需要达到一定程度的木质化，才能促进根原基或根的发生，这与不同木质化程度的插条在扦插生根过程中表现的差异性是高度一致的。如何在最短的时间内促进嫩枝达到某种程度的木质化，加速根原基或根的发生，是一个待研究的课题。

四、组织培养育苗的驯化移栽

组织培养育苗是在高湿、相对恒温、弱光下生长发育而来的异养试管苗，出瓶移栽和苗期管理过程中，如果措施不当，会影响组织培养育苗的成活率，导致快速繁殖工作前功尽弃。因此，炼苗移栽和苗期管理也是组织培养快速繁殖的一个极为重要的环节。

1. 组织培养育苗的结构特点

（1）根系结构特点：一部分植物，特别是木本植物的试管苗不生根；根与输导组织不连接，特别是从愈伤组织诱导产生的根与茎的输导组织连接不畅通；无根毛或根毛极少，导致根无吸收功能或吸收功能极低。

（2）叶表皮组织结构特点：叶表面角质层和蜡质层不发达或叶无表皮毛或极少；叶解剖结构稀疏，叶栅栏细胞厚度和叶组织间隙与大田苗存在显著差异；叶表面气孔开度大，不关闭。由于气孔开口的横径大于纵径，超过两个保卫细胞膨压变化的范围，导致气孔无法关闭；叶片存在排水孔，导致移栽后极易失水萎蔫；光合作用能力极低。试管苗栅栏组织少而小，细胞间隙大，影响叶肉细胞对二氧化碳的吸收和固定。气孔不关闭，导致叶片脱水而对光合器官造成持久伤害。

（3）茎解剖结构特点：未经锻炼的试管苗，茎维管束被髓射线分割成不连续形状，导管少。茎表皮细胞排列松散，无角质，厚角组织少。

2. 组织培养育苗的驯化

为保证试管苗移栽后的成活率，必须采取一定的措施，克服其组织结构方面的不利因素，使其逐渐适应外界的环境条件，这个过程叫作驯化（炼苗）。炼苗的目的是使试管苗的根、茎、叶能够恢复正常的组织结构和功能。

试管苗的炼苗过程如下：先将试管苗置于较强的光照下（5 000 lx 左右）进行 3 ～ 5 天的光照适应性锻炼；拧松瓶盖或解开封口膜，使瓶内相对湿度缓慢降低，并在 24 h 后（最好在傍晚）完全去掉瓶盖或封口膜，使试管苗充分接触相对湿度较低的外界环境，并在瓶内加入少量洁净的自来水，进行 2 天的湿度锻炼。

3. 组织培养育苗的移栽

取出试管苗，洗净根部附着的培养基，用杀菌剂浸泡 10 ～ 15 min，捞出，再用洁净的清水冲洗一遍，控干叶表的水分，将试管苗栽植在松软、透水透气的中性基质中，保持高湿（空气相对湿度）、弱光、温度略低的栽培环境（图 3-5-7）。

图 3-5-7　温室炼苗和移栽

逐步降低空气相对湿度，增加光照强度，直至小苗适应自然环境。一般栽植后的初始光照强度为日照强度的 10%，其后每 3 天增加 10%。空气相对湿度在最初的 3 天为饱和湿度，其后每 3 天降低 10%，直至与外界环境一致。

五、植物离体快速繁殖中存在的问题及解决方法

1. 褐化

褐化指的是培养材料向培养基中释放褐色物质，致使培养基和培养材料逐渐变褐而死亡的现象（图 3-5-8）。褐化发生的原因是植物材料中的多酚氧化酶被激活，外溢到外植体表面的酚类化合物与空气接触，被氧化成褐色的醌类物质。醌类物质在酪氨酸酶的作用下，与植物材料中的蛋白质发生聚合，引起其他酶系统失活，导致代谢紊乱，生长受阻。

图 3-5-8　植物材料的褐化现象

（1）影响褐化的因素。

1）植物种类和品种。不同的植物，体内的单宁和其他酚类物质的含量不同，发生褐化的可能性和严重程度也相差很大。一般木本植物酚类物质的含量高于草本植物，因此，木本植物更容易褐化。

2）植物材料的年龄。植物材料的年龄越大，木质素含量越高，越容易褐化。老的器官和组织比幼嫩的器官和组织更容易褐化。

3）外植体的大小。外植体越小，越容易褐化，这是因为较小的外植体创口面积与体表总面积的比率较高，与消毒剂或空气的接触面更大。

4）外植体取材时间。外植体以早春季节取材为最佳。早春，大多数植物刚恢复生长，幼嫩的植物组织和器官内，酚类物质的含量极低，取材作外植体极少发生褐化现象。

而生长旺季的植物材料则含有较多的酚类物质，取材作外植体容易褐化。

5）外植体表面损伤。外植体切口越大，其表面与空气和消毒剂的接触面积就越大，褐化程度越严重。

6）光照强度。外植体取材前和接种后，外界的光照强度都直接影响其接种后的褐化程度。外植体取材前对母株进行遮光处理，可以有效抑制褐化发生。因为褐化过程的许多反应受酶系统控制，而酶系统的活性又受光照影响。外植体接种后进行一段时间的暗培养或弱光照培养，同样可以抑制褐化发生。

7）温度。温度对褐化发生的影响极大，较低的温度可以减轻褐化发生。因为低温可以降低多酚氧化酶活性，抑制酚类化合物氧化。

8）久不转接。接种的外植体久不转接，导致外植体周围的培养基被醌类物质污染，使外植体受到毒害而死亡。

9）培养基成分。培养基中无机盐浓度过高或细胞分裂素浓度过高，也容易导致植物材料褐化。

（2）防止褐化的措施。

1）在植物刚恢复生长的季节采集幼嫩的部位作外植体。

2）控制培养环境的温度和光照。在不影响生长分化的前提下，应降低温度和光照强度。

3）在培养基中添加抗氧化剂或吸附剂，或用抗氧化剂对植物材料进行浸泡、冲洗处理。

4）选择适宜的培养基，调整激素用量。

5）对外植体及时转接或进行固、液交替培养。

2. 玻璃化

玻璃化是试管苗的一种生理失调症状，表现为试管苗局部或全部的茎、叶、嫩梢呈水渍状透明或半透明。玻璃化苗的叶片皱缩、呈纵向卷曲，脆弱易碎。叶表缺少角质层蜡质，仅有海绵组织，没有功能性气孔。玻璃化苗由于体内含水量高，干物质、叶绿素、蛋白质、纤维素和木质素含量低，角质层、栅栏组织发育不全，因而光合能力降低，组织畸形，器官功能不全，分化能力降低，生根困难，移栽后不能成活。

（1）玻璃化苗发生的原因。玻璃化苗是在芽分化启动后的生长过程中，即继代培养过程中，由碳水化合物、氮代谢和水分状态等发生生理异常而引起的，受多种因素影响，主要原因如下：

1）培养基的琼脂和蔗糖用量少、金属离子浓度低。培养基的琼脂和蔗糖用量、金属离子浓度都会影响培养基的渗透压。当培养基的渗透压过低时，试管苗的玻璃化程度就会加重。

2）培养环境的温度。培养温度与试管苗的玻璃化程度呈正相关。

3）生长调节剂浓度失调。高浓度的细胞分裂素可促进芽分化，同时也使玻璃苗产生的可能性增加。

4）培养容器内乙烯的浓度。试管苗久不转接，非受伤的物理和化学胁迫可加速乙烯的合成，促使玻璃化苗的发生。

5）光照。光照强度不足再加上培养温度过高，易引起试管苗过度生长，促使玻璃化苗的发生。

6）培养基含氮量。培养基含氮量高，特别是铵态氮含量高，易引起玻璃化苗的发生。

（2）防止试管苗玻璃化的措施。

1）增加琼脂的用量，以提高培养基的硬度。

2）增加培养基中蔗糖的用量或加入渗透剂，以提高培养基的渗透压。

3）培养容器采用透气性的封口材料，增加气体交换，同时降低瓶内过饱和湿度。

4）减少培养基中氮元素（特别是铵态氮）和生长调节物质的用量。

5）增加光照强度，适当降低培养温度，或进行昼夜变温处理。

6）在培养基中添加某些添加剂或抗生素，如矮壮素（CCC）、多效唑（PP333）、聚乙烯醇、青霉素和青霉素 G 钾等都可用来防止某些品种试管苗的玻璃化。

3. 性状变异

植物组织和细胞培养中，细胞、组织或再生植株均会出现各种变异，且具有普遍性。

（1）影响遗传稳定性的因素。

1）基因型。培养材料的基因型不同，发生变异的频率也不同。不同植物间如此，甚至同一个品种的不同品系间也是如此。由于基因型的差异，往往表现出不同的变异率。

2）继代次数。试管苗的继代次数和时间决定遗传的稳定性。一般随继代次数的增加和时间的延长，变异的频率呈上升趋势。

3）再生途径。离体器官的各种再生方式中，以通过愈伤组织途径获得的再生植株变异频率为最高。

（2）降低变异的措施。

1）取材时，选用不易发生变异的基因型个体。

2）限制继代次数，缩短继代时间。中间繁殖体使用一段时间后，在适当的时候应该弃用，重新采集植物材料做初代培养。

3）采用不易发生变异的增殖途径。

4）选用适当的生长调节物质和较低的浓度，减少或不使用容易引起诱变的物质。及时剔除生理和形态异常苗。

任务要求

能够熟练掌握不同类型外植体诱导，掌握初代、继代、生根培养基各个环节的技术操作要点，能够有效避免外植体出现褐化、玻璃化、性状变异等现象。

任务实施

（1）外植体接种并获得无菌材料。

（2）诱导外植体生长和分化，使之能够顺利增殖，从而建立起无性系。

（3）诱导幼苗离体生根培养，并进行炼苗移栽。

考核评价表见表 3-5-1。

表 3-5-1　考核评价表

序号	考核内容	分值	赋分
1	外植体处理得当	4	
2	外植体在初代培养基上诱导出愈伤组织或胚状体	5	
3	愈伤组织或胚状体在继代培养基上增殖效果明显	5	
4	离体培养幼苗在生根培养基上长出根系	3	
5	炼苗移栽后组织培养育苗成活率达到 95%	3	
	合计	20	

任务六　植物无糖离体快速繁殖技术

工作任务

● **任务描述**：植物无糖组织培养技术是一种新的植物组织培养技术，是环境控制技术和组织培养技术的有机结合。它以 CO_2 代替糖作为植物体的碳源，利用工艺技术调节空气、光照、温度、湿度等影响组织培养微环境的因素，促进植物光合作用，使组织培养植物转化，从双营养型到自养型营养，从而有利于植物的生长发育。

● **任务分析**：与传统植物组织培养技术相比，无糖组织培养生产工艺简单，工艺流程缩短，提高了技术和设备的集成度，降低了人工操作强度，更容易在大规模生产中推广应用。其主要包括预备阶段、继代增殖阶段、生根培养阶段、移栽过渡阶段四个阶段。

● **工具材料**：

1. 材料：植物外植体、蛭石、珍珠岩、砂等培养基质。

2. 工具：剪刀、手术刀、镊子、培养瓶、营养钵等。

知识准备

一、植物无糖组织培养的概念

长期以来，在植物组织培养中一直是以糖作为植物体的碳源，把它称为有糖培养微繁殖（Sugar-containing Micropropagation），它与无糖培养微繁殖技术的根本区别在于碳源的供给方式不同而引起植株生理、形态、生长、发育方面的许多的不同，在以后的章节中将进行详细论述。植物无糖培养微繁殖技术是在植物组织培养技术研究的基础上发展起来并用于工厂化生产的技术。无糖培养微繁殖的目标是在短时间内获得大量的遗传基础相同、生理一致、生长发育正常、无病无毒的群体植株。要求植株有高的光合能力或光独立生长能力（能利用空气中的 CO_2 作为主要的碳源）；在简陋的温室中能成活，生长成本低，能进行自动化环境控制和很少的人工操作。

光自养微繁殖技术或无糖培养微繁殖（Sugar-free Micropropagation）技术是指容器中的小植株在人工光照下，吸收 CO_2 进行光合作用，以完全自养的方式进行生长繁殖。其特点是采用人工环境控制手段，用 CO_2 代替糖作为植物体的碳源，提供最适宜植株生长的光、温、水、气、营养等条件，促进植株的光合作用，从而促进植物的生长发育和快速繁殖。它适用于所有植物的微繁殖，是植物组织培养的一种全新的概念，也是环境控制技术和组织培养技术的有机结合。

1. 光自养微繁殖

光自养微繁殖有狭义和广义两种定义。

（1）狭义的光自养微繁殖。一种没有任何有机物作为有机体生长的营养成分的营养方式称为狭义的光自养微繁殖。在狭义的定义下，光自养微繁殖的培养基应除去所有的有机成分。正如水耕法一样，光自养微繁殖培养基由无机营养构成。维生素、生长激素和凝胶状的物质不能加入培养基中。在光自养微繁殖中，多孔的物质（如蛭石）被用作培养质基。

（2）广义的光自养微繁殖。除糖外，可以使其他的有机物质作为有机体生长的营养成分的营养方式称为广义的光自养微繁殖。换而言之，培养基中不加入糖，用 CO_2 代替糖作为植物体的碳源，而其他的有机物（如琼脂、植物生长激素）可以加入培养基中。

2. 容器中小植株的营养方式

（1）自养。当植物仅用 CO_2 作为碳源时，称为自养。CO_2 固定的过程称为光合作用。在光自养的情况下，植株仅依靠无机营养生长，或者没有碳水化合物（如糖）的供给。绿色植物只有生长在没有任何碳水化合物供给，完全依赖于光合作用的情况下时，其营养方式才能称为自养。

（2）异养。当植物或组织生长在有碳水化合物供给作为碳源，而且不依靠光合作用的情况下，称为异养。异养是培养物依赖于外源碳水化合物（如培养基中的糖）作为唯一能源的营养方式。

（3）兼养。当植物生长在有 CO_2 和碳水化合物供给的条件下，不仅使用内源的碳水化合物，而且也使用外源的碳水化合物作为能源的营养方式。无论培养基中糖的含量多或少，只要叶绿素的培养物是生长在含糖的培养基中，都可以归属于兼养。

二、植物无糖组织培养的特点

（1）CO_2 代替了糖作为植物体的碳源。在传统的组织培养中，植物是以蔗糖、果糖、葡萄糖等作为主要碳源进行异养或兼养生长，糖是植物组织培养中必不可少的物质。无糖培养微繁殖是以 CO_2 作为小植株的唯一碳源，进行自养生长。

（2）环境控制促进植株的光合速率。在传统的组织培养中，很少对植株生长的微环境进行研究，研究的重点是放在培养基的配方及激素的用量和有机物质的添加上；而无糖组织培养是建立在对培养容器内环境控制的基础上，提高小植株的光合速率是提高植株生长率的主要途径，为了促进容器内小植株的光合速率，必须了解容器内的环境条件。例如，容器中的光照强度和 CO_2 浓度及如何保持在最佳的范围内，最大限度地提高植物的光合速率。

（3）使用多功能大型培养容器。在传统的植物组织培养中，由于培养基中糖的存在，为了防止污染，一般使用或只能使用小的培养容器。而无糖培养可以使用各种类型的培养容器，小至试管，大至培养室，因为无糖培养可以将其污染降至最低。

（4）多孔的无机材料作为培养基质。在传统的组织培养中，常用琼脂、凝胶等作为培养基质。而无糖培养主要是采用多孔的无机物质，例如，蛭石、珍珠岩、砂等作为培养基质。

（5）闭锁型培养室。传统组织培养中的培养室是半开放型的，有许多明亮的窗户以利于阳光直接进入培养室；而无糖培养采用的是闭锁型的培养室，无窗户，全部采用人工光源，墙壁加了保温层，以便不受外界环境的干扰，能周年进行稳定的生产。

任务要求

能够熟练掌握预备阶段、继代增殖、生根培养、移栽过渡各个环节的技术操作要点，能够对培养容器的微环境进行控制。

任务实施

一、植物无糖组织培养操作技术

植物无糖组织培养可分为以下四个阶段。

1. 预备阶段

预备阶段是整个培养过程的基础。其目的是从外植体表面灭菌，建立无菌培养体系。这一阶段的效果依植物种类及培养基的成分而异，可能形成一个芽或多个芽，也可能形成带根植株或先形成愈伤组织，然后分化芽。在脱除病毒的培养中，也用类似的程序，只是外植体较小（为 $0.1 \sim 0.5$ mm）。选择合适的外植体是本阶段的首要问题。

外植体，即能产生无性增殖系的器官或组织切段，如一个芽、一个茎段。外植体的选择一般以幼嫩的组织或器官为宜。选择外观健康的外植体，尽可能除净外植体表面的病菌及杂菌是成功进行植物组织培养的前提。外植体除菌的一般程序：外植体→自来水多次漂洗→消毒处理→无菌水反复冲洗→无菌滤纸吸干。

2. 继代增殖阶段

继代增殖阶段的培养目的是繁殖大量有效的芽和苗。用芽增殖的方法而不通过愈伤组织再分化的途径，有利于保持遗传性状的稳定。繁殖系数可达到每年增殖 10 万株，乃至 100 万株。只有有效芽的增殖速度快，在种苗生产中才有应用价值。决定繁殖速度的因子最主要的是植株本身的生理生化状态、培养环境条件及植物和环境之间的相互作用（图 3-6-1）。

图 3-6-1　接种

3. 生根培养阶段

生根培养阶段的培养目的是使增殖培养的无根苗长出不定根，并使苗继续生长。一般将分化培养基中的芽或茎段，转入生根培养基中，进行根的诱导。这是组织培养快速繁殖中技术难度较大、生产能否成功的关键，大多数木本植物生根比较困难（图3-6-2）。

4. 移栽过渡阶段

生长在培养室中的小植物要移栽到大田必须经过一个过渡阶段，使其能适应大自然环境。试管苗一般十分幼嫩，移

图3-6-2　培养

植后应保证适度的光照、温度、湿度条件，并进行精细的管理，在人工气候室中锻炼一段时间方能大大提高幼苗的成活率。离体繁殖的试管苗能否大量应用于生产，是否有效益，取决于移栽过渡这一关，即试管苗能否有高的移栽成活率。试管苗移栽过程复杂，技术掌握不好，势必造成大批的死亡，而前功尽弃。因此，掌握移栽的有关理论和技术十分重要。某些商业性微繁殖单位或个人，前期繁殖很顺利，得到了大量试管苗，但因移栽技术不过关，移栽成活率极低而无效益，甚至亏损（图3-6-3）。

图3-6-3　驯化组织培养育苗和规模化培育

二、植物无糖培养中环境控制操作技术

1. 小型培养容器的微环境控制

如果采用小型培养容器进行无糖培养，其方法是在培养容器的盖上或壁上贴有透气膜，使容器的空气换气次数达到 $3 \sim 10\ h^{-1}$，在闭锁型的培养室内输入 CO_2，其浓度为 $1\ 000 \sim 1\ 500\ ppm$，转苗后，把培养容器放进闭锁培养室进行培养，注意随培养时间的延长逐渐加大培养容器的空气换气次数，使培养容器内外环境气体的交换率逐渐增大，以增加培养容器中的 CO_2 浓度，降低容器内的空气湿度并及时排出有害气体（图3-6-4）。

图3-6-4　小型培养容器的微环境控制

2. 大型培养容器中环境控制

（1）CO_2 浓度的控制。使用大型的培养容器和强制换气系统进行无糖培养，其植物的光合速率比使用小培养容器和自然换气快得多。在大型的培养容器中，植株的生长速度比在小容器中快得多；CO_2 浓度的测量和控制也比小容器容易，特别是 CO_2 输入采用强制供气系统后，可以根据培养植株的种类和不同的培养时间进行调控。根据不同植物的 CO_2 补偿点和饱和点，C3 植物 CO_2 的输入浓度可控制在 1 000 ~ 1 500 ppm，C4 植物 CO_2 的输入浓度可控制在 2 000 ~ 3 000 ppm，但 CO_2 的供给量需要根据植株培养时间的延长而逐渐增大。在小植株开始培养的 0 ~ 3 d，光合作用很弱，培养容器内的 CO_2 量足以满足植物的需求，因此不需要补充 CO_2，3 d 以后随培养时间的延长需要逐渐增加 CO_2 的供给量。

（2）容器中相对湿度的控制。为了保证小植株的成苗率和生根率，大型培养容器中的相对湿度（0 ~ 5 d）需保持在 95% 以上；6 ~ 10 d 需保持在 90% 左右；10 d 后需保持在 80% 左右；出苗前 2 d，可以调节至与室外的湿度相似，以便植株能很快适应外界的条件。在过渡阶段，种苗管理容易，种苗过渡成活率高。湿度的调节是通过控制气体的流速和调节容器的换气次数进行控制的。在组合式无糖培养装置上安装调节系统，采用大型的培养容器和强制换气系统，随着气体的流动，很容易带走容器空气中的水分，因此在许多情况下，需要增加容器中的空气湿度，增加容器空气湿度的方法有两种：一种是在容器中用水进行喷雾，直接提高容器中的空气湿度，增加湿度的用水可以是无菌水，也可以把自来水煮沸冷却后使用；另一种是用加湿器增加培养室的空气湿度，从而保持容器内相对稳定的空气湿度。如果两种方法都用，则效果更好。

（3）温度和光照强度的控制。使用空调控制培养室的温度从而调节控制培养容器内的温度，一般情况下，培养容器内的温度比容器外高 2 ~ 3 ℃。有糖培养的光照强度一般在 2 000 ~ 3 000 lx。无糖培养的光照强度由于植物光合作用的需要，光照强度可达 6 000 ~ 10 000 lx。但并非开始培养就用如此强的光照，需要根据植物的生长情况和光合作用的强弱进行调节。一般开始培养的 0 ~ 7 d 用两只日光灯已能满足植物生长；8 ~ 10 d 可使用 3 只日光灯；10 d 后使用 4 只以上的日光灯。在实际生产中，需要根据培养植物的种类和生长情况加以调节。有些植物在第 7 天就需要把光照强度增至 6 000 ~ 10 000 lx，如甘蔗、甘薯、马铃薯等植物的培养。其适用于植物生长或适用于植物光合作用的光照强度和 CO_2 浓度，能极大地促进植株的快速生长，缩短培养周期。

（4）无糖培养中的注意事项。

1）CO_2 的供给必须与光照时间同步，因为在光照期间，植株是吸收 CO_2 进行光合作用，在暗期是进行呼吸作用释放 CO_2。

2）培养初期（0 ~ 3 d）湿度要高（95% 以上），并逐步降低，出苗时接近外界环境湿度，以提高小植株过渡期间的成活率。

3）在温度、湿度控制适宜的前提下，要有充足的光照（光照强度、光照时间）和 CO_2 浓度以保证小植株的光合作用。

4）培养基质要保水透气，必须进行灭菌处理，不可过湿或过干。

考核评价

考核评价表见表 3-6-1。

表 3-6-1 考核评价表

序号	考核内容	分值	赋分
1	无糖培养基质选择正确	4	
2	外植体在预备阶段诱导成功	5	
3	在继代增殖和生根培养阶段，达到扩繁生根目的	5	
4	炼苗阶段移栽成活率高达 95%	3	
5	培养容器里微环境调控得当	3	
	合计	20	

 知识拓展

一、影响植物无糖组织培养的因素

（一）CO_2 浓度与光照强度的相关性

碳素营养是植物生命的基础，植株靠吸收 CO_2 和光能进行光合作用。要提高植株的光合速率，促进植株的生长和发育，就必须提高 CO_2 浓度和光照强度。昆明市环境科学研究所对不同的植物、不同的光照强度和 CO_2 浓度进行多次的试验，在兼顾促进植物生长发育和生产成本的前提下，将试验结果总结如下：

（1）含有叶绿素的外植体自身具有光合能力，最初外植体的叶面积大，有助于植株的光合作用。在光自养的条件下，叶面积大的植株生长速度比叶面积小的植株快得多。

（2）在光照期间，通过封口膜从外部供给植物的 CO_2 不充足（自然换气）会限制植物的光合作用。

（3）利用机械力（强制性换气）把 CO_2 输入大型的培养容器中，可以充分保证植株对 CO_2 的需求，显著促进植物的生长发育。

（4）在常规的组织培养技术中，植株被迫进行兼养和异养生长，在低 CO_2 浓度下，提高光照强度并不能增加植株的光合速率。

（5）培养基中的糖会抑制植株的光合速率，因此，培养基中加入糖后又补充 CO_2，植物的光合速率并不比光自养的高。

（6）在光自养的条件下，高水平的 CO_2 浓度和光照强度，可显著提高植株的纯光合速率，加快植株生长发育，缩短组织培养育苗的培养周期。

（7）CO_2 浓度和光照强度是植物进行光合作用的两个最重要的因素，两者之间的量必须配合好。在光照强度为 5 000～6 000 lx 的条件下，C3 植物的 CO_2 浓度以 1 500 ppm 为宜；在 5 000～8 000 lx 的条件下，C4 植物的 CO_2 浓度以 2 000～3 000 ppm 为宜。

（二）培养容器内空气湿度的调控

一般情况下，在培养室中，光照期间的相对湿度低于暗期的相对湿度。如果培养室的相对湿度在光期是 30% 左右，在暗期则可达到 60%～70%。有时容器内的温度比培养室的温度高 2 ～ 4 ℃。因为光被容器的壁、顶、培养基和植株吸收，热量集中在容器中。在这种情况下，容器外壁的温度低于容器内壁的温度，会产生大量的水蒸气凝聚在容器内的壁上和顶部，尤其是在大型的培养容器中，虽然容器的壁上和顶部布满了水蒸气，但相对湿度很难达到 95% 以上。另外，当使用大型的培养容器和强制性换气系统时，水分散发加快，培养容器中的空气湿度常常不能满足植物生长的需求，尤其开始培养的 0 ～ 5 d，如果湿度控制不好，则容易造成小植株失水萎蔫，因此，在初期培养时一定要注意保持容器中的湿度达到 95% 以上。这个问题可以通过三种方法解决：第一种方法是增加容器中培养液的量；第二种方法是使用加湿器使培养室的湿度保持在 70% ～ 80%；第三种方法是在大型的培养容器中直接用无菌水喷雾，可以显著增加培养容器内的空气湿度。

（三）培养容器内空气的流通速度

空气的流通速度极大地影响容器内的空气湿度和 CO_2 浓度，在小植物培养初期，需要保持容器内较高的湿度，并且培养初期容器内的 CO_2 浓度基本能满足植物光合作用的需求。一般来说，在 0 ～ 3 d，不需要输入 CO_2，容器尽可能地保持密闭，4 ～ 7 d 空气的流通速度为 300 ～ 500 mL/min；7 ～ 10 d 空气的流通速度为 800 ～ 1 200 mL/min；11 ～ 15 d 空气的流通速度为 1 500 ～ 2 000 mL/min；出苗前两天，空气的流通速度可以大于 3 000 mL/min。总之，从第四天始开始输入 CO_2，流量应随培养时间的延长，逐渐加大。

（四）温度与光照的调控

1. 温度

每种植物都有其最适宜生长的温度范围，一定要根据植物的生理特性调整好培养容器内的温度，对大多数植物而言，生根阶段最适的温度为 23 ～ 25 ℃，如果培养容器内的温度过高，则植株生根缓慢，当植株的根系形成以后（培养 7 d 后），温度可以稍高 2 ～ 3 ℃以加快植物的生长发育。

在生产中，为了有效地调节温度，要根据培养室的大小、灯管及镇流器的散热程度，配置相应功率的空调进行温度调节。尽管如此，培养室内的温度并不完全均匀一致，热空气上移，冷气下沉，在分隔为多个层次的同一个培养架上，各层间的温度并不同，自下而上，每层温度会相差 1 ～ 2 ℃，在同一个培养室内进行多种类种苗生产时，可以根据各种类对温度条件的要求，选择一定的层次进行摆放，既合理有效地利用空间，又保证植物的正常生长和发育。

2. 光照

为了减少电的消耗，应充分利用电能。光照强度应随培养时间的延长而逐渐加强。对于大部分 C3 植物而言，在培养初期（0 ～ 7 d）植株的光合能力相对较弱，因此，2 000 ～ 3 000 1x 的光照强度已能满足植物光合作用的需求；8 ～ 12 d，光照强度为 3 000 ～ 4 000 1x，每天光照时长为 14 h 即可；12 d 以后，光照强度可以增至 4 000 1x 以上，每天光照时长为 16 h，这时小植物的光合能力最强。但应注意不同的植物所需的光照也不同，在实践中要根据培养的植物种类、植株的生长情况加以调节，并应注意观察记录植株生长情况和环境条件的变化，认真总结经验，因苗和环境条件而异，做好环境调控。

（五）培养基质的选择

植株的生长不仅受空间环境因素，如 CO_2 浓度、光照强度、温度、湿度的影响，也受根区环境因素的影响。选择适宜的培养基质十分重要。培养基质直接影响植株根区的环境，影响植株的生根率。凝胶状的物质（如琼脂、卡拉胶）作为培养基质时，植株根系的发育在琼脂中通常是瘦小的、脆弱的，当植株移植到土壤时容易被损坏。大量的试验表明，多孔的无机材料比凝胶状的物质更适合作为基质，因为多孔的无机材料有较高的空气扩散系数，可使培养基中有较高的氧浓度，能促进植株根系的发育，木本植物的生根较为困难，采用多孔的基质可以显著提高植株的生根率，通常生根率可达到98%～100%；多孔的无机材料价格低。

蛭石培养效果好，取材容易，在无糖培养微繁殖中常常使用蛭石作为培养基质。蛭石优于珍珠岩、砂。但应注意有些厂家生产的无机材料质量很差，混杂有许多杂质和有害物质，会导致无糖培养的失败。因此，一定要注意选择纯度较高、干净、颗粒稍粗、大小均匀、吸水性好的蛭石作为培养基质。如果为了节约成本，每次出苗后，用自来水将蛭石冲洗干净，晒干后便可反复使用。

二、无糖组织培养技术的局限性

1. 需要相对复杂的微环境（容器内环境）控制的知识和技巧

无糖组织培养的研究和试验已经非常成功，但实际应用还是受到一定的限制，其中的一个原因就是需要应用微环境控制方面的专门技术。没有充分理解容器中小植株的生理特性、容器内的环境、容器外的环境、培养容器的物理或构造特性之间的关系，将不可能成功地应用无糖组织培养系统，耗用最少的能源和物耗生产高品质的植株。无糖组织培养控制系统的复杂性要求人们必须在充分理解和掌握了无糖组织培养的原理后，采用适当的环境控制设备及技术才能培养成功。

2. 增加了照明、CO_2输入和降温的费用

无糖组织培养常常需要增加光照强度，提高培养容器的CO_2浓度。一般是增加单位培养面积日光灯的数量和采用反光设施提高光能的利用率。由于照明的增加，降温的能耗也就增大。但增加的光照和输入CO_2可以促进植物的光合作用，缩短培养周期，最终的生产成本并未增加。

3. 培养的植物材料受到限制

与一般的微繁殖相比，无糖组织培养需要较高质量的芽和茎及具有一定的叶面积。其适用于所有植物的生根培养。但对增殖而言，以茎断方式增殖的植物，增殖率很高。对以芽繁芽增殖的植物，还有待进一步研究以达到理想的增殖率。

任务七　植物脱毒技术

 工作任务

● **任务描述**：茎尖培养是许多植物脱除病毒的主要方法。其基本原理是利用病毒在植物体内分布的不均匀性，即根尖和芽尖等分生组织病毒含量非常少或几乎不含病毒，对根尖和芽尖等组织进行培养后得到的植株也几乎不含病毒。从植物有性生殖发育过程来看，植物的有性生殖器官均起源于顶端分生组织的 L2 层细胞，而处于分生组织的 L2 层细胞是不带病毒的，因此，由其产生的有性器官也不带病毒。由草莓花药体细胞形成的愈伤组织诱导得到的植株，脱毒率可达到 100%。

● **任务分析**：设计马铃薯茎尖脱毒方案，并以马铃薯微茎尖为植物材料，进行茎尖剥离、脱毒培养；设计草莓花药培养方案，并以草莓花药为植物材料，剥离花瓣，摘取花药，进行脱毒培养。

● **工具材料**：

1. 材料：马铃薯块茎、健壮的草莓花蕾、MS 培养基、75% 酒精、10% 漂白粉溶液、脱脂棉、无菌水、NAA、6-BA、3% 蔗糖、琼脂、0.1% L 汞溶液等。

2. 工具：超净工作台、解剖镜、烧杯、剪刀、镊子、解剖针、解剖刀、酒精灯、培养皿、光照培养架等。

知识准备

马铃薯是一种全球性的重要作物，在我国的种植面积占世界第二位。由于它具有生长周期短、产量高、适应性广、营养丰富、耐储藏、好运输等特点，已成为世界许多地区重要的粮食作物和蔬菜作物。但是，马铃薯在种植过程中很容易感染病毒而导致大幅度减产，并且马铃薯在生产和育种中还存在着以下问题：栽培种基因库贫乏，缺乏抗病抗虫基因；无性繁殖使病毒逐代积累，品质退化，产量下降；杂种后代基因分离复杂，隐性基因出现概率很低，使常规育种难度加大。因此，组织培养技术在马铃薯脱毒、育种和微型薯生产等方面显得十分重要。

从 20 世纪 70 年代开始，利用茎尖分生组织离体培养技术对马铃薯进行脱毒处理，使马铃薯的增产效果极为显著，后来又在离体条件下生产微型薯和在保护条件下生产小薯再扩大繁育脱毒种薯，全面大幅度提高了马铃薯的产量和质量。因此，利用茎尖培养技术对马铃薯进行无病毒植株的培养具有重要的意义。

草莓是蔷薇科草莓属多年生草本植物，果实鲜艳美丽、芳香浓郁、柔软多汁，且富含糖、蛋白质、磷、钙、铁及大量维生素和有机酸。除鲜食外，还可加工成果浆、果汁、果酒、糖水罐头及各种冷饮和速冻食品，深受广大消费者欢迎。

由于传统繁殖方法病毒感染严重，产量低下，而且繁殖系数低、速度慢，不能满足大规模生产的需求。而采用组织培养方法，既可快速繁殖，满足大规模生产的需求，又可以减少病毒、恢复种性、提高产量等。培育草莓无病毒苗的主要方法有热处理法、茎尖培养法和花药培养法等。

利用花药组织培养再生植株，主要基于植株在形成性器官、性细胞时，部分或全部病毒被脱离，其优点是从愈伤组织形成到分化出茎叶的过程中，可以脱除病毒，并且脱毒率比较高。国内外研究表明，草莓花药培养所获植株不带病毒，其生长发育表现优于母株，既可省去病毒鉴定程序，也可在病毒种类不清和缺乏指示植物鉴定条件下使用。

任务要求

通过查阅资料，能独立设计马铃薯茎尖脱毒和草莓花药培养的培养方案；能对马铃薯茎尖、草莓花药进行有效的消毒处理；掌握微茎尖剥离和花药培养的方法；切取茎尖的位置准确、大小合适，选取花蕾的发育时期适当；熟练掌握茎尖脱毒的操作流程及草莓剥离花瓣、摘取花药的基本操作技术，使其脱毒率和分化率高，但污染率低。

任务实施

一、马铃薯的茎尖脱毒培养

（一）任务准备

1. 制订计划

学生先分好小组，并选出组长。以小组为单位，根据任务工单制订实施方案，其中要明确所选用的脱毒方法和所需设备材料及操作流程。

2. 准备设备材料

（1）设备：超净工作台、双目解剖镜、光照培养箱或人工气候箱。

（2）用品：灭过菌的马铃薯脱毒培养基、75% 酒精、脱脂棉、10% 漂白粉溶液、无菌水、解剖刀、酒精灯、培养皿、滤纸、记号笔等。接种用具事先进行高压灭菌。

（3）材料：马铃薯块茎。

（二）脱毒处理

选用热处理＋茎尖剥离方法。

1. 热处理

各小组选取无病虫害、生长健壮的马铃薯块茎，置于光照培养箱或人工气候箱内，温度以 26 ℃ /19 h 和 38 ℃ /5 h 交替进行，光照强度为 2 000 lx，光照时间为 12 h/d，处理周期为 5 周。

2. 微茎尖剥离与培养

（1）消毒灭菌。将解剖镜置于超净工作台上，用 70% 酒精擦拭消毒。拧开锁紧螺钉，将物镜上升至一定高度后锁紧物镜。剪取热处理后长出的带有顶芽或腋芽的茎段，在超净工作台上先用 70% 酒精浸泡 30 s，无菌水清洗 3 遍后，再用 10% 漂白粉溶液浸泡 5 ～ 10 min，无菌水再冲洗 3 遍。

（2）解剖镜调整。将灭过菌的滤纸放在培养皿内，滴无菌水多滴使滤纸保持湿润。用无菌镊子夹取短茎段置于培养皿内。将培养皿放在解剖镜的载物盘上，接通电源，打开解剖镜的电源开关，调整光源亮度。双眼看向目镜，双手调整准焦螺旋，使物镜缓缓下移，至看到模糊的茎段为止，然后调整细准焦螺旋，使视野清晰可见短茎段。

（3）微茎尖剥离培养。用镊子夹住茎段，另一只手持解剖针从外至内逐层剥掉幼叶和大的叶原基，直至露出半球形的生长点。用解剖刀切取 0.2 ～ 0.3 mm、带有 1 ～ 2 个叶原基的微茎尖，迅速接入 MS+NAA0.01 ～ 0.1 mg/L 的诱导培养基上，并在培养瓶上做好记号。在温度为（23±2）℃、光照时间为 16 h/d、光照强度为 2 000 lx 的条件下培养。

多数品种培养 5 周左右再生出可见小叶的小植株，再过 3 周左右形成株高为 8 ～ 10 cm 的植株，即可进行转接继代或生根培养。

（三）整理实验室

安排值日组清理实验室，要求设备用具放回原位，做好记录，将实验室打扫干净。

（四）讨论与评价

接种后 8 ～ 12 周统计成活率、成苗率及污染率，分析讨论存在的问题；教师抽检、点评，最后小组之间互评任务完成的效果。

● **注意事项**

（1）剥取茎尖时，镊子夹取茎尖力度要小，不要损伤茎尖。

（2）切取茎尖的位置准确、大小合适。

二、草莓的花药培养

（一）配制培养基

配制草莓花药培养的培养基，灭菌后备用。

（二）外植体选择及处理

在田间选取健壮、无病虫害的典型植株，在晴天上午摘取直径为 3 ～ 6 mm、花粉发育为单核靠边期的健康花蕾，置于 2 ～ 4 ℃冰箱中预处理 3 d 备用。将处理过的花蕾切去花柄等多余部位，经洗衣粉水浸泡 5 min，自来水冲洗 20 min。

在超净工作台上，用 75% 酒精浸泡 30 s，再用 0.1% L 汞溶液浸泡 6 min，期间适当摇晃以使花蕾与溶液充分接触。然后将花蕾投入无菌水中漂洗 4 ～ 5 次，取出后置于灭过菌的滤纸上吸干水分。

（三）接种

用镊子轻轻剥去外部苞片及花瓣，待花药露出后，更换新的镊子，取下花药放入培养基中，并在培养瓶上做好标记。需要注意的是，接种时要尽量去掉花药柄，否则花药柄会膨大形成愈伤组织影响花药的萌发，同时影响脱毒的效果。

（四）培养

将培养瓶放置在温度为（22±2）℃、黑暗条件下培养，约 1 周后转为 16 h 光照、8 h 黑暗、光照强度为 2 000 lx 的条件下培养。4 周左右可见有芽萌发，再过 3 周左右形成 4 ～ 6 片叶片的完整植株，即可进行继代转接或生根培养等。

● **注意事项**

剥取花药时，镊子夹取花药力度要小，不要损伤花药。

考核评价

马铃薯微茎尖脱毒的考核标准见表 3-7-1。

草莓花药培养的考核表见表 3-7-2。

表 3-7-1　马铃薯微茎尖脱毒的考核标准

考核项目	考核标准	考核形式	分值
实训态度	1. 听从指挥，遵纪守时（1分）； 2. 实训积极、认真，有团队意识和创新精神（1分）； 3. 实训报告字迹工整，记录全面（1分）	教师评价 小组互评	3
现场操作	1. 操作规范（1分）； 2. 操作熟练，工作效率高（2分）； 3. 能准确回答教师提出的两个问题（1分）	教师评价 小组互评 口试	4
效果检查	1. 外植体的剥离完整（1分）； 2. 脱毒效果好（2分）	教师评价 小组互评	3
合计			10

表 3-7-2　草莓花药培养的考核表

序号	考核内容	分值	赋分
1	1. 实训态度：听从指挥，遵章守时； 2. 实训积极、认真，有团队合作意识； 3. 实训报告字迹工整，记录完整	3	
2	1. 现场操作：按规范操作； 2. 操作熟练，工作效率高； 3. 现场能准确回答教师提出的两个问题	3	
3	1. 效果检查：剥离花瓣、摘取花药是否完整； 2. 草莓花药培养操作流程； 3. 花药培养效果	4	
合计		10	

 任务八　　指示植物脱毒鉴定技术

工作任务

● **任务描述**：柑橘黄龙病在亚洲、非洲、大洋洲、南美洲和北美洲在内的近50个国家和地区都惨遭其害，柑橘黄龙病严重制约了柑橘产业的健康发展。当今，柑橘黄龙病的检测诊断技术主要有田间诊断、指示植物、电镜检测、免疫学检测、核酸分子检测、淀粉显色六种方法。其中，较为常用的有田间症状诊断和核酸分子检测。

● **任务分析**：柑橘黄龙病指示植物脱毒鉴定（双重芽接法）技术的操作流程。

● **工具材料**：柑橘黄龙病木本指示植物椪柑、枳壳或枳橙嫁接用砧木种子、柑橘待检脱毒材料、嫁接刀、整枝剪、嫁接膜、剪刀、75%酒精棉、防虫网室、花盆、栽培基质与肥料、各种杀虫剂和杀菌剂等。

知识准备

柑橘黄龙病又称黄梢病、黄枯病，是由亚洲韧皮杆菌侵染所引起的、发生在柑橘上一种的毁性病害。其严重影响产量和品质，甚至造成柑橘树枯死。

中国 19 个柑橘生产省（市、自治区）已有 11 个受到危害。5 月下旬开始发病，8—9 月最严重；春、夏季多雨，秋季干旱，发病重；施肥不足，果园地势低洼，排水不良，树冠郁闭，发病重；幼龄树较老龄树抗病，4 ～ 8 年生树发病重；柑橘木虱发生重，柑橘黄龙病发生也重。

世界各国农业部门对柑橘黄龙病的防治都极为重视。大量试验证明，柑橘黄龙病不可治，但可以从各个方面对其进行有效控制，使果农的损失降至最低。按照严格防范和彻底根除柑橘木虱的思路，强化检疫，强制果农使用脱毒苗木，及时在果园中找到带病植株并及时挖除销毁，这些都是有效的控制措施和管理制度。2020 年 9 月 15 日，柑橘黄龙病被农业农村部列入一类农作物病虫害名录。

任务要求

了解指示植物鉴定法的基本操作流程；掌握指示植物嫁接法鉴定木本植物脱毒效果的技术。

任务实施

一、嫁接用砧木苗与待检脱毒材料准备

1. 砧木苗准备

在防虫网室内，提前播种枳壳或枳橙嫁接用砧木种子，当砧木苗茎粗达到 0.5 cm 左右时，可作为嫁接使用。未使用的砧木苗可继续在防虫网室内培养，供以后试验使用。

2. 待检脱毒材料准备

提前进行蜜柑试管内茎尖显微嫁接材料及嫁接成活材料室外（防虫网室内）炼苗准备，培养尽可能多的蜜柑脱毒待检材料。未使用的蜜柑脱毒待检材料可继续在防虫网室内培养，供以后试验使用。

二、嫁接

1. 嫁接前准备

嫁接前，将嫁接刀、整枝剪等嫁接用具用 75% 酒精棉擦拭消毒，分别采集蜜柑脱毒待检材料及指示植物椪柑接穗保湿待用。

2. 嫁接

先在砧木苗离地 5 cm 左右基部嫁接 1 ～ 2 个待测脱毒柑橘材料接芽，再在嫁接上方 1 ～ 2 cm 处嫁接指示植物椪柑的接芽。同一母株待测接穗材料嫁接 5 盆。芽接一般在9—10 月进行，芽接后 3 周左右检查接芽成活情况，如果未成活，可以补接一次。

3. 接后管理

嫁接后的植株仍在防虫网室内，按常规栽培方式养护。次年春天，在嫁接苗发芽前，在指示植物接芽上方 1 cm 左右处剪除砧木主干，嫁接苗新枝抽发后注意给待测植株芽枝摘心，促进指示植物接芽生长。

4. 指示植物发病情况调查

4—5 月，定期观察指示植物的病状反应。如发现有明显病症，则说明待测材料脱毒效果不佳，需再次脱毒。

● **注意事项**

（1）削接芽时，要求动作迅速，同时尽量使嫁接切面保持平滑，有助于接口愈合成活。

（2）嫁接用砧木苗与待检脱毒材料一般情况下需提前 6 ～ 12 个月做准备。

 考核评价

指示植物脱毒鉴定技术的考核表见表 3-8-1。

表 3-8-1　指示植物脱毒鉴定技术的考核表

序号	考核内容	分值	赋分
1	1. 实训态度：遵章守时； 2. 实训积极、认真，有团队合作意识； 3. 实训报告字迹工整，记录完整	2	
2	1. 现场操作：按规范操作； 2. 操作熟练，工作效率高	2	
3	1. 效果检查：指示植物发病情况调查 2. 柑橘黄龙病指示植物脱毒鉴定（双重芽接法）技术操作流程； 3. 脱毒效果	6	
	合计	10	

任务九 ● 酶联免疫吸附法鉴定植物病毒

工作任务

● **任务描述**：柑橘病毒类病害对世界柑橘产业造成了严重的损失。诊断技术是防控柑橘病毒类病害的重要保障。对指示植物鉴定、电镜技术、血清学方法、核酸杂交、RT-PCR，以及新近出现的环介导等温扩增、基因芯片和高通量测序等技术在柑橘病毒类病害诊断中取得了进展。酶联免疫吸附测定（ELISA）技术是柑橘病毒类病害诊断中较为常用的血清学方法，虽受抗体影响较大，但其快捷方便，适用于检测大量样品。

● **任务分析**：具体操作柑橘衰退病酶联免疫吸附测定基本技术流程。

● **工具材料：** 待测柑橘样品嫩叶、实生试管苗叶片、柑橘衰退病病毒（CTV）的 ELISA 检测试剂盒［内含酶联免疫反应板、柑橘衰退病病毒阳性对照、抗体、酶标抗体、洗涤缓冲液 PBST、包被缓冲液、酶标抗体稀释缓冲液、底物溶液、底物缓冲液］、反应终止液（2 mol/L H$_2$SO$_4$）、95% 酒精、蒸馏水、酶联免疫检测仪、离心机、冰箱、研钵、解剖刀、手术剪、移液管等。

知识准备

血清学方法是利用抗原与抗体特异性结合的原理来检测植物病原的方法。在早期检测 CTV、CPV、印度柑橘环斑病毒（Indian Citrus Ringspot Virus，ICRSV）等时常采用酶联免疫吸附测定、三抗夹心 ELISA、双抗夹心间接 ELISA 等方法，其检测水平达到 ng 级。在此基础上发展出的点免疫检测、直接组织印迹免疫等方法不需要提取病原，直接将组织印在硝酸纤维素膜上，不仅保持了 ELISA 的灵敏性和特异性，还简化了检测操作，延长了样品保存的时间。近年来，以免疫胶体金技术为基础制备的快速检测试纸，以免疫金颗粒来显示抗原抗体的结合，进一步提高了对 CTV、CPV 和 SDV 等的检测效率，且适用于基层人员对田间样品的快速检测。

血清学方法快捷，具有较高的灵敏度和特异性，且可制备成试纸条在大田中使用，但难以区分亲缘关系紧密的病毒或株系，也无法识别类病毒。

任务要求

学习酶联免疫吸附法鉴定植物脱毒材料的基本技术流程，要求操作规范、准确。

任务实施

一、样品处理

取待测柑橘样品嫩叶 0.5 ～ 1 g，加洗涤缓冲液 PBST1 ～ 2 mL，研磨，低速离心（4 000 r/min，离心 5 min），取上清液，即待检样品溶液备用。柑橘实生试管苗无病叶作阴性对照。

二、包板

用酶标缓冲液将抗体稀释至蛋白含量为 1 ～ 100 μg/mL 的抗体稀释液，在酶联免疫反应板反应孔中每孔加入 100 μL 的抗体稀释液。37 ℃条件下孵育 2 ～ 4 h 或 4 ℃条件下保湿过夜。

三、洗板

倒出反应板中液体，用洗涤缓冲液 PBST 冲洗反应板 4 次，每次 3 ～ 5 min。

四、加样

在反应孔中每孔加入已稀释的待检样品溶液 200 μL，在 34 ℃条件下孵育 2 ～ 4 h 或

4 ℃条件下保湿过夜。同时做下空白、阴性及阳性孔对照，并可根据需要设置几个重复。

五、洗板

倒出反应板中液体，用洗涤缓冲液 PBST 冲洗反应板 4 次，每次 3 ～ 5 min。

六、加酶标抗体

每反应孔加入用抗体缓冲液稀释好的碱性磷酸酯酶标抗体 200 μL，37 ℃条件下保湿孵育 2 ～ 4 h。

七、洗板

倒出反应板中液体，用洗涤缓冲液 PBST 冲洗反应板 4 次，每次 3 ～ 5 min。

八、加底物溶液

每反应孔加入 200 μL 底物溶液，37 ℃条件下保湿遮光显色 0.5 ～ 1 h。

九、加反应终止液

显色达到要求后，于各反应孔中加入 2 mol/L 的 H_2SO_4 溶液 0.05 mL，使反应终止。

十、酶联检测

反应终止后，20 min 内在酶联免疫检测仪 405 nm 波长处以空白对照孔调零后测定各孔的光吸收值（$OD_{405}nm$），并计算待检样品吸光值 / 阴性对照光值比值，倘若比值计算结果≥ 2，则视为阳性，即待检柑橘样品带病毒；反之则认为材料无毒。

还可借白色背景，直接用肉眼观察反应孔颜色，根据颜色变化差异判断结果：通常阴性反应为无色或颜色极浅；反应孔内颜色越深，阳性程度越强。

● **注意事项**

（1）柑橘衰退病病毒的抗血清或柑橘衰退病病毒的 ELISA 检测试剂盒可市购。

（2）测定时严格按照酶联免疫吸附测定流程操作的同时，可多做几个重复，以提高结果的准确性。

考核评价

酶联免疫吸附法鉴定植物病毒的考核表见表 3-9-1。

表 3-9-1　酶联免疫吸附法鉴定植物病毒的考核表

序号	考核内容	分值	赋分
1	1. 实训态度：遵章守时； 2. 实训积极、认真，有团队合作和创新意识； 3. 实训报告字迹工整，记录完整	3	

续表

序号	考核内容	分值	赋分
2	1. 现场操作：按规范操作； 2. 操作熟练，工作效率高	4	
3	1. 效果检查：酶联免疫吸附法鉴定柑橘病毒操作流程； 2. 酶联免疫吸附法鉴定效果	4	
	合计	10	

📄 知识拓展

一、植物脱毒方法

目前，病毒病已成为世界作物生产中仅次于真菌病害的主要病害，是造成大田作物和园艺作物的生活力、产量和品质下降，甚至植株大面积死亡的重要原因之一，给农业生产造成巨大的危害和损失。自第一个植物病毒——烟草花叶病毒（Tobacco Mosaic Virus)（图 3-9-1）发现至今，人们发现的植物病毒种类已达近千种。病毒侵染植物后，不仅破坏细胞的代谢活动，引起植物的病理变化，而且影响植物的生长和发育，造成生长迟缓、品质降低、产量下降，甚至导致植物死亡。尤其是对于众多无性繁殖植物来说，由于没有有性杂交过程，病毒会通过营养体不断地传递给下一代，使其危害逐年加重。又由于病毒侵染过程的特殊性，已知的病毒抑制剂都对植物有害且不能够完全治愈，因此无法采用化学药剂进行有效防治。

彩图二维码

(a)   (b)

图 3-9-1　烟草花叶病毒
（a）感染了花叶病毒的烟草叶片；（b）花叶病毒在电子显微镜下的形态照片

培育和使用无病毒种苗，是解决这一问题的首要途径。自从 20 世纪 50 年代发现利用组织培养方法能够进行植物脱毒以来，人们在相关技术研究和生产实践应用上做了大量工作。

植物无病毒苗是指不含有该种植物主要危害病毒的苗木，也称"特定无病苗"。多数植物可通过热处理、茎尖培养、微体嫁接、抗病毒剂等脱毒处理，成功脱除植物体内主要病毒，有效恢复植物原有种性，培育获取无病毒苗木。我国是世界上从事植物脱毒和快速繁殖研究最早、发展最快、应用最广的国家之一。目前已建立了马铃薯、甘薯、草莓、苹果、葡萄、香蕉、菠萝、番木瓜、甘蔗等多种植物的无病毒苗木生产基地，且已将脱毒种苗生产纳入常规良种繁育体系。目前，常用的植物脱毒方法主要有以下四种。

（一）热处理脱毒

热处理是脱除植物病毒的常规方法。通过对植物材料进行适当的高温处理，对寄主组织影响不大但多数病毒可被部分或完全钝化。其原理是病毒由蛋白质组成，高温可以使蛋白质变性，所以，通过高温钝化病毒。病毒和寄主细胞对高温忍耐性不同，选择适当的温度和处理时间，可抑制病毒繁殖、延缓其扩散速度，使寄主细胞的生长速度超过病毒扩散速度。从而在这一高温下长出的新植株，其生长点及附近组织细胞有可能脱除病毒，达到脱毒目的。

热处理方式可分为热疗法和昼夜高低变温方式，处理材料可采用盆栽或组织培养育苗。热疗法主要有热水浸渍处理和热风（热空气）处理两种。后者与前者相比，不易损伤植物材料，是目前较为常用的热处理脱毒方法。为了避免对植株的伤害，组织培养育苗也可采用昼夜高低温变温方式。此种方法成本低，对技术和设备要求不高，简便易行，但是脱毒率较低，脱毒往往不彻底，且需要的时间长，不易进行大批量操作。因此，常作为预处理方法与茎尖培养等其他方法结合使用。对于单用茎尖或热疗法难以脱除的病毒，可先进行高温处理，使植株茎尖无毒化，再采用茎尖组织培养法，这样可以提高脱毒成功的概率。例如，在马铃薯的侵染病毒中，对于 PLRV、PVA 和 PVY 不进行高温预处理，脱毒率也相当高，而高温预处理却可以显著提高对 PAMV、PVX 和 PVS 的去除。

（二）茎尖培养脱毒

1. 茎尖培养脱毒原理

茎尖培养脱毒（图 3-9-2）是指在无菌条件下，切取只带有 1～2 个叶原基的生长点，进行培养并发育成不带病毒的小植株的方法。其原理是在感染病毒植株体内，病毒分布并不均匀，病毒的数量随植株部位及年龄而异，在生长点病毒含量最低。病毒通过维管束和细胞间连丝传播，在分生区内无维管束，病毒扩散慢，加之植物细胞不断分裂增生，且含有高浓度生长素可能抑制病毒的复制，所以病毒含量少，在茎尖生长点几乎检测不出病毒。而这些不带病毒的细胞发育而成的植株，理论上也不带病毒。

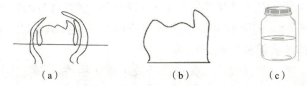

（a）　　　　　　　　　　（b）　　　　　　　　　　（c）

图 3-9-2　植物茎尖培养脱毒过程
（a）取得待脱毒植物顶芽为外植体；（b）切取含 2 个叶原基的植物茎尖；（c）茎尖组织培养

2. 茎尖培养脱毒方法

进行茎尖培养时，首先要获取表面不带菌的接种外植体。将消毒后的材料放置在

20～40倍解剖显微镜下，用灭过菌的镊子和解剖刀逐层剥下外部叶片，直至看到顶部圆滑的生长点，然后切取带有1～2个叶原基、0.1～1 mm大小的茎尖，迅速放入培养基中，放置在适宜的条件下培养（图3-9-3）。不同的植物材料茎尖剥取的方法和最适合脱毒的茎尖大小不同。在菊花的茎尖培养中，在超净工作台内将消毒后的茎尖中用肉眼能看到的叶柄切除，在实体解剖镜下用解剖刀剥离顶芽至露出带有1～2片叶原基的生长点，生长点大小在0.3～0.5 mm，切取的组织过大脱毒率会下降，过小成活率会降低。就香石竹而言，切掉叶柄后，生长点是在几重叶原基的包围下，要从外到内逐一切掉外层叶原基，当生长点露出时把包括1～2片叶原基在内的生长点切下，迅速移入事先预备好的培养基内，注意生长点的方向及不要把生长点埋在培养基内。洋葱用0.5～0.7 mm的茎尖培养，能有效地脱除洋葱中的OYDV和GLV。

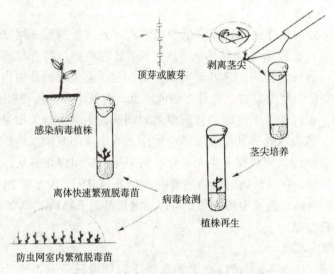

顶芽或腋芽

剥离茎尖

感染病毒植株

茎尖培养

离体快速繁殖脱毒苗　病毒检测

植株再生

防虫网室内繁殖脱毒苗

图3-9-3　茎尖培养生产脱毒苗的流程

3. 影响茎尖脱毒成活的因素

（1）植物种类。不同的植物或相同植物不同品种的茎尖，因其内在的遗传背景不同，在相同的培养条件下，其茎尖的生长分化情况不尽相同，需要针对不同的植物茎尖，试验选择各自适宜的培养条件。

（2）外植体的生理状态。外植体的选择直接决定着茎尖自身的营养状况及生理状态。外植体取样时，宜在萌动初期或生长较活跃的枝梢上采集饱满健壮、内在营养状况良好的芽，有利于外植体茎尖接种后脱毒成活。

（3）茎尖大小。茎尖取材大小与脱毒成活效果密切相关。一般情况下，茎尖取材大，茎尖离体培养时外植体容易成活，带叶原基的茎尖离体培养生长快且成苗率高。但茎尖过大，外植体虽易于成活，却不易脱除病毒。与此同时，在切取茎尖时也不是越小越好，太小不利于成活。不同植物材料脱毒适宜的茎尖大小不同，但茎尖剥取时的原则是一致的：茎尖外植体宜小到足以脱除病毒，大到足以生长发育形成完整的再生小植株。

（4）茎尖剥离状况。表面消毒好的外植体在无菌操作台上借助连续变倍显微镜剥离茎尖时的速度快慢及机械损伤程度直接关系到接种后培养是否成活。切割时生长点受伤程度过大或切取时间过长，均容易造成外植体离体培养时茎尖褐化而死亡。

（5）培养基及培养条件。

1）基本培养基：茎尖培养最常用的培养基是 MS 培养基。MS 培养基适用于多种植物的茎尖培养。除 MS 培养基外，White、B5、MT 等基本培养基也较常用。

2）激素条件：适当添加一定浓度的细胞分裂素及生长素。通常，细胞分裂素与生长素浓度的比例 ≥ 10 时，有利于外植体朝着生根的生理方向生长发育。

3）碳源：蔗糖或葡萄糖，以蔗糖多用，添加浓度大多在 2%～4%。

4）常用培养条件：茎尖培养多采用半固体和固体培养基，在温度为（25±2）℃、光照强度为 1 500～4 000 lx、光照时长为 12～16 h/d 的条件下的无菌室内培养。

（三）微体嫁接脱毒

有些多年生的木本植物，茎尖培养很难成苗，即使成苗也难以生根。为解决这样的问题，可通过微体嫁接获得完整的脱毒植株。微体嫁接是将 0.1～0.2 mm 的茎尖作为接穗，嫁接到由试管中培养的无菌实生砧木上，在试管中培养获得完整植株。这是组织培养与嫁接相结合脱毒的一项技术。

离体微型嫁接脱毒主要应用在果树方面。最早在柑橘上采用，之后在苹果、杏、酿酒葡萄、桉树、山茶、桃、苹果等植物上也获得了成功。目前，在苹果和柑橘脱毒上已经发展成为一套完整的技术，在生产上已广泛应用。

1. 微体嫁接脱毒操作程序

微体嫁接脱毒主要的操作程序是无菌砧木培养→茎尖准备→嫁接→嫁接苗培养→移栽嫁接苗。

（1）无菌砧木培养。种子去种皮后，嫁接在含 MS 无机盐的无激素琼脂培养基上，在温度为 23～27 ℃的条件下暗培养 2 周，再转光照培养。

（2）茎尖准备。供体株多用热处理或温室培养植株，对采集的植物嫩梢进行消毒和剥取茎尖。

（3）嫁接。从试管中取出砧木，切去过长的根，保留 4～6 cm 根长，切顶留 1.5 cm 左右茎。在砧木近顶处一侧切一个"U"形切口，深达形成层，用刀尖挑去切口部皮层。将茎尖移置砧木切口部，茎尖切面紧贴切口横切面。

（4）嫁接苗培养。微尖嫁接苗一般采用液体滤纸桥方式培养。事先在纸桥中开一个小孔，将砧木的根通过小孔植入液体培养基，按照常规光照培养管理。开始可用较低光照强度 800～1 000 lx，长出新叶后可提高光照强度。

（5）移栽嫁接苗。培养 3～6 周，具 2～3 片叶时按一般试管苗移植方式移入蛭石、河沙、椰壳等基质中培养。

2. 影响微体嫁接成活的因素

影响微体嫁接成活的因素主要是接穗的大小和取样时间。试管内嫁接成活的可能性与接穗的大小呈正相关；无病毒植株的培育与接穗茎尖的大小呈负相关。

微体嫁接技术难度较大，不易掌握，但随着新技术的发展与完善，离体微型嫁接技术在不同植物脱毒方面发挥了更大的作用。

（四）抗病毒剂的应用

化学处理脱毒，即通过抗病毒剂化学处理，来获取植物无毒材料的一种脱毒方法。在利用组织培养方法脱除病毒的过程中，人们发现，某些培养基添加物也能够起到一定的作用，继而开始有意识地使用化学药剂进行脱毒。

1. 抗病毒剂脱毒原理

抗病毒剂脱毒的原理是抗病毒药剂在三磷酸状态下会阻止病毒 RNA 帽子结构形成。常用的抗病毒化学药物有三氮唑核苷（病毒唑）、5-二氢尿嘧啶（DHT）和双乙酰-二氢-5-氮尿嘧啶（DA-DHT）、环己酰胺、放线菌素 D、碱性孔雀绿等。其中，病毒唑是广谱性抗病毒药物，早在 20 世纪 70 年代末 80 年代初，国外一些科学家就将这种抗动物病毒的药物应用于植物，成功地脱去了马铃薯 X 病毒、黄瓜花叶病毒和苜蓿花叶病毒等。

2. 抗病毒剂脱毒方法

将化学药剂添加到培养基中，能提高培养基去除病毒的能力，显著提高无病毒植株的比例。该方法应用方便，可用于病毒的大面积防治；但缺点是原理和作用机制尚不十分明确，脱毒效率还比较低，且部分对温度敏感的植物无法使用，另外，部分化学药剂可能会对环境产生不可完全预知的影响，应尽量避免大量使用。

目前，采用病毒抑制剂与茎尖培养相结合的脱毒方法可以较容易地脱除多种病毒，而且这种方法对取材要求不严格，接种茎尖可大于 1 mm，易于分化出苗，提高存活率。

（五）其他脱毒方法

1. 冷处理脱毒

植物低温脱毒又称为低温疗法、冷疗法，是基于超低温保存（Cryopreservation）对细胞的选择性破坏作用的原理，结合组织培养和病毒检测技术达到脱毒的目的。超低温保存是指在 –80 ℃以下的超低温条件下保存种质资源的一整套生物技术。现在常用液氮作冷源，超低温保存的原理是在超低温条件下，细胞的全部代谢活动近乎完全停止，大大减慢甚至终止代谢和衰老过程，保持生物材料的稳定性，减少遗传变异的发生，达到长期保存的目的。茎尖分生组织由于具有分化程度小、再生相对容易等优点，被认为是较为理想的种质超低温保存材料。至今人们已对 200 多种植物材料的茎尖成功地进行了超低温保存，作为一种新的脱除植物病毒的方法，已成功用于几种植物病毒的脱除，低温疗法以其相对简单的操作方法和高脱毒率将为植物病毒的脱除带来新的希望。超低温保存与茎尖培养相结合是植物脱毒和保存茎尖的一种新方法。其原理是分化的、含有病毒的植物细胞液泡较大，液泡中含有的水分也较多，在超低温保存过程中易被形成的冰晶破坏致死，而增殖速度较快的分生组织中液泡较小或不含液泡，因而含水量相对较少，胞质浓，抗冻性强，不易被冻死。光学显微镜观察显示液氮中的超低温能杀死含较大液泡的细胞，而保存液泡小的顶端分生组织细胞。这样，超低温处理过的植株再生后大多是无病毒的。

低温疗法脱除植物病毒，操作比较容易，避免了在切取分生组织时由于操作时间过长和多酚的氧化而导致的茎尖褐化问题，而且脱毒率高，是植物脱毒的一种新途径。但尚处于理论研究和试验阶段，在生产上成功应用的例子还不多。其突出的优点是可以使植物脱毒与种质资源的保存相结合，实现脱毒原种的长期保存。

脱除病毒的方法有很多种，其原理都是由以下两个方面考虑：一方面是利用植物体本身的性质和发育特点，对某些无病毒或分布较少的特定部位进行单独培养，并使其发育成苗。针对这些方法要不断改进技术，使其操作更加简便容易，降低成本，提高效率。另一方面是要抑制或杀死病毒，可采用物理方法或化学方法进行处理，通过改变环境针对病毒起作用。使用这些方法时，不仅要考虑脱毒的效果，还要尽量保证植物体的正常生长和发育，因此，找到两者之间的临界条件是处理的关键。

2. 热处理结合茎尖培养脱毒

热处理后植物顶端无毒区会扩大，在切取茎尖时就可以切取较大茎尖（1 mm 左右）从而提高茎尖培养成活率。另外，因为采用茎尖培养，植株的热处理时间也可缩短，这样对植物组织的伤害会减轻。所以，两者结合在一起来脱毒，能克服茎尖分生组织脱毒存活率低和热处理脱毒时间长、不彻底的缺点。

例如，矮牵牛变温热处理 16 d 后，剥取 0.5 mm 茎尖培养的脱毒效果好于直接剥取 0.2 mm 的茎尖培养的效果；在 40 ℃ 处理康乃馨 6 ~ 8 周，再分离 1 mm 茎尖进行培养，成功地去除了病毒；将马铃薯块茎在温度为 35 ℃ 条件下处理 6 周左右，再进行茎尖培养，可脱去一般直接培养难以去除的纺锤块茎类病毒。

另外，有报道指出，有些病毒能够侵入植物茎尖分生组织，已确认的此类病毒有烟草花叶病毒（TMV）、PVX、CMV。在这种特殊情况下，就必须采用热处理与茎尖培养相结合的方法脱毒。实际操作时可选择先对母株进行热处理再切取茎尖分生组织培养，或选择高温处理培养的茎尖的方法。

3. 珠心胚培养脱毒

珠心胚培养脱毒是蜜柑、甜橙、柠檬等柑橘类植物所特有的一种脱毒方法。柑橘类植物很多种类具有多胚现象，如温州蜜柑、甜橙、柠檬等 80% 以上的种类有多胚现象，即种子中除一枚合子胚外，还存在由珠心细胞发育成的多个珠心胚。珠心胚为种子里面结构，病毒传播很难进入种子，所以，珠心胚不含毒，用组织培养的方法培养珠心胚就可以得到脱毒苗。又因为珠心胚是母体体细胞发育形成的，所以，珠心胚培养成的脱毒苗还保留了和母株一致的遗传特性。实践中对柑橘珠心胚培养通常取花后 7 周左右的胚囊培养，1 个月后可形成球形胚和愈伤组织。珠心胚培养技术对去除柑橘银屑病、衰退病、裂皮病、叶脉突出病等病毒均十分有效。

珠心胚大多不可育，需要分离培养才能形成正常植株。此外，珠心胚苗生长时间长，结果迟，所以，一般要将珠心胚培养的脱毒植株嫁接到三年生砧木上，促进其提早结果。

4. 花药培养脱毒

草莓病毒病是草莓生产的主要病害，一般可造成 20% ~ 30% 的减产，甚至 50% 以上。侵染草莓的病毒种类多达 60 多种。其中，草莓斑驳病毒（Strawberry Mottle Virus，SMOV）、草莓轻型黄边病毒（Strawberry Mild Yellow Edge Virus，SMYEV）、草莓镶脉病毒（Strawberry Vein Band Virus，SVBV）和草莓皱缩病毒（Strawberry Crinkle Virus，SCrV）是侵染中国草莓的 4 种主要病毒，总侵染率为 80.2%。由于草莓病毒病的危害，植株生长衰弱，结果期推迟，产量减少，果品质明显降低，造成巨大的经济损失。

大泽胜次（1974）首次发现，草莓花药培养可产生无病毒植株，而且脱毒效率达到100%。他认为花药培养的脱毒苗可省略病毒检测手续，建立了花药培养生产草莓脱毒苗的培养方法。乔奇（2003）利用草莓花药培养脱毒技术获得脱毒苗，田间试验产量比对照组提高30.3%和34.3%。现在草莓花药培养脱毒已成为当前国内外草莓无病毒苗培育的主要方法之一。

5. 愈伤组织培养脱毒

病毒在植物体内分布不均匀，从染病植株诱导的愈伤组织细胞并不都携带等量的病毒。因此，从愈伤组织再分化产生的小植株中，可以得到一定比例的脱毒株。如Murakishi 和 Carlson（1976）以感染 TMV 的烟草叶片为外植体，培养获得50% 无 TMV的植株。Wang 和 Hang（1975）的研究结果显示，在马铃薯茎尖愈伤组织再生植株中，不含 PVX 的植株频率比由茎尖直接产生的植株中高得多。这些都说明愈伤组织的某些细胞实际上是不含病毒的，其可能原因：一是愈伤组织细胞分裂速度快于病毒粒子复制速度；二是愈伤组织细胞在诱导分化过程中，部分细胞发生突变，对病毒有抗性。

目前，愈伤组织培养脱毒产生无病毒苗的方法在很多植物上已先后获得成功，但也存在一些缺陷，如再分化植株遗传性状与亲本相比不稳定，可能会发生变异；有些植物愈伤组织分化困难，尚不能产生再生植株等。

除上述几种脱毒技术外，还有抗病毒基因工程等多种脱毒技术被研究应用。植物脱毒技术的使用常常是多种脱毒技术结合使用，才会取得更有效的脱毒效果。无论采用何种方法进行脱毒处理，在进行种苗的长期保存、批量繁殖和生产应用之前，都应进行病毒检测，以确定脱毒效果。

二、脱毒苗的鉴定

经脱毒技术处理获得的新植株，必须经过严格的隔离保存和病毒检测，有的植物病毒脱毒处理后不能一次完全检测出来，甚至需要经过一段时间的隔离培养后再重复检测几次，确认是不带病毒的，才可作为无病毒植物原种进行保存或进一步扩繁成无病毒苗木，进入生产应用。病毒检测是脱毒种苗在生产繁育过程中和上市交易前的必要步骤，是提高生产效率和保证种苗质量的关键。

随着现代生物技术的飞速发展和仪器设备的不断改进，病毒检测的手段和方法也更加多样化，逐步向着更加灵敏、快捷、精确的方向发展，常用的植物病毒检测方法主要有生物学方法、血清学方法、电子显微镜检测法和分子生物学方法等。

（一）直接观测法

直接观测法即直接观察待测植株生长状态是否异常，茎叶上有无特定病毒引起的可见症状，从而可判断病毒是否存在。直接检测法的优点是简单、直观、准确。

脱毒苗叶色浓绿，均匀一致，长势好。未脱毒苗出现花叶、黄化、矮化丛生等异常状态。如草莓出现叶面褪绿斑、叶小、叶柄短、叶片急性扭曲等状；马铃薯出现花叶或明脉、脉坏死、卷叶、植株束顶、矮缩等状；甘薯、康乃馨出现褪绿斑点。表现出病毒病症状的植株可初步判定为病株。

根据症状诊断要注意区分病毒病症状与植物的生理性障碍、机械损伤、虫害及药害等表现，如果难以区分，需要结合其他诊断、鉴定方法，综合分析、判断。

（二）指示植物鉴定法

多数植物病毒有其一定的寄主范围，将一些对病毒反应敏感、感病症状明显的寄主植物作为指示植物（鉴别寄主），通过接种鉴别寄主来检验待测植物体内特定植物病毒存在与否，这种病毒鉴定方法被称为指示植物鉴定法。其常用的接种方法有汁液摩擦接种和嫁接传染两种。鉴别寄主是指接种某种病毒后能够在叶片等组织产生典型症状的寄主，指示植物是指接种某种病毒后能产生独特症状的一种寄主。根据试验寄主上表现的局部或系统症状，可以初步确定病毒的种类和归属，但只能用来鉴定汁液传染的病毒。1929年，美国病毒学家霍姆斯（Holmes）用感病的植物叶片与少许金刚砂相混，研磨成粗汁液，摩擦供试植物的叶片，经清水清洗后，置于温室内待测，2～3 d后叶片上出现局部圆形的枯斑，在一定的范围内，枯斑数与侵染性病毒的浓度成正比。枯斑法能测出一些病毒的相对侵染力，对于病毒的定性有着重要的意义。

指示植物鉴定法一种是接种后病毒可扩展到非接种部位，产生系统性症状；另一种是只在接种部位产生局部病斑，如形成坏死、褪绿或斑枯等。指示植物的选择应根据栽培容易、对病毒敏感、接种方便、反应稳定等原则。由于不同病毒的寄主范围不同，选择的指示植物也有所不同。按选用的鉴别寄主是草本植物还是木本植物可分为草本指示植物鉴定法和木本指示植物鉴定法。对于草本指示植物一般采用汁液涂抹鉴定；木本指示植物由于采用汁液接种比较困难，通常采用嫁接法鉴定。指示植物鉴定法具有灵敏、准确、可靠、操作简单等优点，是其他简单方法不可替代的传统植物病毒检测方法。

1. 草本指示植物鉴定

草本指示植物种类较多，常用的有茄科（如心叶烟、克里夫兰烟等）、豆科（如菜豆等）、藜科（如昆诺藜、苋色藜等）、苋科（如千日红等）、葫芦科（如黄瓜）类植物等。

（1）汁液摩擦接种法。汁液摩擦接种法是草本指示植物鉴定中较常用的一种检测手段。其基本操作程序简单介绍如下：

接种时，从被鉴定植物上取一定量的组织材料，如叶片、花瓣、根或枝皮等（实践中多取用叶片），置于研钵中，加入2～5倍的提取缓冲液，在低温条件下研磨，磨碎后用纱布滤去渣滓，在汁液中加入少量500～600目的金刚砂作为指示植物叶片的摩擦剂，再用干净的纱布或棉球、刷子等蘸取汁液在指示植物叶面上轻轻涂抹，摩擦2～3次进行接种，接种完毕后用清水冲洗指示植物叶面。

为确保接种质量，接种宜在有防虫网隔离的温室中进行，接种后的指示植物宜放置在温度为20～28 ℃、半遮荫的环境下培养管理及观察。通常，在接种后的数天或几周，可以根据指示植物的症状表现作出初步判断。

如无症状出现，则初步判断检测的植株为脱毒植株，必须进行多次重复鉴定，经重复鉴定未发现病毒的植株才能进一步扩大繁殖，供生产上使用。

（2）小叶嫁接接种法。一些草本植物病毒，其采用汁液摩擦接种法进行指示鉴定比较困难时，常采用小叶嫁接法进行接种鉴定，如草莓病毒鉴定常用小叶嫁接接种法。该法以去除植株顶部小叶的指示植物作砧木，被鉴定植物小叶作接穗，采用劈接法嫁接培养指示植物，观察判断待测植株是否带毒。

其操作程序：先从待检植株上剪取成熟叶片，去掉两边小叶，留中间小叶柄 1.0～1.5 cm，用锐利的刀片把叶柄削成楔形作为接穗。然后选取生长健壮的指示植物，剪去中间小叶，再把待检穗切接于指示植物上，用薄膜包扎，整株套上塑料袋保温保湿。成活后去掉塑料袋，逐步剪除未接种的老叶，观察新叶上的症状反应。

2. 木本指示植物鉴定

多年生果树和林木植物病毒一般均可通过自然寄主嫁接进行传染，当自然寄主侵染植物病毒后不能表现出显著的症状特征时，可另选对该病毒比较敏感的木本指示植物进行嫁接鉴定。目前，生产研究中常用的果树指示植物种类较多，现以柑橘、苹果、梨、葡萄及核果类果树为例，简单介绍其主要常用指示植物和对应的病原种类（包括病毒、类病毒、细菌等病原体）。

木本指示植物鉴定一般采用嫁接法进行检验。常用的嫁接方式主要有以下几种。

（1）指示植物直接嫁接法。指示植物直接嫁接法要求先培养木本指示植物，然后直接在指示植物基部嫁接待检植株的芽片。此法费时长，需要几年才能观察到结果。

（2）双重芽接法。通常，病毒不能通过种子进行传染，多年生木本植物可用其实生苗作为嫁接砧木。先在实生苗基部距离地面5 cm左右处，嫁接1～2个待测植株的芽片，再在嫁接上方1～2 cm处嫁接指示植物的芽片（图3-9-4）。嫁接后15～20 d检查接芽成活情况，若指示植物的芽未成活，再进行补给，嫁接成活后对指示植物进行观察辨毒，这种嫁接法就是双重芽接法。该法一般在8月中下旬进行，次年春天苗木发芽前除去砧木萌蘖，苗木发芽后给待测植株芽枝摘心，促进指示植物接芽生长，至5月，可定期观察指示植物的病状反应。

指示植物
待检芽
砧木

图 3-9-4　双重芽接法

（3）双重切接法。双重切接法多在春季进行，一般的操作方法是剪取带有两个芽的指示植物及待测植株接穗，同时采用劈接法接在实生砧木上，且指示植物接穗嫁接在待测植株接穗上部，再在植株外部套塑料袋，以利于保温保湿，且有利于接口愈合成活（图3-9-5）。

指示植物鉴定法简单、易行，结果直观，不需要高价的设备或复杂的技术，曾经得到广泛应用。但这种仅仅以鉴别寄主反应或指示植物为依据的方法，由于其检测速度慢、结果不够精确、受环境和季节影响较大等诸多因素限制，已难以适应生

指示植物
待检接穗
砧木

图 3-9-5　双重切接法

产上对快速检测的需要，几乎不再作为植物病毒鉴定和分类的主要依据。但它仍是其他病毒鉴定方法的重要基础和辅助手段，尤其在病毒株系鉴定方面。对某一病毒分离物进行分子生物学或血清学研究之前，最好进行生物学鉴定，以使结果更为可靠。

（三）抗血清鉴定法

病毒与许多大分子物质（如蛋白质）一样，是一种较好的抗原，使其注射到动物体后会产生特异性抗体，抗体存在于血清之中，故称为抗血清。不同病毒产生的抗血清有

各自的特异性。抗血清鉴定法的主要理论依据：抗原能与其对应的抗体发生特异性反应，产生抗原—抗体复合物，通过复合物沉淀反应作出病毒鉴定。常用的抗血清法主要有酶联免疫吸附测定法、免疫电镜技术检测法、直接组织免疫杂交分析检测法。其中，酶联免疫吸附测定法是新近发展起来的，是目前应用较多的一种血清学检测技术。

早期血清学测定的方法是液体介质和琼脂凝胶反应的免疫扩散法。尤其是双扩散技术，可用来比较同源、异源抗原，甚至可能区别病毒的不同种和不同株系。在现今的植物病毒检测中，使用最广泛的免疫学方法是酶联免疫吸附测定法（Enzyme-Linked Immunosorbent Assay，ELISA）。它是 20 世纪 70 年代在荧光抗体和组织化学基础上发展起来的一种免疫测定技术，是在不影响酶活性和免疫球蛋白分子的反应条件下，使酶分子和免疫球蛋白共价结合成酶标抗体。酶标抗体可直接或通过免疫桥与包被在固相支持物上待测定的抗原或抗体特异性结合，定性、定量地检测病毒的存在。其具有灵敏度高、特异性强、操作简单等优点，而且克服了常规血清学方法受病毒浓度、粒体形态和抗血清用量等因素的限制。

ELISA 基本类型有间接法（I-ELISA）和直接法（DAS-ELISA）等。自 Voller 等 1976 年首次将 ELISA 方法用于检测植物病毒后，该方法已成为病毒诊断与检测的常规手段，特别是在一些经济作物种苗的病毒检测中发挥了重要的作用。

1. 酶联免疫吸附测定

1977 年，Clark 和 Adams 等首次将 ELISA 应用于植物病毒检测。其原理是将抗原抗体的免疫反应与酶的高效催化作用相结合，通过化学方法将酶与抗体结合，形成酶标抗体。在遇到相应底物时，酶催化无色底物产生化学反应，生成有色化合物，其强度与病毒浓度成正比，用此方法也可测定出病毒的浓度，既保持了酶催化反应的敏感性，又保持了抗原抗体反应的特异性，因而极大地提高了灵敏度。

ELISA 方法的最低检测限为 $0.1 \sim 10$ ng/mL，具有特异性强、仪器简单、自动化程度高等优点，国内外多家公司有商品化试剂盒出售。因此，ELISA 被广泛应用于植物病毒的检测、病毒病的普查、口岸和产地检测与鉴定研究。

随着科学的不断发展，在 ELISA 方法基础上加以改进又发展了许多新的检测方法，1982 年 Hawkes 等建立了斑点免疫吸附（Dot Immunobinding Assay，DIBA）。DIBA 用硝酸纤维素膜代替酶标板，使检测更为简便、快速、经济。另外，还有直接组织斑免疫测定（IDDTB）、A 蛋白酶联吸附（SPA-ELISA）、伏安酶联免疫分析等。

2. 快速免疫滤纸测定法（Rapid Immuno-filter Paper Assay，RIPA）

快速免疫滤纸测定法的原理是用特异性抗体球蛋白 IgG 孵育红白两种乳胶颗粒制备成致敏乳胶，同时用封闭剂封闭致敏乳胶上未被占据的位点，将上述乳胶粒子以红下白上的相对部位分别固定在同一滤纸条上，测定时，当滤纸条侵入待测样品液中时，如果样品中含有待测病毒粒子，由于毛细管作用，它将与一部分红色致敏乳胶结合，结合产物会同其他尚未结合的红色致敏乳胶及病毒粒子一起向上迁移，当迁移到固定有白色致敏乳胶部位时它们就会被吸附起来，该部位显示红色。反之，如果没有待测病毒粒子，则不会产生吸附现象，该部位不显现红色。在兰花病毒检测中，采用致敏抗体（A 蛋白）代替常规抗血清所形成的微量凝集法，其灵敏度有很大的提高。

3. 免疫胶体金技术（Immunogold-label Assay）

金是惰性金属，有良好的电荷分布，柠檬酸钠 - 鞣酸能将氯金酸金离子还原为胶体金，利用胶体金在碱性环境中带有负电的性质，能以静电、非共价键方式吸附抗体 IgG 或 A 蛋白分子，形成稳定的 IgG 或 A 蛋白胶体金复合物。而且免疫胶体金对组织细胞的非特异性吸附作用小，具有较高的特异性。制备免疫胶体金不需要经过化学反应交联，生物大分子与金颗粒吸附形成复合物，生物活性保持不变。通过抗原抗体特异性结合，IgG 或 A 蛋白胶体金复合物就可以结合在抗原上，从而得到明显的鉴别性和可见度。自 1983 年胶体金标记的抗体首次被成功地应用于植物病毒检测以来，该技术不断改进，1992 年应用胶体金免疫电镜技术检测烟草花叶病毒，电镜下观察到大量金颗粒密集地、有规律地附着在病毒粒子上。应用该技术也成功地进行了烟草环斑病毒的检测。

（四）电子显微镜观察鉴定法

通常情况下人的眼睛难以观察到小于 0.1 mm 的微粒，借助普通光学显微镜也只能看到小至 200 nm 的微粒，对于更小的病毒颗粒，只有借助更高端的电子显微镜才能观察分辨。通过电子显微镜不但可以直接判断病毒存在与否，而且可以观察到病毒颗粒的大小、形状和结构，初步判断出存在病毒的种类。这是一种较为先进的病毒检测手段，但与此同时，由于电子射线穿透力较低，被观察的待测植物样品要求很薄，超薄植物切片的制作过程难度高。

电子显微镜的诞生加快了人类认识微观世界的脚步，电镜技术在近 70 年发展历程中，已广泛应用于生物学、组织学、细胞学、病毒学等各个领域。对植物病毒的研究，由于电镜的出现，得到了重大的发展。虽然由于电镜技术对仪器设备、样品制备的要求较高，费用比较高，但这是最直接、最准确的检测病毒的手段，可以直接看到病毒的大小、形态和结构，因此，在进入了分子水平的今天仍然有着无法替代的作用。植物病毒电镜诊断最常用的是负染色和超薄切片法，结合免疫电镜技术则可以更进一步判断血清学关系、研究病毒在细胞内的复制和装配等。

1. 电镜负染检测法（Electron Microscopy Negative Stain）

1959 年，Brenner 和 Horne 将电镜负染技术首次成功应用于病毒结构研究，当时发现一些重金属离子能绕核蛋白体四周沉淀，形成一个黑暗的背景，在核蛋白体内部不能沉积而形成一个清晰的亮区，其图像如同一张照相的底片，因此人们习惯地称为负染色。负染色法快速简便，可以直接观察病毒的形态、大小、表面结构、有无包膜等。常用的染色剂有磷钨酸、醋酸铀、甲酸铀、钼酸铵等，但某一种染色剂并非对各种病毒都合适。2% 磷钨酸水溶液（pH 值为 6.7 ~ 7.0）适用于大多数病毒，负染色法既可以作纯化的样品，也可以作粗汁液样品，后者在诊断中有广泛的用途。

2. 电镜超薄切片法（Electron Microscopy Ultrathin Section）

超薄切片是观察病毒在寄主细胞内分布及细胞病变的主要方法。观察各种病毒引起的寄主细胞病变和内含体特征，有助于鉴别病毒的种类甚至株系，并了解病毒侵染和增殖的动态过程，直观病毒生物大分子的亚基单位，已经从细胞水平发展到分子水平。尤其对一些未知病毒、难于提纯的病毒材料、负染技术不能解决的检测材料都可用此种方法，通过对组织细胞的直接观察而得到解决，因此，在病毒学检测和脱毒快速繁殖的实际生产中均有着特殊的重要性和不可取代的作用。超薄切片的整个过程比较烦琐和冗长,现已发展了微波辐射固定等快速固定和包埋方法,可在较短时间内制备好样品包埋块供切片观察。

3. 免疫电镜检测法（Immuno Electron Microscopy,IEM）

免疫电镜技术是将免疫学原理与电镜负染技术相结合,利用抗原抗体的吸附性使病毒能较集中地沉积在有效视野内,从而便于电镜下的观察,大大提高了检测概率。Derrick（1973）建立了免疫吸附电镜技术（ISEM）,此后 Milne、Shukla、Katz 等在应用中进一步发展完善,形成了一系列方法。

目前常用的方法有诱捕法,即用抗体预先包被的载网来捕获样品溶液中的病毒粒体,再作负染,可以大大增加电镜视野中病毒粒子的数量,提高诊断的灵敏度；ISEM 最少可检测出几个微升样品中 $0.1 \sim 1$ mg/mL 的病毒；蛋白 A- 吸附法是先用蛋白 -A 包被载网,再结合抗体来捕获病毒,可以进一步增加灵敏度；修饰法则是将吸附于载网的病毒粒子与其抗体进行反应,利用电镜下可见的特异性免疫反应所产生的抗体"外套",来判断血清学的关系,尤其适用于病毒种或株系的诊断、复合感染病毒的检测等。

（五）分子生物学检测方法

目前,分子生物学在植物病毒检测中得到了深入研究和应用,分子生物学技术主要是通过病毒的核酸来检测病毒,它比血清学方法的灵敏度要高,且具有特异性强、操作简便、检测速度快、可用于大量样品检测等优点。

在植物病毒检测与鉴定方面,应用的分子生物学技术主要包括核酸斑点杂交（Nucleic Acid Spot Hybridization,NASH）技术、多聚酶链式反应（Polymerase Chain Reaction,PCR）技术、dsRNA 电泳技术等。在病毒株系鉴定方面,最可靠的方法则是核酸杂交、核苷酸序列分析和单链构象多态性（PCR-SSCP）等。分子生物学检测法是通过检测病毒核酸来证实病毒的存在。此方法的特点是灵敏度高,特异性强,有着更快的检测速度,操作也比较简便。既可进行大量样品的批量检测,也适合个别样品的精确检验。目前,在植物病毒检测与鉴定方面应用的分子生物学技术主要包括核酸分子杂交技术、双链 RNA 电泳技术、聚合酶链式反应技术等。

1. 核酸分子杂交技术（Nucleic Acid Hybridization）

核酸电流分析技术在植物类病毒检测中应用较多,核酸分子杂交技术是 20 世纪 70 年代发展起来的一种新的分子生物学技术,植物类病毒多为环状的 RNA 病毒,基于 DNA 分子碱基互补配对的原理,用特异性的核酸探针与待测样品的 DNA 或 RNA 形成杂交分子的过程。根据使用的方法,待测样品核酸可以是提纯的（膜上印迹杂交或液相杂交）,也可以在细胞内杂交（细胞原位杂交）。

核酸探针是指能与特定核苷酸序列发生特异互补杂交,而后又能被特殊方法检测的已知核苷酸链,所以探针必须标记,以便示踪和检测。核酸探针的标记有同位素标记和非同位素标记两大类。同位素标记方法简单,灵敏度高,但存在环境污染及放射性废物处理等问题。非同位素标记不存在以上问题,且由于信号放大及模板扩增两个方面的发展,检测灵敏度也在不断提高,常用的非同位素标记物有生物素、地高辛和荧光素。目前,用于检测植物病毒、类病毒的方法主要有核酸斑点杂交技术、Northern 印迹杂交技术等。

（1）核酸斑点杂交技术（NASH）。核酸斑点杂交技术是将被检测的标本点样在膜上,烤干或在紫外线照射下固定标本，然后就可以进行杂交了。利用核酸斑点杂交技术，以荧光素、地高辛等非放射性标记物标记的探针检测植物病毒及类病毒时，一般按如下操作程序进行：RNA 的提取、点样至膜上并固定、预杂交、洗膜、封闭、结合抗体、漂洗、显影（或显色）及结果分析。

（2）Northern 印迹杂交技术。Northern 印迹杂交技术是将 RNA 样品通过琼脂糖凝胶电泳分离，再转移到固相支持物上，用同位素或生物素标记的核酸探针对固定于膜上的 RNA 进行杂交，将具有阳性的位置与标准的分子量进行比较，可判断 RNA 的分子量大小，根据杂交信号的强弱，可知 RNA 的量。其基本的步骤包括 RNA 的提取、RNA 的琼脂糖凝胶电泳、将凝胶上的 RNA 按原有的分布转移到固相支持物（如尼龙膜）上、膜上的 RNA 与探针分子杂交、除去非特异性结合的探针分子、显影（或显色）及结果分析。

2. 双链 RNA（double - stranded RNA，dsRNA）电泳技术

核酸分子杂交技术的基本原理是两条互补核酸单链的碱基可相互配对形成双链。两条不同来源的核酸单链在一定的条件下（适宜的温度及离子强度等）可通过碱基互补原则配对产生双链，此过程被称为核算杂交，此杂交过程具有高度特异性。大约 90% 的植物病毒基因组为单链 RNA，当病毒侵染植物后利用寄主成分进行复制时，首先产生与基因组 RNA 互补的链，配对成双链模板，再以互补链为模板转录出子代基因组 RNA，互补链的长度与基因组 RNA 相同。这种双链 RNA 结构称为复制型分子（RF），可在植物组织中积累。有些病毒基因组为 dsRNA，因而复制后会产生大量的子代 dsRNA 基因组。而正常的植物中往往不产生，而且 dsRNA 对酶具有一定的抗性，因而较易操作。因此，通过对植物组织中 dsRNA 的分析，可用于植物病毒的检测和诊断等研究。

dsRNA 经提纯、电泳、染色后，在凝胶上所显示的谱带可以反映每种病毒组群的特异性，并且有些单个病毒的 dsRNA 在电泳图谱上也显示一定的特征。因此，利用病毒 dsRNA 的电泳图谱可以检测出病毒的类型和种类。此法已用于一些病毒组（如黄化病毒组、马铃薯 Y 病毒组、番石竹潜病毒组、烟草坏死病毒组、黄瓜花叶病毒组、绒毛烟斑驳病毒组）的分类研究。

3. 聚合酶链式反应（Polymerase Chain Reaction，PCR）技术

聚合酶链式反应技术是在寡核苷酸引物和 DNA 聚合酶作用下模拟自然 DNA 复制的一种体外快速扩增特定基或 DNA 序列的一种分子生物技术，该技术在近十年中发展十分迅速。1983 年美国 PE-Cetus 公司的 Mullis 等人发明了聚合酶链式反应，并推出了第一台 PCR 仪，它是一种体外模拟自然 DNA 复制过程的核酸扩增技术，即通过引物延伸核酸的某个区域而进行的重复双向 DNA 体外合成。能将痕量的遗传物质迅速而简便地扩增百万倍，使原来无法进行分析和检测的各种项目得以完成。其基本原理是以待扩增的 DNA 样品为模板，两条分别与待扩增 DNA 正链相同和互补的 DNA 片段为引物，在 TaqDNA 聚合酶的催化下，反复进行变性、退火、延伸循环，就可以使 DNA 无限扩增。当上述三个过程中一个循环过程完成后，DNA 的总量则增加一倍，每次循环所得产物都是下一个循环的模板。理论上，循环 n 次，就增加为 $2n$ 倍。一般经过大约 30 次循环，DNA 的量可扩增 100 万倍以上。对于 DNA 病毒可以直接进行扩增，而对于 RNA 病毒，则需先将 mRNA 反转录成 cDNA，再做 PCR 扩增，此方法称为 RT-PCR（Reverse Transcription-PCR）。RT-PCR 是一种检测 RNA 病毒的行之有效的方法。

4. 实时荧光定量 PCR（Real-time Fluorescent Quantitative PCR）技术

实时荧光定量 PCR 技术于 1996 年由美国 Applied Biosystems 公司推出，是一种在 PCR 反应体系中加入荧光基团，利用荧光信号积累实时监测整个 PCR 进程，最后通过标准曲线对未知模板进行定量分析的方法。

实时荧光定量 PCR 所用荧光探针主要有 TaqMan 荧光探针、杂交探针和分子信标探针三种。其中，TaqMan 荧光探针使用最为广泛。TaqMan 荧光探针的工作原理是使用具有 5′ 外切核酸酶活性的 DNA 聚合酶，水解同底物 DNA 杂交的探针。反转录后，在复性阶段，两个特异性的引物同模板 DNA 的末端杂交，同时探针同模板中互补序列杂交。TaqMan 探针的 5′ 端带有荧光染料报道，它发出的荧光信号可被 3′ 端的淬灭子吸收，以热量的形式释放掉。如果在 PCR 过程中，底物序列不能同探针互补，则探针仍然是游离的，由于使用的是酶，是双链特异性，因此没有杂交的探针仍然保持完整，荧光信号也就不能被检测到。相反如果正确的底物被扩增出来后，探针就会在复性阶段与其杂交，当聚合酶延伸到探针时，它就会将探针的 5′ 端给替换下来，并将报道子切割下来，这就使报道子和淬灭子分开，从而使荧光信号释放出来，可通过检测系统观察到信号的变化。

实时荧光定量 PCR 技术不仅实现了对 DNA 模板的定量，而且具有灵敏度高、特异性和可靠性更强、能实现多重反应、自动化程度高、实时性和准确性等特点。采用完全封闭管检测，不需要 PCR 后处理，避免了交叉污染。

三、脱毒苗的保存和繁育

经过脱毒处理后的无毒植株，经反复鉴定确定为无病毒材料，方可作为无病毒原种，可用于进一步保存或扩繁。脱毒苗只是脱除了原母株上的特定病毒，抗性并未增加，在自然条件下极易受到再次侵染，因此要按正确的方法保存和繁育。

（一）脱毒原种的保存

1. 隔离栽培保存

植物病毒的传播媒介主要是昆虫，如蚜虫、叶蝉、土壤线虫等。因此必须将脱毒苗栽植在消过毒的温室或网棚中，所使用的基质或土壤及栽培容器和工具等都要事先经过消毒，操作人员也要穿工作服、戴手套。及时去除温室周围的杂草和易滋生蚜虫等昆虫的植物，保持环境清洁，定期喷施药剂或进行熏蒸。隔离种植圃地最好选择建在气候冷凉、海拔较高、虫害较少、相对隔离的山地或高岭地区。这种方法保存脱毒苗，便于观察，比较直观，但既要占用土地，又需要大量人工。

隔虫网室防虫的网纱以 300 目较好，可以防止蚜虫进入。隔虫网室内部环境要保持清洁，要定期喷药杀菌防虫。尽管采取以上隔离种植保存脱毒原种的措施，脱毒原种植株仍有被病毒重新感染的可能性，因此，还要定期进行重感染病毒的检测，一旦发现隔离区内有感染病毒的植株，应采取果断措施排除，避免病毒再次传播。此方法通常可保存脱毒原种的时间为 5～10 年。

2. 离体保存

较小的无病毒材料，可利用植物组织培养技术进行材料的保存或扩繁，这就是离体保存技术。离体保存方法按保存的温度不同，可分为常温保存、低温保存和超低温保存，其中，常用的是低温保存和超低温保存。

（1）低温保存。将无病毒原种材料的器官或幼小植株接种到培养基上，通过降低培养温度等环境条件，使培养物在低温条件下生长降低到最低限度，又不至于死亡，达到长期保持的目的，这种保存方式被称为低温保存，又称缓慢生长保存法、最小生长法。

低温保存是将离体培育的小植株、茎尖或其他植物组织在 1 ～ 9 ℃低温、低光照条件下培养，其生长非常缓慢，可将转接周期延长到半年至一年，既保持植物的一定活性，又极大地减少了工作量，对设施要求不算太高，在一般规模的实验室就能够实现。不同的植物物种、品种对培养温度的反应差异较大，低温保存无病毒材料时，要根据不同物种品种的生物学特性设置不同的保存温度。一般情况下，温度植物多在 0 ～ 4 ℃温度条件下保存较好，热带植物多在 15 ～ 20 ℃温度条件下保存较好（表 3-9-2）。

低温保存是中长期保存无病毒材料及其他优良种质的一种简单、有效且安全的手段。甘薯、马铃薯、魔芋等多种植物在低温保存中都取得了良好的效果，这种方法占地面积小，不受季节和环境条件限制。

表 3-9-2　几种植物低温离体保存的效果

植物	材料类别	保存条件	保存时间
葡萄	分生组织再生植株	9 ℃，低光照，每年继代一次	15 年
草莓	脱毒苗	4 ℃，每 3 个月加几滴营养液	6 年
苹果	茎尖	1 ～ 4 ℃，不继代	1 年
四季橘	试管苗	15 ～ 20 ℃，1 000 lx 弱光	5 年

（2）超低温保存。超低温保存的理论依据是在超低温条件下，植物保存材料组织细胞结冰速度很快，没来得及形成冰晶而迅速转化成玻璃化状态，有效避免了细胞内结冰所导致植物组织细胞的死亡。超低温保存通常是利用液态氮（-196 ℃）离体保存植物种质材料，是长期保存植物无病毒材料及优良种质的一种有效手段。植物材料进行超低温保存时，一般要经过材料的选择、材料的预培养、冷冻保护、冷冻、保存、解冻、再培养七个阶段。

1）材料的选择。用于超低温保存的植物脱毒材料的细胞形态、生理状况都显著影响着超低温离体保存的成败。一般情况下，保存时宜选择无病毒、细胞小、胞质浓、无液泡、抗冻性强的分生组织细胞材料，如茎尖生长点、组织培养过程中新产生的不定芽生长点、愈伤组织等具有旺盛分生能力的分生性组织细胞。胞质相对较稀、高度液泡化的细胞超低温保存时容易产生胞内冰晶而损伤细胞组织结构，导致死亡。

另外，超低温保存前要能大致确定冷冻材料的体积，一般冷冻材料的体积宜控制在 0.2 ～ 10 mL。如果材料体积过大，不利于均匀冷冻和后期的解冻处理；体积过小，又难以保证再培养时材料有足够的再生能力。

2）材料的预培养。在预培养的培养基中加入脯氨酸、甘露醇、山梨醇等渗透剂，可减少材料细胞内自由水的含量，提高保存材料的抗冻性。

3）冷冻保护。材料冷冻前添加冷冻保护剂处理，有助于材料在冰冻前期细胞进行保护性脱水，降低冰点和水的饱和点，进一步阻止冰晶的形成，减少冷冻伤害。常用的冷冻保护剂有二甲基亚砜 DMSO（5%～8%）、甘油、脯氨酸（10%）、聚乙二醇 6000（10%）、各种可溶性糖等。其中，最常用的是二甲基亚砜 DMSO。

冷冻保护的方法：取出预培养的材料进行适当干燥处理，转入盛有液体培养基的无菌培养皿，然后在 0 ℃条件下逐渐加入冷冻保护剂（30～60 min 添加冷冻保护剂量至原有材料组织体积的 3 倍左右），使冷冻保护剂逐渐渗透到材料中。

4）冷冻。加冷冻液后保持 10 min，吸去冷冻液，将材料转入事先装有 1 mL 左右冷冻液的无菌冻存瓶中。然后选择不同的冷冻法进行冷冻。冷冻法主要包括三种：一是快速冷冻法，将 0 ℃或是预处理过的材料直接投入液氮中，使材料所含的水分还没来得及形成冰晶就已迅速转化成玻璃化状态。此法只对一部分植物有效，常适用于高度脱水的无病毒材料；二是慢速冷冻法，需要借助程序降温器，使保存材料以 0.1～4 ℃/min 的降温速度降到 -100 ℃后再转入液氮中，此法常适用于悬浮培养的植物细胞和愈伤组织；三是逐级冷冻法，先以 5～6 ℃/min 的降温速度下降，当材料冷却到 –50～–30 ℃时，在此温度下预冻一段时间（30 min 左右）后，再转入液氮中迅速降温，此法常适用于植物茎尖材料的离体保存。

5）保存。在离体保存过程中，应注意液氮量的变化，不断地及时补充液氮，避免保存温度上升到 –130 ℃以上，才能确保保存材料长期离体保存。

6）解冻。通常的解冻方法是将保存材料从 –196 ℃的液氮中取出后，投入 37～40 ℃的温水中，轻轻振动使之快速解冻（解冻速度达到 500～750 ℃/min 时，解冻较为理想），使材料迅速通过冰晶温度生长区（–60～–40 ℃），避免温度缓慢上升过程中材料组织细胞内结冰而受伤害。

如果离体保存材料的冷冻管是特殊材料制成的，解冻所用的温水温度可稍高些，达到 60 ℃左右；如果离体保存材料的冷冻管是玻璃管，解冻的水温则应相对低些。

7）再培养。解冻的离体保存材料体内残留的部分冷冻保护剂，对细胞的恢复生长有一定毒害作用，所以，在材料再培养前有必要清洗去除。常用再培养液体配方逐步添加到解冻的冷冻液中冲洗材料，使材料中的冷冻保护剂浓度明显下降，最后将材料转入新鲜的固体培养基中进行诱导再培养，使材料逐渐恢复生长。

（二）脱毒苗的繁育

脱毒苗作为原种，要经过大量扩繁，培育出健康、优质的种苗，才能在生产上应用，实现脱毒的意义。脱毒苗的扩繁主要采用无性繁殖方法，常见的主要有嫁接、扦插、压条、匍匐茎繁殖、微型块茎（根）繁殖和组织培养快速繁殖等。大多可使用组织培养方法，进行周年生产繁殖，但综合考虑成本和效率等问题，可根据不同的植物种类及其栽培特性选择各种方法。如马铃薯采用茎节扩繁及微型薯诱导法，甘薯采用剪秧扦插法，草莓采用匍匐茎繁殖法，百合采用鳞茎增殖法，果树可采用扦插或压条繁殖法等。在繁殖过程中，要注意保持种性、培育壮苗、提高效率，防止病毒的再次侵染。防止不同繁殖材料再感染病毒的措施见表 3-9-3。

表 3-9-3　防止不同繁殖材料再感染病毒的措施

繁殖材料	防止病毒再感染措施
原种苗	在网室内进行繁殖，防止蚜虫和叶蝉传播病毒
二级种苗	在隔离条件下的专用苗圃内进行繁殖，避免在重茬地繁殖脱毒苗
脱毒苗	培养土、繁殖器具设施、灌溉水使用前均要严格消毒； 生长期内定期地喷洒农药，及时杀灭蚜虫和其他昆虫，避免昆虫咬食而传播病毒； 田间生长时及时去除病株或弱株，避免病毒的传播

　　目前，我国作物脱毒苗繁育生产体系：国家级（或省级）脱毒中心→脱毒苗繁育基地→脱毒苗栽培示范基地→作物无病毒化生产。脱毒中心负责作物脱毒、脱毒原种鉴定与保存和提供脱毒母株或穗条；脱毒苗繁育基地将脱毒母株或穗条在无病毒感染条件下繁殖生产脱毒苗；脱毒苗栽培示范基地负责进行脱毒苗栽培的试验和示范，在基地带动下实现作物无病毒化生产。

项目四　植物的器官培养

📖 **项目情景**

园艺植物的各种器官，如根、茎、叶、花、果实及种子等，均可进行离体培养。由于器官的种类不同，所以培养的方法、条件各不相同。利用植物器官进行离体培养，除可以进行无性快速繁殖外，还可以研究器官的功能及器官之间的相关性、器官的分化和形态建成等问题。

植物器官培养成功的关键，既要考虑植物本身的遗传因素，又要考虑外界的环境因素，当外植体选择不恰当或培养条件不合适，就可能会出现污染、褐化、黄化、玻璃化等现象，导致离体诱导失败。因此，在培养过程中，要做好科学的试验设计，养成严谨的做事态度。

🎯 **学习目标**

➤ **知识目标**

1. 了解植物营养器官及生殖器官培养的概念。
2. 掌握植物营养器官及生殖器官培养的方法。
3. 掌握植物不同器官离体培养的发生途径及影响因素。

➤ **技能目标**

1. 能够准确选取植物器官培养的外植体并进行接种。
2. 能够根据植物不同部位器官的特点，进行愈伤组织的诱导及分化，获得再生植株。

➤ **素质目标**

1. 培养学生的团队协作能力、协调沟通能力及社会适应能力。

2. 培养学生自我学习的习惯、爱好和能力。

3. 培养学生严谨认真、勤于分析和归纳总结的能力。

4. 引导学生爱岗敬业、精益求精的工作态度。

5. 引导学生树立科学家精神。

任务一　植物营养器官的离体培养

⊙ 工作任务

● **任务描述**：植物营养器官培养主要是指对植物的根、茎、叶等器官进行的离体培养。本任务是在掌握植物根、茎段、叶片离体培养的方法、发生途径及影响因素的基础上，能够准确进行外植体的选取、消毒、接种、初代培养、继代培养及生根培养，获得再生植株。

● **任务分析**：植物营养器官，如根、茎、叶等在离体培养时，除茎尖可以继续生长外，其他器官通常不能保持已有的分化状态，而是通过细胞分裂，逐渐丧失原有的分化状态，形成愈伤组织（即脱分化）。在一定的培养条件下，经脱分化而新形成的愈伤组织中，产生一些分生细胞团，随后由其分化成不同的器官原基，形成新的器官，如不定芽、不定根等（即再分化）。

● **工具材料**：植物营养器官、操作台、消毒药品及工具、外源激素、常见培养基、镊子等。

📊 知识准备

一、植物离体根培养

离体根培养是研究根系的生理与代谢、器官分化、形态建成的优良试验体系。如碳素和氮素的代谢、无机营养的需求、维生素的合成与作用、生长素与其他活性物质的合成、氨基酸的释放、形成层中细胞的分裂分化、根与芽的相关性、器官分化、胚状体的分化、不定胚的分化等。由于根具有生长速度快、代谢旺盛、变异性小、离体培养时不受微生物的干扰等特点，能够根据研究需要，通过改变培养基的成分来研究其营养吸收、生长和代谢的变化规律。在生产上，通过建立快速生长的根无性繁殖系，可以进行一些重要药物的生产。有些化合物只能在根中合成，必须用离体根培养的方法才能生产该化合物。此外，对根细胞培养物进行诱变处理，可筛选出突变体，从而应用于育种实践。

1. 离体根培养的再生方式

（1）通过愈伤组织的途径形成不定芽，再进一步诱导不定芽产生根。或通过愈伤组织途径形成不定根，再进一步诱导不定根产生芽。

（2）某些品种的根，其愈伤组织细胞经过悬浮培养，可以得到大量的胚状体，进而由胚状体形成完整的小植株。

（3）兰科植物可以通过根尖的离体培养产生原球茎，再由原球茎发育成完整的小植株。

2. 离体根培养的方法

首先将植物种子进行表面消毒，在无菌条件下萌发，待根伸长后切取长为 0.5～1.5 cm 的根尖接种于预先配制好的培养基中（图 4-1-1）。一般根的培养物生长很快，几天后就能发出侧根，可切下进行培养，如此反复，就可得到由单个根尖形成的离体根无性繁殖系。培养时一般采用 100 mL 三角瓶，内装 40～50 mL 培养液。如果对离体根进行较长时间的培养观察，就要采用大型器皿，可采用 500～1 000 mL 三角瓶进行培养。根据需要可在三角瓶中添加新鲜培养液继续培养或将根进行分割转移进行继代培养。采用营养液流动培养的方法可防止培养过程中培养基成分变化对生长带来的一些影响。

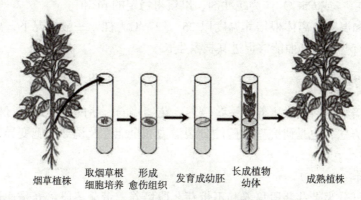

图 4-1-1　烟草根的培养

3. 影响离体根生长的因素

（1）基本培养基。离体根培养时一般选择无机盐浓度低的 White 培养基，也可以采用 MS、B5 等培养基，但必须将其浓度稀释到 2/3 或 1/2。

（2）基因型。不同种类植物的根对培养的反应不同，如番茄、马铃薯、烟草、小麦等植物的离体根能快速生长，并产生大量健壮的侧根，可进行继代培养而无限生长；萝卜、向日葵、荞麦、豌豆等植物的离体根需较长时间培养，但久之会失去生长能力；一些木本植物的离体根则很难生长。

（3）营养条件。离体根生长要求培养基中应具备植物生长所需的全部必要元素。在适合的 pH 值条件下，大量元素中硝酸铵是一种理想的氮源。微量元素对离体根的培养影响也很大，如缺硫会使离体根生长停滞；缺乏其他微量元素同样会影响到离体根的生长。蔗糖是双子叶植物离体根培养最好的碳源，其次是葡萄糖和果糖。在有些植物中，蔗糖的效果甚至比葡萄糖高 10 倍。在番茄培养时盐酸硫胺素是不能缺少的，否则番茄根的生长将立即停止，在适当的浓度内，它对生长的促进作用与浓度成正比。

（4）植物生长调节剂。不同植物离体根对生长调节剂的反应有一定的差异，如在樱桃、番茄等的培养过程中，生长素抑制离体根的生长；而在欧洲赤松、矮豌豆、玉米和小麦培养时，生长素促进离体根的生长；黑麦和小麦等一些变种离体根的生长依赖于生长素的作用。GA3 能明显影响侧根的发生和生长，加速根组织的老化；KT 则能增加根分生组织的活性，有抗老化的作用。

此外，其他条件改变也会影响到生长调节剂的作用，如在低浓度蔗糖（1.5%）条件下，KT对番茄离体根的生长有抑制作用，这是由分生区细胞分裂速度降低造成的，与此相反，在高浓度蔗糖（3%）条件下，KT能够刺激根的生长。另外，KT能够延长离体根分生组织的活性，起着抗老化的作用，并能与外加GA3和NAA的反应相拮抗。因此，生长调节剂的作用表现出一定复杂性。

（5）pH值。在番茄的离体根培养中，采用单一硝态氮源时，培养液的pH值应为5.2，而当用单一铵态氮源时，pH值以7.2为宜。在培养过程中，pH值的改变会影响到铁盐的吸收，进而影响番茄根的生长速度。使用非螯合态的铁，当pH值升高至6.2时，铁盐失效，造成培养液中缺铁。使用Fe-EDTA时，pH值为7也不会感到缺铁。一般可采用$Ca(H_2PO_4)_2$或$CaCO_3$作为缓冲剂，以获得稳定的pH值。

（6）光照和温度。离体根培养温度以25～27℃为佳，一般情况下，离体根均进行暗培养，但也有些植物光照能够促进其根系生长。

二、植物离体茎培养

植物的茎培养包括茎段培养、鳞茎培养、花茎培养。茎的培养是进行植物的离体快速繁殖常用的方法，也是研究茎细胞的分裂潜力和全能性及诱导细胞变异与突变体的获得等。

1. 茎段培养

茎段培养可分为带芽茎段培养和不带芽茎段培养。带芽茎段培养是通过芽到丛芽的途径获得再生植株，如月季花、北美冬青等；不带芽茎段培养是通过愈伤组织途径产生不定芽来获得再生植株，如猕猴桃。

2. 鳞茎培养

鳞茎培养一般采用带有鳞茎盘的基部鳞片作为外植体，诱导率和成球率最高。不带鳞茎盘的鳞片诱导速度和诱导率很低，并且形成的小鳞茎体积很小。而不带鳞片的鳞茎盘切块则无法诱导出小鳞茎。宜采用鳞茎培养的有水仙、百合、朱顶红等石蒜科和百合科植物。

3. 花茎培养

花茎培养是用幼嫩的花茎作为外植体。有的植物是在花茎切断上直接产生不定芽，如甘蓝。而大多数植物的花茎培养都是通过愈伤组织途径产生不定芽。

三、植物离体叶培养

叶是植物进行光合作用的器官，也是某些植物的繁殖器官。叶器官包括叶原基、叶柄、叶鞘、叶片、叶肉、子叶。植物叶培养是指以植物的叶器官为外植体进行离体培养的技术。离体叶培养主要用于研究叶形态建成、光合作用、叶绿素形成等。此外，叶细胞培养物是良好的遗传诱变系统，经过自然变异或人工诱变处理可筛选出突变体在育种实践中加以应用。

1. 离体叶培养的发生途径

叶器官在适宜的培养条件下，可以产生不定芽、胚状体、愈伤组织、成熟叶（由叶原基发育而成）。主要有以下两种方式：

（1）外植体直接产生不定芽。叶组织离体培养后，由离体叶片切口处组织迅速愈合并产生瘤状凸起，进而产生大量的不定芽；或由离体叶面表皮下栅栏组织直接脱分化，形成分生细胞，进而分裂成分生细胞团，产生不定芽。

（2）经由愈伤组织产生不定芽。叶组织离体培养后，首先由离体叶片组织脱分化成愈伤组织，然后由愈伤组织再分化出不定芽；或者脱分化形成的愈伤组织经继代后诱导不定芽的分化。

叶器官的许多部位几乎都能以不定芽和胚状体的方式产生再生植株。如虎眼万年青可从叶片伤口处直接形成不定芽；许多植物可从叶柄或叶脉切口处形成愈伤组织，再进一步分化出不定芽；花生幼叶培养可产生体细胞胚；甘薯叶原基可诱导胚性愈伤组织。需要注意的是，有些植物具有"条件化效应"现象，即从再生植株上取得的外植体已经具有了被促进的形态发生能力。如厚叶莲花掌的叶外植体在培养基里不能产生再生植株，而花茎切段则可以。用再生植株的叶片作为外植体，75% 的叶片可以形成再生植株。

2. 影响叶培养的主要因素

（1）基因型。不同的植物种类在叶组织培养特征上有一定的差异，同一个物种的不同品种间叶组织培养特性也不尽相同。

（2）植物生长调节剂。植物生长调节剂在植物叶组织培养中起着重要作用，叶组织一般要经过愈伤组织阶段，即经过脱分化与再分化过程。其生长调节剂比例控制器官发育模式，影响器官形成。例如，许智宏（1986）在烟草叶片培养中发现低浓度 NAA 与不同浓度的 6-BA 配合或 6-BA 单独使用均能形成大量的芽，以含有 NAA 者茎叶生长较好，且很少有根的形成；反之则明显地促进根和愈伤组织的形成。

（3）植株的叶龄。一般个体发育早期的幼嫩叶片较成熟幼嫩叶片分化能力高。

（4）其他因素。极性也是影响某些植物叶组织培养的一个较为重要的因素。一些烟草品种的离体叶片若将背叶面朝上放置时，就不生长、死亡或只形成愈伤组织而没有器官的分化。

对离体叶片进行的损伤有利于愈伤组织的形成。大量的叶片组织培养证明，大多数植物愈伤组织首先在切口处形成，或切口处直接产生芽苗的分化。但是，损伤引起的细胞分裂活动并非诱导愈伤组织和器官发生的唯一动力。一些植物（如秋海棠）还可以从没有损伤的离体叶片组织表面大量发生。

（5）培养基类型。叶培养常用的培养基是 MS、Heller 等。有时附加水解酪蛋白（1 mg/L）、椰乳（15%）、酵母提取物，可以增强培养效果。

任务要求

在任务实施过程中，首先是叶片的选择，一般发育早期的幼嫩叶较成熟期叶片分化能力高，易于培养。离体叶片培养一般要求表皮朝上平放于培养基上，这样易于培养成活。注重无菌操作，确定适宜的灭菌时间，防止灭菌过度。接种工具灼伤灭菌后要充分冷却后再接种，防止造成叶片、叶柄烫伤。

任务实施

以叶片离体培养为例，进行营养器官的离体培养。叶组织培养的一般方法如下：

（1）外植体取材。从生长健壮、无病虫害的植株上，选取植物的叶原基、叶片或叶柄等。

（2）外植体消毒。经流水冲洗干净，经 70% 酒精消毒后，用 0.1% 升汞溶液消毒 5～8 min，一般幼嫩叶的消毒时间宜短些，再用无菌水冲洗 3～5 次。

（3）外植体处理。将消毒后的叶片转入铺有滤纸的无菌培养皿内，用解剖刀切成 5 mm×5 mm 左右的小块，然后上表皮朝上接种于固定培养基上。

（4）培养基准备。叶培养常用的有 MS、B5、White、N6 等基本培养基。附加物中碳源一般都使用蔗糖，浓度为 3% 左右。生长调节剂是影响叶组织脱分化和再分化的主要因素，对大多数双子叶植物的叶来说，培养中细胞分裂素特别是 KT 和 6-BA 有利于芽的形成，而生长素 NAA 有利于根的发生，添加 2，4-D 有利于愈伤组织的形成。此外，还需要添加椰子汁等有机添加物，以利于叶组织中的形态发生。

（5）培养条件。叶组织一般在温度为 25～28 ℃、光照时长为 12～14 h/d、光照强度为 1 500～2 000 lx 的条件下培养，不定芽分化和生长期应将光照强度增加到 3 000～10 000 lx。

（6）再生途径及培养周期。叶培养的再生途径为愈伤组织，需要培养 30 d 以上。

考核评价

考核评价表见表 4-1-1。

表 4-1-1　考核评价表

序号	考核内容	分值	赋分
1	外植体选取合理	3	
2	外植体消毒方法得当，污染率低	2	
3	操作流程规范	3	
4	培养基配制合理	2	
	合计	10	

任务二　植物生殖器官的离体培养

工作任务

● **任务描述**：植物生殖组织培养是指利用植物的花器官、幼果或种子进行离体培养的方法。本任务是在掌握植物花器官、幼果或种子离体培养的方法、发生途径及影响因素的基础上，能够准确进行外植体的选取、消毒、接种、初代培养、继代培养及生根培养，获得再生植株。

● **任务分析**：植物生殖器官的培养不仅可以用来进行植物的离体快速繁殖，而且可以用来进行花的性别决定及果实发育方面的研究。

● **工具材料**：植物生殖器官、操作台、消毒药品及工具、外源激素、常见培养基、镊子等。

知识准备

一、植物离体花器官培养

植物离体花器官的培养是指对植物的整朵花或花的组成部分（包括花托、花柄、花瓣、花丝、子房、胚珠、花粉、花药等）进行离体培养的技术。植物花器官培养的特殊用途是进行花性别决定、果实和种子发育、花形态发生等方面的研究。

将植物未开放的花蕾或花托、花柄、花瓣、雄蕊等花器官在适宜的条件下进行培养。其植株的再生方式可能有以下几种：

（1）通过愈伤组织途径分化出丛芽（不定芽）。

（2）通过愈伤组织途径，部分品种会同时存在两种不同的再生方式，即从愈伤组织上分化出胚状体和不定芽。

（3）在外植体上直接分化出不定芽，将不定芽转接到新的培养基上，会从芽上产生白色或浅绿色的小凸起，小凸起逐渐发育为胚状体，在胚状体上又形成次级胚状体，许多胚状体聚集在一起形成胚状体团。胚状体团可以进行继代培养，尤其是转入浅层液体培养基中进行静止培养，其增殖速度比在固体培养基中更高。

将胚状体转移到适宜的培养基上，可以发育成植株。胚状体或胚状体团可以在含有一定量的生长素的培养基上形成愈伤组织。愈伤组织在添加一定量的细胞分裂素的培养基上可以分化出不定芽。如授粉或未授粉的花蕾在适宜条件下培养，可形成成熟果实，其已在人参、番茄和葡萄等植物中成功获得了与天然果实相似的果实状结构，并在离体条件下将它们培养；成熟花椰菜的花托可直接再生不定芽；蝴蝶兰的花梗腋芽可直接萌发形成丛生芽；菊花的花托、花瓣和诸葛菜的花托与花序轴可先形成愈伤组织，再形成不定芽。

二、幼果的离体培养

幼果培养是指对植物不同发育时期的幼小果实进行离体培养的技术。幼果培养的特殊用途是进行果实发育、种子形成和发育方面的研究，方便地进行果实内构变化与营养、激素、外界条件等关系的研究，以探究果实发育的机制。

1. 果实发育的研究

选取已经授粉 2～3 d 或更多天数的花进行培养，培养出来的果实，大多含有有生命力的种子。在授粉之前进行离体培养的花，子房并不能发育成果实，也就不含种子。

这证明了授粉对于促进果实生长的重要性。

在对授粉的花进行培养时，如果花萼存在，某些植物可以得到正常大小的果实，并含有生活力的种子，这证明了花萼参与了子房和种子的成熟过程。虽然加入吲哚乙酸、赤霉素或细胞分裂素能够促进子房的伸长，但并不能替代花萼的良好效应，并且这些生长调节物质对于子房中胚珠和胚的发育并非有利。

2. 由果实再生植株的研究

将幼果的果肉进行培养，可以诱导出愈伤组织。将愈伤组织转移到适宜的培养基上，会有不定芽的分化。

三、种子的离体培养

植物种子培养是指对受精后发育不全的未成熟种子和发育完全的成熟种子进行离体培养的技术。种子培养的特殊用途是打破种子休眠，缩短生活周期；挽救远缘杂种，提高杂种萌发率等。

将成熟或未成熟种子经过适当灭菌处理后，在适宜培养条件下，种子可形成小植株、愈伤组织和丛生芽或不定芽。种子因包含植物雏形，并有胚乳或子叶提供营养，很容易培养成功。培养基组成对种子培养结果有一定影响，如果种子培养是以促进种子萌发、形成种子苗为目的，那么成熟种子所用培养基的成分可简单，并不加生长调节剂，而未成熟种子所用培养基的成分应适当增加，并需要添加生长调节剂。如胡萝卜不同发育期的种子，经培养后可形成种子苗。如果种子培养的目的是形成愈伤组织或丛生芽，进一步再生植株，培养基中应提供营养物质，并添加不同种类和浓度的生长调节剂。种子培养对糖浓度的要求较低，一般为 1% ～ 3%。

通过不同发育时期种子的离体培养，可进行种子休眠的发生时期及部位的研究。如对向日葵不同发育时期种子的离体培养研究发现，向日葵种子整体休眠时期发生在生理成熟之前，胚胎萌发率从受精后的第 19 d 明显下降，至第 23 d 萌发率为 0。休眠现象发生在胚根及上胚轴部位，而且首先发生在胚根上，赤霉素可以打破种子休眠。

任务要求

利用花器官进行离体培养，一定要注意外植体的发育时期。因此，在任务实施过程中，要根据花粉的发育时期，选择大小适宜的花蕾。由于外植体较小，操作时要注意避免夹坏。

任务实施

以花药离体培养为例，进行生殖器官的离体培养。

1. 材料的选择与处理

（1）花粉发育时期。选择合适的花粉发育时期，是提高花粉植株诱导成功率的重要因素。被子植物的花粉发育可分为四分体期、单核期（小孢子期）、二核期和三核期（雄配子期）4 个时期。单核期和二核期又可分为前期、中期、晚期。对大多数植物来说，花粉发育的适宜时期是单核期，尤其是单核中期、晚期。此时，单核晚期花粉中形成的大液泡已将核挤向一侧，又称为单核靠边期。

（2）花粉发育时期的检测。一般将植物的花药置于载玻片上压碎，加 1 ～ 2 滴醋酸洋红染色，再进行电镜检，以确定花粉发育时期。水稻等植物的花粉处于单核期时尚未积累淀粉，在进入三核期后的花粉开始积累淀粉，因此可用碘 - 碘化钾染色鉴定。

此外，花粉发育时期与花蕾或幼穗大小、颜色等特征之间有一定的对应关系，可供田间采样时参照。如白菜单核期的花蕾为 0.3 ～ 0.4 cm，茄子单核靠边期的花蕾为 1.2 ～ 1.5 cm。

（3）材料预处理。将采集的花蕾或花序进行适当的处理能提高花粉植株诱导频率。其主要处理方法有低温、离心、低剂量辐射、化学试剂（如乙烯利）处理等。其中，低温处理是最常用的方法，将禾谷类植物带叶鞘的穗子或其他植物的花蕾用湿纱布包裹放入塑料袋中，置于冰箱冷藏。例如，烟草在 7 ～ 9 ℃放置 7 ～ 14 d，小麦、大麦在 7 ℃放置 7 ～ 14 d，水稻在 10 ℃放置 14 ～ 21 d 可大幅度提高诱导率。

2. 表面消毒

花药培养时，一般消毒程序比较简便。由于花蕾未开放时，花药处于无菌状态，常以 70% 酒精棉球擦拭材料外表或浸润片刻即可，也可用 0.1% 升汞溶液浸泡 3 ～ 5 min，或漂白粉溶液浸泡 5 ～ 10 min，最后用无菌水冲洗材料 3 ～ 5 次备用。

3. 接种

在超净工作台上用镊子剥去部分花冠，露出花药，夹住花丝，取出花药接种到 MS 培养基上。注意不要直接夹花药，以免损伤。接种密度宜高，以促进"集体效应"的发挥，有利于提高诱导率。对于花器很小的植物，可能需要借助解剖镜夹取花药。

4. 培养

将培养材料置于温度为 25 ～ 28 ℃、光照强度为 2 000 ～ 10 000 lx、光照时间为 12 ～ 18 h/d 的条件下培养。

5. 植株形态发生

花粉植株的形成有两条途径：一是花药中的花粉形成愈伤组织，愈伤组织经再分化诱导成苗；二是花粉分化成胚状体而直接成苗。

 考核评价

考核评价表见表 4-2-1。

表 4-2-1　考核评价表

序号	考核内容	分值	赋分
1	外植体选取合理	3	
2	外植体消毒方法得当，污染率低	2	
3	操作流程规范	3	
4	培养基配制合理	2	
合计		10	

项目五　植物组织离体培养

项目情景

　　由于离体植物组织培养对研究植物的形态发生、器官发生、植株再生、植株脱病毒等十分有利，而且植物组织培养理论基础的建立多是以离体组织为研究对象的，因此，组织培养在整个离体培养研究中占有十分重要的地位。

学习目标

➤ 知识目标

1. 了解植物组织和植物组织培养的概念。
2. 掌握植物分生组织和愈伤组织的特点，分生组织离体培养与愈伤组织离体培养的区别。
3. 掌握植物组织离体培养的发生途径。

➤ 技能目标

1. 能够根据植物分生组织的特点，选取茎尖进行脱毒培养。
2. 能够进行愈伤组织的离体培养，进行愈伤组织的诱导及分化，获得再生植株。

➤ 素质目标

1. 培养学生的团队协作能力、协调沟通能力及社会适应能力。
2. 培养学生自我学习的习惯、爱好和能力。
3. 培养学生严谨认真、勤于分析和归纳总结的能力。
4. 引导学生爱岗敬业、精益求精的工作态度。
5. 引导学生树立科学家精神。

任务一　　植物分生组织培养

工作任务

● **任务描述**：植物分生组织培养是指对植物的分生组织进行离体培养的技术。其包括植物根尖、茎尖等顶端分生组织和形成层组织的培养。其中，以茎尖培养的研究最为深入。由于茎顶端分生组织具有连续器官分化能力，离体培养极易形成再生植株，同时，由于幼嫩的分生组织病毒难以侵入，有利于获得无病毒植株。因此，茎尖培养广泛应用于植株再生、脱病毒及形态建成等生产与理论研究。

● **任务分析**：当前研究最多、发展最快的是茎尖培养，以茎尖为外植体进行离体脱毒培养。技术环节包括取材与表面消毒、茎尖剥离与接种、芽的分化与增殖及生根培养等。

● **工具材料**：植物分生器官、操作台、消毒药品及工具、外源激素、常见培养基、镊子等。

知识准备

一、植物分生组织和植物分生组织培养的概念

1. 植物分生组织的概念

分生组织是一群具有分生能力的细胞，能进行细胞分裂，增加细胞的数目，使植物不断生长。分生组织可从两个方面进行分类，即根据存在位置和细胞来源进行分类。

（1）根据存在位置分类。

1）顶端分生组织位于根、茎及其分枝顶端。由于它们的活动，使根、茎得以伸长，长出侧根、侧枝、新叶和生殖器官（图5-1-1）。

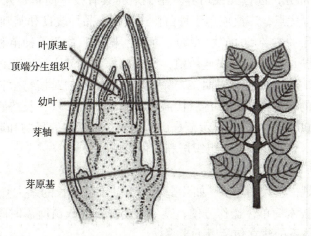

叶原基

顶端分生组织

幼叶

芽轴

芽原基

图 5-1-1　顶端分生组织

2）侧生分生组织纵贯根、茎，位于其周围靠近器官边缘的部分，一般为一、二层细胞所构成的圆筒形或带状结构。其包括维管形成层（即形成层）和木栓形成层。

3）居间分生组织位于成熟组织之间，是顶端分生组织在某些器官中的局部区域的保留。其主要存在于多种单子叶植物的茎和叶中。

（2）根据细胞来源分类。

1）原分生组织由来源于胚的、没有任何分化、始终保持分裂能力的胚性细胞——顶端原始细胞及相邻的接近原始的细胞组成的原始细胞层组成，位于根、茎及其分枝顶端的最前部分。当一个原始细胞分裂时，其中一个子细胞继续保持原始细胞的持续分裂能力，维持自身的存在，另一个子细胞经过几次分裂产生许多衍生细胞。

2）初生分生组织由原分生组织衍生的细胞组成。存在于根、茎及其分枝顶端最前方的原分生组织后面。细胞形态上已出现了最初的分化，它们在离根或茎的顶端一定距离处，可区分出原表皮层（由它分化产生植物的表皮系统）、原形成层（由它分化产生植物的初生维管组织）和基本分生组织（由它分化产生植物的基本组织）三部分，但仍具有很强的分裂能力。其是由未分化的原分生组织向完全分化的成熟组织过渡的组织类型。

3）次生分生组织是由成熟组织细胞，经历生理上和形态上的变化，脱离原来的成熟状态（即脱分化），重新恢复细胞分裂能力而转变成的分生组织。木栓形成层是典型的次生分生组织。

2. 植物分生组织培养的概念

植物分生组织培养是指对具有细胞分裂活动特性的植物组织进行体外生长和繁殖的一种技术。其包括植物根尖、茎尖等顶端分生组织和形成层组织的培养。其中，茎尖培养广泛应用于植物再生和脱病毒研究，主要特点是都具有很强的分裂与分化能力，离体培养时可以形成完整植株。

二、茎尖培养的分类

茎尖培养是指对植物顶端的原分生组织和它衍生分生组织的培养，切取茎的先端部分或茎尖分生组织部分，进行无菌培养。茎尖培养具有技术简单、操作方便、易成活、成苗所需的时间短等优点，广泛应用于种苗快速繁殖、品种改良和基础理论研究。此外，茎尖培养还主要用于脱毒苗的生产。草莓、苹果、樱桃、葡萄等种苗利用植物组织培养方法结合茎尖培养脱毒技术进行快速繁殖，迅速获得大量健康优质脱毒种苗。采用茎尖培养草莓脱毒苗可缩短草莓繁殖周期，去除植物体内积累的对植物生长结果抗性有影响的病毒，保持亲本的优良性状，草莓后代遗传性稳定，生长快，长势旺，茎叶粗壮，繁殖系数高达 50～100 倍，在生产上示范推广速度快。根据培养目的和取材大小，茎尖培养可分为普通茎尖培养和茎尖分生组织培养两种类型。

1. 普通茎尖培养

普通茎尖培养是指较大的茎尖（如几毫米乃至几十毫米长的茎尖）、芽尖及侧芽的培养。这类茎尖培养技术简单，操作方便，茎尖容易成活，成苗所需时间短，能加快繁殖速度。其无菌培养体系的建立包括以下步骤：

（1）取材。以快速繁殖为目的的普通茎尖培养，可以从植株的茎、藤或匍匐枝上切取数厘米的嫩梢；用于茎尖分生组织培养的实验材料，则可切取较短的嫩梢或休眠的顶芽。

（2）消毒。将采到的嫩梢留顶部长 0.5 ～ 1 cm，并将叶片除去；休眠芽预先除去鳞片。将嫩梢或休眠芽用流水冲洗 30 min，在 75% 的酒精中浸泡 5 ～ 10 s，然后用 0.1% 的升汞溶液浸泡 5 ～ 8 min，再用无菌水冲洗数次。

（3）组织分离。在解剖显微镜下，用尖头镊子固定嫩梢，用解剖针剥去幼叶和叶原基，使生长点露出来。切下顶端 0.1 ～ 0.2 mm 长的部分（含 1 ～ 2 个叶原基）作培养材料，接种在培养基上。切取分生组织的大小，由培养的目的来决定。要除去病毒，茎尖尽量切小些。但是分生组织越小，培养越困难。一般来说，根据病毒种类切取 0.5 ～ 1 mm 大小的茎尖，就可以将病毒除去。如果不考虑除去病毒，只注重快速繁殖，则可取大点的茎尖，也可以取整个芽。

（4）茎尖的防褐化处理。微小的茎尖，在培养中会变褐死亡，可采用抗氧化剂（如半胱氨酸）处理以延缓酚氧化。将刚剥离后的茎尖浸入过滤灭菌的 50 ～ 200 mg/L 的半胱氨酸溶液中进行清洗，或将 50 ～ 200 mg/L 的半胱氨酸溶液过滤灭菌后加入固体培养基的表面，都可以有效防止茎尖材料的褐化。

2. 茎尖分生组织培养

茎尖组织培养脱毒效果好，后代稳定，是目前培育脱毒苗最广泛和最重要的一个途径。

茎尖分生组织培养，也叫微茎尖培养，主要是指对长度不超过 100 μm（0.1 mm）的茎尖进行培养。严格地说，茎尖分生组织仅限于顶端圆锥区，其长度不超过 0.1 mm，最小的仅有十几微米。用这种茎尖分生组织培养，可以获得无病毒植株。但在实际生产中，较小的茎尖较难取得，而且成苗时间也较长，因此，在茎尖分生组织培养中，往往采用带有叶原基的生长锥进行培养。在无菌条件下将茎尖分生组织切割下来进行培养，可以获得叶原基脱病毒植株。

（1）茎尖增殖途径与生长方式。茎尖组织经适当培养后，可能发育的方向有：芽萌发；产生不定器官或胚状体；形成愈伤组织。茎尖离体后在适宜的培养条件下生长分化，最终经芽萌发形成小枝，这一途径变异小，成苗容易，是茎尖培养获得无病毒苗和进行植株再生的理想方式。不同大小的茎尖，经过诱导，可以有不同的发育方向。一般比较大的茎尖，通常发育成丛芽。而茎尖较小时，茎尖分生组织通常趋向于形成胚性愈伤组织或非胚性愈伤组织。胚性愈伤组织进一步分化出胚状体；非胚性愈伤组织则分化出不定根或不定芽。此外，还与培养基中植物生长调节物质的种类与浓度密切相关。一般来讲，培养基中加入一定量的生长素类物质（IAA、NAA）或细胞分裂素，或两者按一定比例加入，有利于茎尖的生长和芽萌发。2，4-D 常诱导外植体形成愈伤组织，在以快速繁殖和脱毒为目的的茎尖培养中应避免使用。对于较大的茎尖外植体，在不含生长调节物质的培养基中也能形成完整植株。

（2）茎尖接种后的生长情况主要有 4 种：

1）生长正常。生长点伸长，基本无愈伤组织形成，叶原基的发育扩大与生长点的伸长同时进行，1 ～ 3 周形成小芽，4 ～ 6 周长成小植株。

2）生长停止。接种物不扩大，渐变褐色至枯死。此情况多因剥离操作过程中茎尖受伤。

3）生长缓慢。即茎尖不见明显增长，但颜色逐渐转绿，最后形成绿色小点。其原因可能是茎尖进入休眠状态，或生长素浓度偏低，或培养温度低所致。这说明培养条件不合适，要迅速调整培养基，将茎尖转移到 NAA 高于 0.1 mg/L 的培养基上，并适当提高培养温度。

4）生长过快。即接种后茎尖明显增大，随即在其基部产生大量疏松半透明的愈伤组织，茎尖难以伸长，色泽较淡。说明所用生长素浓度偏高，或使用了 2，4-D，或培养温度过高。此时应及时转入无生长素的培养基上，降低培养温度，抑制愈伤组织生长，促进其分化。

三、影响茎尖分生组织培养的因素

培养基、外植体及其生理发育时期、培养条件、热处理等因素都会影响离体茎尖的再生能力和脱毒效果。

1. 培养基类型

茎尖培养常用的基本培养基有 MS、B5。其中，MS 培养基适用于大多数双子叶植物，B5 培养基适用于多数单子叶植物。研究发现，培养基中无机盐浓度高不利于茎尖和芽的生长分化，因而，一些改良的培养基，如含 1 mg/L 维生素 B_1、不加肌醇的 1/2 MS 培养基对单子叶植物和双子叶植物都较适合。选用生长素时应避免使用 2，4-D，它常能诱导外植体形成愈伤组织。茎尖培养一般使用固体培养基，但在固体培养基能诱导外植体愈伤化的情况下可进行滤纸桥液体培养。

2. 外植体位置

茎尖最好取自生长活跃的芽上，如培养菊花的顶芽茎尖比培养腋芽茎尖效果好，但每个枝条只有一个顶芽，为增加脱毒植株总数，即使腋芽比顶芽表现差，也可以采用腋芽。取芽的时间也很重要，表现周期性生长习性的树木更是如此，如温带树种应在春季取材。

3. 外植体大小

不同植物或同一植物要脱去不同病毒所需茎尖大小不同，茎尖应小到足以根除病毒，大到足以发育成一个完整的植株。因此，在最适培养条件下，外植体的大小决定茎尖外植体的接种存活率和脱毒效果，如木薯茎尖长为 0.2 mm 时，能形成完整植株，小的茎尖则形成愈伤组织或只能长根。通常脱毒效果与茎尖的大小负相关，茎尖越小，脱毒效果越好。葡萄进行茎尖脱毒培养，切取的茎尖大小为 0.2～0.3 mm 时，脱毒率为 91.4%～97%；当茎尖在 0.5 mm 以上时，脱毒率仅为 70.6%～76.5%。但是培养茎尖的成活率则与茎尖的大小正相关，茎尖越小，茎尖内营养和水分越难长时间维持，成功率越低，对剥离技术要求也越高。

因此，在实际应用中既要考虑到脱毒效果，又要提高其成活率，一般切取 0.2～0.5 mm，带 1～2 个叶原基的茎尖作为培养材料，叶原基的存在与否影响分生组织形成植株的能力。一般认为，叶原基能向分生组织提供生长和分化所必需的生长素和细胞分裂素。

4. 培养条件

茎尖在离体培养中，培养温度一般为 23～27 ℃，但因植物种类的不同有时需要较高或较低的温度。不同植物茎尖培养适宜的光照强度与光周期不同，但大多数植物茎尖培养需要在光照下进行，一般光培养效果比暗培养效果好。光照强度为 1 000～3 000 lx，光照时长为 16 h/8 h 明暗交替或 24 h 连续光照，有利于茎尖生长和分化。某些植物茎尖培养的不同阶段对光照的需求不同，在培养初期，茎尖非常小，光照强度应弱一些；随着茎尖的生长和叶片的开展，光照强度应逐渐增大，以利于展开的叶片充分地进行光合作用，合成有机物质。例如，马铃薯茎尖培养初期的最适光照强度为 1 000 lx，4 周后增加到 2 000 lx，当茎尖长至 1 cm 时，光照强度还应进一步增强到 4 000 lx，光照时间也随之延长。但有些植物茎尖培养需要完全暗培养，天竺葵茎尖培养需要一个完全黑暗时期，这可能有助于减少酚类物质的抑制作用。

任务要求

通过查阅资料，能够根据茎尖分生组织离体脱毒培养的操作流程设计培养方案；能对茎尖进行有效的选择及消毒处理；掌握微茎尖剥离的方法；切取茎尖的位置准确、大小合适；熟练操作茎尖脱毒的生产流程；脱毒率和分化率高，但污染率低。

任务实施

茎尖分生组织脱毒培育一般包括取材与表面消毒、茎尖剥离与接种、芽的分化与增殖及生根培养等环节。按照茎尖培养的一般流程方法进行茎尖离体培养。

1. 无菌培养的建立

（1）外植体的选择。植物茎尖培养所用的外植体为茎尖或茎的顶端分生组织。顶端分生组织细胞分裂旺盛、生命力强，但其区域仅是长度不超过 0.1 mm 的茎尖顶端圆锥区。在培养过程中，由于外植体太小，很难成功培养。在实践中，茎尖培养多切取茎尖顶端分生组织及其下方的 1～2 个幼叶原基区域，长度为几毫米的茎尖或更大的芽进行培养。

（2）外植体的消毒。茎尖外植体区域是无菌的，但其茎尖外表面往往是带菌的，切取外植体前需要对茎芽材料进行表面消毒。尤其是带顶芽或腋芽的茎段需经严格灭菌处理，进行表面消毒。茎芽材料带菌情况很复杂，受植物种类、季节、生长期、生长环境、栽培管理等因素影响。常用的消毒方法是流水冲洗后，叶片包被紧实的芽（如菊花、菠萝、姜和兰花等）只需在 75% 酒精中浸蘸数秒即可；叶片包被松散的（如蒜、麝香石竹、马铃薯等）要用 0.1% 次氯酸钠溶液表面消毒 10 min。

（3）茎尖的剥离。茎尖分生组织外植体非常小，肉眼几乎看不到，剥离过程需要在超净工作台上进行。将消毒后的外植体放到铺有灭菌滤纸的培养皿中，置于体视显微镜（放大倍数为 8～40 倍）下进行解剖。剖取茎尖时，用无菌细镊子将其固定，逐层用解剖刀（针）将叶片和叶原基剥掉，直至暴露出顶端生长点（呈锥形），用解剖刀小心切取所需部分。通常切取茎尖大小依培养目的而定，为了得到脱毒苗，切取茎尖为 0.2～0.5 mm；为了快速繁殖，可切取几毫米的茎尖区域，可以带有 1～2 个叶原基，也可以不带。

剥离茎尖时，注意不要损伤生长点，然后接种到培养基中培养。同时，要防止由于超净工作台的气流和解剖镜上钨灯的散热使茎尖变干，可使用冷光源，或在衬有湿滤纸的无菌培养皿内进行解剖，暴露的时间越短越好。由茎尖长出的新茎芽可直接形成完整植株，或对无根茎芽进行根的诱导，不能生根的茎芽可嫁接到健康砧木上，以获得脱毒植株。

（4）茎尖的接种。剥离的茎尖直接接种在离体培养基上进行培养。一般使用固体培养基，以 White 和 MS 培养基作为基本培养基，尤其是提高钾盐和铵盐的含量会有利于茎尖的生长。培养基中生长素与细胞分裂素的比例影响器官发生的方向，植物种类、部位、季节不同，对于植物生长调节剂的反应也不同。为了使茎尖顺利地发育成健壮完整的植株，重点是生长调节剂的使用。在进行茎尖微繁时，使用 3 种类型的生长调节剂：第一类是生长素，用得最多的是 NAA，其次是 IAA；第二类是细胞分裂素，如 6-BA、KT，细胞分裂素在促进不定芽产生上效果显著；第三类是 GA3，它往往有利于茎尖的伸长和成活，需要的浓度较低，一般为 0.1 mg/L，浓度太高会产生不利影响。

较大的茎尖在不含生长调节剂的培养基中也能形成完整植株，但加入 0.1～0.5 mg/L 的生长素或细胞分裂素或两者兼有常常是有利的。2，4-D 常能诱导外植体形成愈伤组织，应避免使用。

2. 继代培养

为了增加培养物的数量，必须进一步繁殖，使之越来越多。增长使用的培养基对同一材料来说，每次几乎都是相同的。由于培养材料在最适宜的条件下培养，排除了其他生物的竞争，就能够按几何级数增殖。经过连续不断的继代培养，达到应繁殖的数量后，再进入下一阶段进行壮苗和生根。

3. 生根培养

矿质元素浓度高时有利于发展茎叶，较低时有利于生根，因此，生根培养一般选用无机盐浓度较低的培养基作为基本培养基。MS 培养基无机盐浓度较高，在生根时多采用 1/2 MS 或 1/4 MS。一般生根培养基中要完全去除或仅用很低浓度的细胞分裂素，并加入适量的生长素，如 NAA、IBA 等。生根培养基中的糖浓度要降低到 1.0%～1.5%，以促使植株增强自养能力，同时降低培养基的渗透势，有利于完整植株的形成和生长。

 考核评价

考核评价表见表 5-1-1。

表 5-1-1　考核评价表

序号	考核内容	分值	赋分
1	操作熟练，工作效率高	2	
2	茎尖外植体剥离完整	3	
3	茎尖脱毒培养技术操作规范	3	
4	茎尖培养的脱毒率和分化率高，污染率低	2	
	合计	10	

任务二 　　　　　　　　　　**植物愈伤组织培养**

 工作任务

●**任务描述**：通常离体的植物组织或细胞，在培养了一段时间以后，会通过细胞分裂形成愈伤组织，其细胞排列疏松而无规则，是一种高度液泡化的呈无定形状态的薄壁细胞。植物愈伤组织培养是利用特定的条件，促进细胞脱分化，脱分化产生的愈伤组织继续进行培养，又可以重新分化成根或芽等器官，这个过程叫作再分化。再分化形成的试管苗经过移栽可以发育成完整的植物体。

●**任务分析**：以叶片、花器官等为外植体进行离体培养，往往会产生愈伤组织，经脱分化及再分化，形成试管苗。掌握愈伤组织诱导的条件及影响因素，提高愈伤组织的诱导率及分化率，可以有效提高组织培养育苗工厂化生产的可能性。

●**工具材料**：植物分生组织、操作台、消毒药品及工具、外源激素、常见培养基、镊子等。

知识准备

一、植物愈伤组织培养的概念

　　植物愈伤组织最初是指植物受到机械损伤时，在愈合伤口处长出的一团瘤状凸起。该瘤状凸起内的细胞相对于植物体内成熟体细胞已发生了脱分化的变化。在植物组织培养领域，愈伤组织通常是指离体组织或器官进行离体培养时，经植物细胞脱分化和不断增殖所形成的无特定结构的组织。如将植物的根、茎、叶、果实、子房、花粉、花瓣等各种器官或组织与母体分离并培养在含有适宜浓度植物激素的培养基上时，它们就可能转变为一种能迅速增殖的细胞团，即愈伤组织（图 5-2-1）。

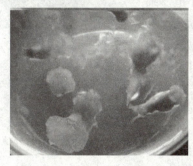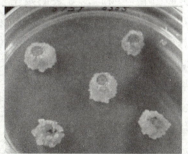

图 5-2-1　植物愈伤组织

　　愈伤组织培养是将外植体接种到人工培养基上，在激素作用下，进行愈伤组织诱导、生长和分化的培养过程。植物的各种器官及组织，经培养都可以产生愈伤组织，并能不断继代增殖。愈伤组织可用于研究植物脱分化和再分化、生长和发育、遗传变异、育种及次生代谢产物的生产等。愈伤组织还是悬浮培养的细胞和原生质体的来源。因此，愈伤组织是植物离体培养的良好试验材料。

二、植物愈伤组织培养的基本过程

植物愈伤组织培养是植物组织培养过程，植物的细胞、组织、器官等均可作为外植体进行离体培养。愈伤组织的诱导就是从培养的植物材料获得愈伤组织，从外植体脱分化形成典型的愈伤组织，大致可分为诱导期、分裂期和形成期3个阶段。

1. 诱导期

诱导期又称为启动期，是愈伤组织形成的起点。离体培养的成熟细胞在分裂前内部会发生一系列的变化。一些刺激因素（如机械损伤、改变光照强度、增加氧等）和激素的诱导作用，会使外植体细胞的合成代谢活动加强，迅速进行蛋白质和核酸等物质的合成，诱导细胞开始分裂。此时，外植体已分化的活细胞在外源激素的作用下，通过脱分化启动而进入分裂状态，并开始形成愈伤组织。外植体的细胞处于静止状态，从外观上未见明显变化，但实际上细胞内一些大分子代谢动态已发生明显改变，是细胞正准备进行分裂的时期。

诱导阶段的长短取决于该细胞原来的生理状态、培养基中植物生长调节剂的种类、含量和相对比例及培养条件的因素。如菊芋的诱导期只需1 d，胡萝卜的诱导期则需要几天时间。一般培养材料细胞的分化程度越高或越成熟，进行脱分化诱导也就越困难，需要的时间也就越长。用于诱导愈伤组织的植物材料是由已经分化的成熟植物细胞组成的，如叶片是由表皮、叶肉和叶脉3部分组成的，其构成的各种类型细胞均为已经分化的成熟细胞，大部分已经丧失了分生能力，不能进行细胞分裂。根据植物细胞全能性理论，已高度成熟和分化的植物细胞，也还保持着恢复到分生状态的能力。外源植物生长调节剂对诱导细胞分裂效果最好，其在植物愈伤组织培养中得到广泛的应用。因此，依据实际情况，可通过调整生长调节剂的种类和浓度来诱导细胞进行分裂。

2. 分裂期

外植体细胞一旦经过诱导，其外层细胞便开始分裂，使细胞脱分化。因此，分裂期是指外植体细胞通过分裂方式，经过诱导脱分化，不断分裂，增生子细胞的过程（图5-2-2）。此阶段，细胞从静止期进入分裂期，恢复分裂能力。外植体切口边缘开始膨大，外层细胞通过一分为二的方式进行分裂，从而形成一团具有分生状态的细胞组织过程。此时愈伤组织的特征是细胞分裂快，结构疏松，缺少有组织的结构，维持其不分化的状态，颜色浅而透明。

图 5-2-2　植物叶片外植体开始脱分化

如果在原培养基上继续培养，细胞将不可避免地发生分化，产生新的结构，但将组织块及时转移到新鲜的培养基上，则愈伤组织可无限制地维持在不分化的增殖状态。

外植体的脱分化因植物种类和器官及其生理状况而有很大差异，如烟草、胡萝卜等脱分化较容易，而禾谷类植物的脱分化较困难；花器官脱分化较易，而茎、叶较难；幼嫩组织脱分化较易，而成熟的老组织较难。

3. 形成期

形成期也称为分化期，是指外植体的细胞经过诱导、分裂形成了具有无序结构的愈伤组织时期。此阶段停止分裂的细胞发生生理代谢变化，出现形态和功能各异的细胞。其细胞主要特点有细胞分裂部位和方向发生变化。分裂期细胞主要进行平周分裂（局限于组织外缘并于组织周缘平行的分裂），从而使创伤形成层的细胞呈辐射状排列。在愈伤组织表层细胞分裂减缓，并停止，内部较深处的愈伤组织细胞开始分裂，分裂面的方向发生了改变，大量分裂的细胞冲出表层细胞，出现了类似于维管束或顶端分生组织的瘤状结构外表，从而使活跃生长的愈伤组织形成一种"瘤状结构"。在愈伤组织中，可形成维管组织，但通常并不形成维管系统，而是呈分散的节状和短束状结构，它可由木质部组成，或由木质部、韧皮部形成层组成。

在所有生长调节剂中，细胞分裂素对木质部诱导作用比较明显。细胞的形态大小保持相对稳定，体积不再减小，愈伤组织不再增殖，出现了各种类型的细胞，如管胞、筛胞、薄壁细胞、石细胞、色素细胞等。

在愈伤组织的形成过程中，尽管在形态上可以划分出启动、分裂和形成三个时期，但实际这些时期的界限并不是十分严格，尤其是分裂期和形成期，它们往往可以在同一组织块上观察到。所以，根据组织和细胞的形态、结构、大小及一系列生理生化代谢水平划分为三个时期，只是便于更好地了解愈伤组织生长时的相对状况。

三、愈伤组织的发生途径及形态发生

植物外植体细胞在适宜的培养条件下，经过脱分化过程和持续的细胞分裂而形成愈伤组织。在愈伤组织中形成一些分生细胞团，随后再分化出各种器官原基（根或芽）或形成胚状体，进而发育成苗或完整植株，这一过程称为再分化。通常，来自不同植物外植体的愈伤组织，其质地和物理性状差异很大。有的很紧密坚实，有的很疏松脆弱或呈胶质状；有的呈淡黄色，有的呈白色或淡绿色等。根据组织学观察、外观特征及其再生性、再生方式等，愈伤组织分为胚性愈伤组织和非胚性愈伤组织两大类。

由愈伤组织再分化形成完整植株，可经过器官发生和胚状体发生两条途径实现。

1. 器官发生途径

愈伤组织的器官发生途径是愈伤组织先在一种培养基上诱导形成芽（或根），再在另一种培养基上诱导形成根（或芽）的过程。

愈伤组织的器官发生顺序有4种情况：一是愈伤组织仅仅有芽或根器官的形成，即无根的芽或无芽的根；二是先形成芽，芽形成后，在其茎基部长出根，从而形成小植株，多数情况如此；三是先形成根，再从根的基部分化出芽，形成小植株，这种情况较难诱导芽的形成，尤其对于单子叶植物；四是在愈伤组织的邻近不同部位分别形成芽和根，然后两者结合起来形成一株小植株。

愈伤组织培养中器官发生分为3个不同阶段：一是细胞增殖或离体外植体脱分化形成愈伤组织；二是愈伤组织中形成一些分生细胞和瘤状结构；三是在一定条件下，分生细胞逐渐转变成为纵轴上表现出单向极性器官原基，即分化出芽和根。

当外植体形成愈伤组织后，可通过调整植物生长剂比例促使芽和根的分化。一般来说，生长素有利于愈伤组织形成根，细胞分裂素可促进愈伤组织形成芽。

2.胚状体发生途径

愈伤组织的胚状体发生途径是由愈伤组织形成类似种子中的胚，同时产生芽端和根端的结构，称为胚状体，所以这一途径称为胚状体发生。在离体条件下，培养细胞经脱分化后，发生持续细胞分裂增殖，并顺次经过原胚期、球形胚期、心形胚期、鱼雷形胚期和子叶期，最终形成具有胚芽、胚根、胚轴的胚状结构，进而长成完整植株。能够产生胚状体的愈伤组织常见于胡萝卜、芦笋、玉米和小麦等植物。

细胞经由胚状体方式形成完整植株，与不定芽和根的发生相比，有以下3个特征：一是具有两极性；二是胚状体与外植体维管组织之间无直接联系；三是胚状体维管组织分布呈"Y"形。

愈伤组织的体细胞胚发生顺序有两种方式：一是从培养中的器官、组织、细胞和原生质体直接分化成胚，中间不经过愈伤组织；二是外植体先愈伤化，然后由愈伤组织细胞分化形成胚，这种情况比较常见。

四、影响愈伤组织培养的因素

细胞愈伤组织形态的发生主要是受外植体、培养基和培养条件三大类因素的调控。

1.外植体选择

（1）外植体类型。植物细胞都具有全能性，能够再生新植株，任何器官、任何组织、单个细胞和原生质体都可以作为外植体。但实际上，不同品种、不同器官之间的分化能力有巨大差异，培养的难易程度不同。为保证植物组织培养获得成功，选择合适的外植体是非常重要的。

（2）外植体选取的器官和部位。通常同一种植物的不同器官或组织所形成的愈伤组织，无论在生理上或形态上，其差别均不大。但是对有些植物而言，确有明显差异。如油菜的花器官比叶、根等易于分化成苗，水稻和小麦幼穗的苗分化频率也比其他器官要高。可以诱导植物组织培养产生愈伤组织的材料，包括植物体的各个部位，如茎尖、茎段、花瓣、根、叶、子叶、鳞茎、胚珠和花药等。

番木瓜以下胚轴为外植体可以诱导愈伤组织形成；草莓茎尖培养可以获得脱毒苗，茎尖在接种到诱导培养基上，紧贴培养基的茎尖切口处开始膨大，颜色变淡，半个月左右切口处膨大产生愈伤组织，颜色为淡绿色，一个月后，愈伤组织转为淡黄色、颗粒状，体积增大。

（3）外植体发育时期。组织培养选择材料时，要注意植物的生长季节和生长发育阶段，对大多数植物而言，应在其开始生长或生长旺季采样，此时材料内源激素的含量高，容易分化，不仅成活率高，而且生长速度快，增殖率高。若在生长末期或已进入休眠期时采样，则外植体可能对诱导反应迟钝或无反应。花药培养应在花粉发育到单核靠边期取材，这时比较容易形成愈伤组织。百合在春、夏季采集的鳞茎、片，在不加生长素的培养基中，可自由地生长、分化；而其他季节则不能。年龄较幼的外植体，不仅易于诱导形成愈伤组织，而且也容易诱导分化成植株。年龄越老，当转移到分化培养基上生长时，其苗分化频率越低。因此，在组织培养中，及时转移已形成的愈伤组织进行分化培养，可大大提高苗的分化频率。

（4）外植体大小。培养材料的大小根据植物种类、器官和目的来确定。通常情况下，快速繁殖时叶片、花瓣等面积为 5 mm²，其他培养材料的大小为 0.5 ~ 1.0 cm。如果是胚胎培养或脱毒培养的材料，则应更小。材料太大，不易彻底消毒，污染率高；材料太小，多形成愈伤组织，甚至难以成活。

2. 培养基

（1）培养基类型。很多培养基都能诱导出愈伤组织，但不同类型的材料对培养基的反应不同。愈伤组织的生长要求较高的盐浓度，无机盐浓度较高的 MS、LS、BS 培养基有利于愈伤组织诱导，同时，液体培养方式好于固体培养方式。

（2）植物生长调节物质。培养基的各种成分和物理性质都对器官发生产生一定影响，但起决定作用的仍然是培养基中的激素，诱导愈伤组织常用的激素有 2，4-D、NAA、IAA、KT 和 6-BA。其中，2，4-D 诱导效果最好。例如，绝大多数禾谷类作物在含 2，4-D 的培养基上可诱导形成愈伤组织，然后转接到不含 2，4-D 或含适当浓度 NAA 或 IAA 的培养基上，可诱导产生不定芽或体细胞胚，分化产生的芽苗通常需要再转接到含生长素的培养基诱导生根。将番木瓜幼嫩的下胚轴段接种到不同的愈伤诱导培养基上，培养 4 ~ 5 d 后发现在 KT 的作用下，外植体开始膨大成形状各异的愈伤组织，而没有添加 KT 的培养基上，外植体没有明显膨大。例如，在柑橘子叶培养中，在 MS 中附加 1 mg/L NAA 和 0.2 mg/L 6-BA 培养基上形成的愈伤组织紧密坚实呈瘤状，而在 MS 附加 0.2 mg/L 2，4-D 和 0.2 mg/L 6-BA 培养基上形成的愈伤组织则疏松易脆。质地不同的愈伤组织，有时可以相互转变，有时则是不可逆的。培养基中加入高浓度的生长物质，可使坚实的愈伤组织变得松脆；反之，减少或除去生长物质，则松脆愈伤组织可转变为坚实的愈伤组织。

此外，不同生长素和细胞分裂素及两者的浓度配合比，对生根和长芽的效果不同。如 NAA 对生根的作用比 IAA 和 IBA 的效果好，用 IAA 和 IBA 处理，产生的根比较健壮，而 NAA 处理后产生的根则较纤细。当细胞分裂素 / 生长素比例高时，有利于芽的形成，反之则有利于根的形成。各种调节物质的浓度对愈伤组织生长影响也很大，在适宜激素浓度的培养基上培养，愈伤组织生长良好；如果浓度过低，愈伤组织生长缓慢；如果浓度过高，则抑制愈伤组织生长。

（3）无机营养元素。通常，愈伤组织在固体琼脂培养基上进行培养，培养基中添加特定营养素、无机盐、维生素等。其中，无机营养元素缺乏或过多或不足也会影响细胞生长和分化。一般来说，高浓度的铵离子会抑制次生代谢产物形成，而铵态氮的降低会增加次生代谢产物。无机磷酸盐对光合作用和糖酵解至关重要。

（4）有机成分。在培养基中加糖、VB₁、VPP、VB₂、肌醇和甘氨酸等，可以满足愈伤组织的生长和分化的要求。各种氨基酸和嘌呤、嘧啶类物质，可以促进器官分化。此外，培养基中还可以加一些植物器官的汁液，如椰子汁、麦芽汁、酵母提取物、番茄汁、荸荠汁、马铃薯汁、青玉米汁等，它们不仅提供一些生理活性物质，而且也补充一些微量元素成分。其中用得最多且有效的是椰子汁。

3. 培养条件

光照对器官的作用是一种诱导反应。一定的光照对小苗的形成、根的发生、枝的分化和胚状体的形成具有促进作用。多数植物愈伤组织的分化需要在光照下进行，也有少数植物表现为光照抑制愈伤组织分化，如光照对仙客来、一品红愈伤组织的分化不利，光照不同程度抑制其分化。一些愈伤组织培养物需要在黑暗的条件下生长，例如，高羊茅愈伤组织的分化，光照是必不可少的，但黑暗环境中愈伤组织诱导率比光照下高，且产生的愈伤组织形态结构较好。

很多研究表明，培养温度的高低对愈伤组织器官发生的数量和质量有影响。愈伤组织培养物通常在温度为（25±2）℃下生长良好，可以较好地形成芽和根。此外，培养基的 pH 值和培养物的通气情况影响次生代谢产物的生物合成。

任务要求

通过查阅资料，能独立设计愈伤组织离体培养的技术方案；能选取叶片或花器官为外植体离体诱导愈伤组织产生；配制适合愈伤组织的初代培养基和继代培养基；熟练掌握愈伤组织离体培养的操作流程；愈伤组织分化率高，污染率低。

任务实施

按照愈伤组织培养的一般流程方法进行离体培养。愈伤组织培养过程一般包括 4 个阶段：无菌培养的建立、中间繁殖体的增殖、诱导生根和试管苗的移栽。

（1）无菌培养的建立。此阶段进行植物材料选取、灭菌、切割、接种。以银苞芋的短缩茎为外植体进行离体愈伤组织的诱导。在无菌条件下，外植体经过脱分化，可形成愈伤组织。具体操作方法见项目七任务六。

（2）中间繁殖体的增殖。此阶段进行继代培养与分化。形成的愈伤组织可以进行继代培养，即将其分割成小块后再次接种到新鲜的培养基中继续培养，可扩大愈伤组织的数量，达到增殖目的。随后，愈伤组织可以在适当的条件下开始分化，形成不同的组织和器官。

（3）诱导生根。此阶段进行分化培养与生根培养。愈伤组织经过分化培养后，可以分化出芽和叶片等器官，形成完整的幼苗。当幼苗生长到一定程度后，可以进行生根培养，使其成为完整的植株。

（4）试管苗的移栽。将带有根系的试管苗进行驯化移栽。

考核评价

考核评价表见表 5-2-1。

表 5-2-1　考核评价表

序号	考核内容	分值	赋分
1	操作熟练，工作效率高	2	
2	外植体选取及消毒正确	3	
3	愈伤组织离体诱导操作规范	3	
4	愈伤组织的分化率高，污染率低	2	
	合计	10	

项目六 生产经营管理与市场营销

项目情景

　　组织培养企业经营管理关系到企业组织培养育苗生产质量水平，因此，要从经营思想、机构设置、生产管理等方面进行设计和管理，并结合市场需求和行情，实施营销策略、产品开发策略及销售策略。通过本项目的完成，旨在培养学生具备组织培养育苗生产经营管理与市场营销方面的基本素质和能力。

学习目标

➢ 知识目标

1. 了解商业化经营思想。
2. 掌握生产经营管理相关知识。
3. 掌握市场营销及产品销售相关知识。
4. 掌握工厂化育苗质量控制相关知识。

➢ 技能目标

1. 具备生产经营管理的能力。
2. 具备市场营销及产品销售的能力。

➢ 素质目标

1. 具备较强的人际沟通能力。
2. 具备团队营销能力和团队组织能力。
3. 具备语言与文字表达能力。
4. 有良好的思想品质和职业道德。
5. 具有不断学习、不断提高和更新知识的素质。

任务一　　　　　　　　生产经营管理

工作任务

● **任务描述**：本任务包括经营思想、机构设置、生产管理等，根据学习效果判定任务完成情况。

● **任务分析**：植物工厂化育苗生产经营管理要了解机构设置和经营思想，学生通过参与人员管理、生产过程管理和产品管理，模拟实际生产活动，完成各项管理。

知识准备

组织培养育苗工厂化生产所具有的技术性、工业性、农业性、规模性特点，决定了经营的风险性。良好的经营管理是进行组织培养工厂化生产的必要条件。

经营思想是从事经营活动、解决经营问题的指导思想，也是随着生产力发展而发展的。在经营思想指导下形成经营管理理论，经营管理理论用于指导生产经营实践，不断促进生产力发展。企业经营的目的是营利，效益就是企业的生命。组织培养育苗工厂化经营管理思想是以市场需求为导向的市场经营思想。脱离市场需求和行情，盲目生产而造成损失和浪费，或科研技术薄弱形不成批量生产，都不能提高经济效益。良好的经济效益来源于适度的生产规模、合理的预算、良好的产品质量、科学的经营管理。提高企业生产经营的经济效益，要了解市场，贴近市场，满足用户需求，根据用户的需求安排生产。组织培养育苗工厂化经营管理包括机构设置、生产管理（人员管理、生产过程管理）、产品管理（产品销售记录及产品售后管理）等方面。

一、机构设置

组织培养企业要合理设置组织机构和部门，将责、权、利三者结合，以人为本，在运营中做到分工合理、行动协调、权责相称、各司其职，建立各项合理激励机制管理制度，充分调动工作人员的积极性和主动性，提高运营效率，保证各项生产的正常运行。组织培养育苗工厂化生产的机构设置如图 6-1-1 所示。

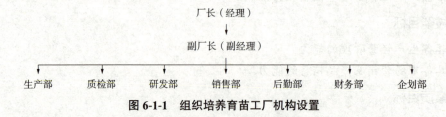

图 6-1-1　组织培养育苗工厂机构设置

二、生产管理

1. 人员管理

设置经济责任制，做到任务到人、责任到人，每个人都应十分明确自己的工作任务和职责。每项工作都有人负责，有人考核。领导干部的主要职责是贯彻执行董事会或职工代表大会的各项决议，遵守党和国家的各项方针、政策、法律，进行生产经营决策，采取各种措施，充分调动广大职工的生产积极性，努力调高经营管理水平，履行经济合同，完成生产经营计划，完成经济发展目标等。中层干部的主要职责是执行单位领导下达的生产经营计划，并组织实施，同时，建立植物组织培养育苗生产质量保证体系，完成组织培养育苗生产的数量和质量指标。班组长是生产一线的负责人，是基层生产人员经济责任制实施的主要组织者和考核者。班组长负责执行中层领导下达的作业计划，协调各生产岗位之间的生产活动，并认真做好原始记录和业务考核工作。

2. 生产过程管理

生产过程管理对企业尤为重要，其具体包括接种室灭菌、培养室光照温度控制、工人月工作量、药品购买及使用、培养基母液配制、培养基配制、培养基灭菌、日转接量、培养架管理等。

通过合理的规章制度对组织培养育苗生产过程中的人力、物力及生产技术各环节进行科学化、规范化、标准化管理，达到高产、优质、低耗、高效益的目的。同时，避免因人为失误造成人身及财产损失，防止产品质量事故的发生。其主要的规章制度有实验室管理规章制度，仪器设备操作规程，化学配药技术规程，培养基配制操作规程，接种无菌操作技术规程，组织培养育苗驯化移栽管理制度，育苗棚管理制度，采种扩繁登记制度，植物检疫制度，销售登记制度，用工管理制度和有关产品质量、产量、生产节约等的奖罚制度。

加强组织培养育苗生产的日常管理，定期对设备进行技术性能和安全性能的检查，及时排除故障隐患，确保设备始终处于正常工作状态。空调设备出风口每年至少应进行一次清洗和消毒处理；整体净化组织培养室每半年更换一次高效过滤装置，清洁通风管道；每天对高压蒸汽灭菌锅的安全性、消毒的可靠性进行检查；每半年对超净工作台进行清洁保养，并检查洁净度技术指标；生产车间必须保持干净卫生，做到每周使用消毒液（0.1% 新洁尔灭溶液等）清洁车间内部地面、门窗等。每天工作完成后开紫外线灯或臭氧发生器 2 h，对接种室和接种工作服进行日常性消毒；紫外灯按照每平方米 2 W 的比例进行配置，臭氧消毒时，内部空间保持 70% ～ 80% 的相对湿度，温度保持在 25 ～ 35 ℃，臭氧浓度为 10 ～ 20 mg/m³。定期检查培养室内漏雨及墙壁长霉情况，发现有霉菌时应及时去除，并用防菌涂料粉刷墙壁；做好材料接种转代记录，观察材料生长情况，清除污染和变异株。发现污染瓶，不应在培养间及走道内开启，立即转移至洗涤间，在 0.10 ～ 0.11 MPa、121 ℃条件下，灭菌 30 ～ 40 min，然后正常清洗，并对处理情况做记录。污染率若超过 3%，应及时反馈给操作人员及管理人员，协同进行原因分析，并采取相应的措施。根据长势进行择优去劣，调整配方，及时转接材料；坚持每天对水、电开关的安全检查，防止浪费和事故发生。

三、产品管理

每种组织培养育苗的产品均建立完整的档案，由生产部和销售部协同负责完成。其内容包括母株性状和种植（采样）地点、接种日期、继代代数、生产数量、销售地点、种植地点、生长状况等。每种产品用一个编号，便于查询和生产过程中的辨别，以确保产品质量和售后跟踪服务。

任务要求

教师分发任务，学生以小组为单位，通过查阅文献或走访企业调研，完成机构设置、人员管理、生产过程管理和产品管理等的调研报告。

任务实施

1. 准备工作

教师下发任务工单，介绍植物工厂化育苗经营管理中机构设置、经营思想及人员管理、生产过程管理和产品管理，学生以组为单位做好人员分工。

2. 分组完成任务

各学习小组通过查阅文献或就近走访企业，获得相关信息，完成机构设置、人员管理、生产过程管理和产品管理。

3. 组间交流与评议

各小组制作PPT，选派代表介绍本组的任务执行情况；小组之间相互评议，教师现场点评，提出修改意见和建议。

4. 完善经营管理内容

各小组在评议的基础上，修改相关内容，最终提交机构设置、人员管理、生产过程管理和产品管理内容。

考核评价

调研报告考核标准见表6-1-1。

表 6-1-1 调研报告考核标准

考核项目	考核标准	考核形式	分值
调查方法正确	通过文献或走访企业调查	教师评价 小组互评	2
调查内容陈述详细	内容与本次调研主体符合	教师评价 小组互评	3
调研结果	结论正确，能提出切实可行的改善建议	教师评价 小组互评	3
调研报告格式	层次清晰，语言通顺，符合调研报告格式	教师评价 小组互评	2
合计			10

任务二 市场营销

 **工作任务**

● **任务描述**：本任务包括营销策略、市场预测、产品营销及产品销售，学生利用业余时间进行市场调研，并撰写一份调研报告。

● **任务分析**：植物工厂化育苗市场营销涉及营销策略、市场预测、产品营销及产品销售。其内容包括销售合同的制定、营销策略、苗木包装与运输、售后管理等。本任务以起草销售合同和提升销售素质与技巧为重要实践内容，通过预设的情景，锻炼学生的销售策略、方法和技巧。

知识准备

一、市场营销

1. 营销策略

营销策略是指植物组织培养生产企业在经营方针指导下，为实现企业的经营目标而采取的各种对策，如市场营销策略、产品开发策略等。而经营方针是企业经营思想与经营环境结合的产物，它规定企业一定时期的经营方向，是企业用于指导生产经营活动的指南针，也是解决各种经营管理问题的依据，如在市场竞争中提出以什么取胜，在生产结构中以什么为优等都属于经营方针的范畴。经营方针是由经营计划来具体体现的。经营计划的制订取决于具体的条件下，如资金、技术、市场预测、植物组织培养的种类与品种的选择等。另外，还要根据选择的植物组织培养种类与品种，确定种植地区，包括种植区的气候、土质、交通运输及市场、设备物资的供应、劳动力的报酬等。植物组织培养生产企业在经营方针下，最有效地利用企业经营计划所确定的地理条件、自然资源、植物种类生产要素，合理地组织生产。

2. 市场预测

（1）市场需求的预测。植物组织培养生产企业进行预测时，首先要做好区域种植结构、自然气候、种植的植物种类及市场发展趋势的预测。例如，花卉种苗在昆明、上海、山东等鲜切花生产基地就有相当大的需求市场，而马铃薯在华北地区、东北地区、华东地区北部种植面积大，种苗市场需求量大。

（2）市场占有率的预测。市场占有率是指一家企业的某种产品的销售量或销售额与市场上同类产品的全部销售量或销售额之间的比率。影响市场占有率的因素主要有组织培养植物的品种、种苗质量、种苗价格、种苗的生产量、销售渠道、包装、保鲜程度、运输方式和广告宣传等。市场上同一种植物种苗往往有若干企业生产，用户可任意选择。这样，某个企业生产的种苗能否被用户接受，就取决于与其他企业生产的同类种苗相比，在质量、价格、供应时间、包装等方面处于什么地位，若处于优势，则销售量大，市场占有率高；反之就低。

3. 产品的营销

产品的营销是指运用各种方式和方法，向消费者提供产地产品信息，激发购买欲望，促进其购买的活动过程。产品的促销要点：第一，要正确分析市场环境，确定适当的营销形式。种苗市场如果比较集中，应以人员推销为主，它既能发挥人员推销的作用，又能节省广告宣传费用。种苗市场如果比较分散，则宜采用广告宣传，这样可以快速全方位地将信息传递给消费者。第二，应根据企业实力确定营销形式。企业规模小，产量少，资金不足，应以人员推销为主；反之，则以广告为主，人员推销为辅。第三，还应根据种苗产品的特性来确定。当地产品种苗供应集中，运输距离短，销售实效强，多选用人员推销的策略，并及时做好售后服务、栽培技术推广工作。对种苗用量少，稀有品种，则通过广告宣传媒体介绍，吸引客户。第四，根据产品的市场价值确定产品的营销形式。在试销期，商品刚上市，需要报道性地宣传，多用广告和营业推销；产品成长期，竞争激烈，多用公共关系手段，以突出产品和企业的特点；产品成熟饱和期，质量、价格等趋于稳定，宣传重点应针对用户，保护和争取用户。此外，产品的营销还可参加或举办各种展览会、栽培技术推广讲座和咨询活动，引导产品开发。

二、产品销售

组织培养苗木的销售涉及销售合同的签订、组织培养苗木的包装与运输及售后管理。

1. 组织培养苗木销售合同

在销售组织培养苗木之前，需要与购买方签订组织培养苗木购买合同，条款内容涉及产品名称、型号、单位、数量、单价、包装及运输、货款结算方式、交货地点、违约责任、争议解决方式等。下面为组织培养苗木购销合同样例，仅供参考。

×××组织培养苗木购买合同

甲方：×××公司

乙方：×××公司

经甲乙双方协商，在平等协商的基础上签订本合同。

（1）内容。合同内容见表6-2-1。

表 6-2-1　合同内容

序号	产品名称	型号	单位	数量	单价	小计
1	×××		瓶	6万瓶	12元	72万元
2	×××		瓶	8万瓶	15元	120万元
3	×××		瓶	10万瓶	16元	160万元
4	×××		瓶	12万瓶	18元	216万元

（2）包装及运输。包装要符合运输要求，由于包装不当造成的损失由甲方承担，由甲方负责送货到乙方种植基地，运费由甲方承担，实际交付前的一切由甲方承担。

（3）验货方法。按照本合同甲乙双方约定的产品名称与数量要求在乙方单位抽箱验苗，如发现瓶少，全部按少瓶数的箱计算结账；不符合质量要求的瓶苗，经甲乙双方确认后，由乙方汇总装箱返回，由此产生的相关费用由甲方承担。

（4）货款结算方式。货款结算方式为×××、×××、×××和×××组织培育苗木到达乙方所指定的种植基地，经验收合格后分批次付清货款。

（5）交货地点及合同期限。交货地点为乙方明确指定的各个种植基地，合同期限为一年，甲方根据乙方指定的种植基地每月交付×××万瓶，直到全部交付完毕。

（6）违约责任。甲乙双方应严格遵守合同，不得违约，如有违约，按照国家相关法律法规规定协商解决。

（7）争议解决方式。凡本合同的效力、履行、解释等发生的一切争议，双方均应首先友好协商解决，协商不成时，双方均可以依据《中华人民共和国民法典》向甲方所在地人民法院起诉。

（8）合同的变更或解释。甲乙双方均应严格遵守本合同，不得随意变更或解除合同（双方协商一致并签订、签署书面文件的除外）。

（9）合同未尽事宜。须经双方另行协商并签署书面文件，与合同具有同等法律效力。

（10）生效及其他。本合同自双方签字盖章之时生效，共一式四份，甲乙双方各执两份，各份均具有法律效力。

（11）其他未尽事宜由双方协商解决，另签协议。

甲方：（签章）　　　　　　乙方：（签章）

经办人：　　　　　　　　　经办人：

地址：　　　　　　　　　　地址：

电话：　　　　　　　　　　电话：

年 月 日　　　　　　　　　年 月 日

2.组织培养苗木的包装与运输

（1）包装。由于销售的组织培养苗木商品形式的多样性，其包装材料也不同。当销售的是瓶苗时，多用硬纸板或木条箱包装；当销售的是驯化移栽成活后的穴盘苗时，可选用多层周转筐或穴盘专用包装集运箱；当销售的是达到定植苗龄的组织培养苗木时，可选用草包、蒲包、聚乙烯袋、涂沥青不透水的麻袋和纸袋等。同样的包装材料，运输时间越长，苗木在不利环境中所处的时间也越长，水分丧失就越多，活力下降更快。因此，在选择包装材料时，要根据组织培养苗木的商品形式、环境条件、存放与运输条件及时间长短等因素选择最适合的包装材料。

包装可选用包装机或手工包装。组织培养苗木要求分类、分级包装，便于装卸和管理。如果是瓶苗或穴盘苗可用上述包装材料直接装箱；如果是从穴盘苗中取出的裸根苗，要先将湿润物放在包装材料上，然后将苗木根对根放在上面，并在根间加些湿润物（如苔藓和湿稻草等），放苗到适宜质量时，将苗木卷成捆，用绳子捆住，但捆时不宜太紧。也可将组织培养苗木根系蘸泥浆、浸水或用水凝胶蘸根等方式保护根系，防止根系水分蒸发。

包装后外面附标签，注明树种名称、苗龄、苗木数量、等级和苗圃名称、联系方式及地址等。

（2）运输。组织培养苗木根据运输距离的远近选择不同的运输工具。公路运输灵活、方便、快捷，是中短途和部分长途运输常用的运输工具，是在普通货车上加一个类似于集装箱的保温箱或制冷保温箱；冷藏保鲜车是在普通保温箱内加装制冷设备，自动调节运输中箱体内的温度、湿度。气调冷藏保鲜车是在冷藏车的基础上加上气调装置，保温车或冷藏保鲜车是未来冷链系统的主体，是组织培养苗木运输的发展方向。水路运输行驶平稳、载运量大、运费低，并可以与货车联运，十分方便；铁路运输四通八达、速度快、运费低、运货量大，铁路货车主要有篷车、敞车、保温车、冷保车或冷藏车、机保车和特种专用车等。航空运输快捷、损耗小，但运费较高，受气候条件制约。航空运输也是比较有前途、引人注目的运输业。

一般组织培养苗木运输要求的低温条件为 9 ～ 18 ℃，果菜苗的运输适温为 10 ～ 21 ℃，低于 4 ℃或高于 25 ℃均不适宜；结球甘蓝等耐寒叶菜苗为 5 ～ 6 ℃。有些喜温的花卉（如蝴蝶兰等）组织培养苗木要求运输温度略高些。

组织培养苗木在运输时，空气相对湿度以保持在 60% ～ 90% 为宜，采用防水纸箱或包装内衬塑料薄膜，可起到保温保湿作用。

3. 售后管理

组织培养苗木销售后，重点做好以下工作：一是建立组织培养产品、合同文本和客户的档案；二是热情接待客户的到访和来电来函咨询，及时、准确答复客户提出的问题，妥善处理客户的投诉；三是实行客户专人负责制，定期回访客户和举办联谊活动，捕捉销售信息，积极挖掘和拓展新客户；四是做好市场预测与销售统计分析，及时调整销售策略。

任务要求

教师分发任务，学生以小组为单位起草一份组织培养苗木购销合同。

任务实施

1. 起草组织培养苗木购销合同

学生根据任务工单要求，以组为单位起草一份组织培养苗木购销合同，要求格式正确规范，内容全面，文字简练，符合常规，不违背合同法等相关法律。

2. 预设情景

学生分组编写组织培养产品销售情景剧本，分组汇演，师生现场评议。

考核评价

调研报告考核标准见表 6-2-2。

表 6-2-2　调研报告考核标准

考核项目	考核标准	考核形式	分值
销售合同	销售合同书写规范	教师评价 小组互评	3
形象礼仪	职业装，举止得体	教师评价 小组互评	2

续表

考核项目	考核标准	考核形式	分值
购买洽谈	了解客户需求，与客户洽谈能把握方向	教师评价 小组互评	3
工作态度	有亲和力，达到销售效果	教师评价 小组互评	2
合计			10

任务三　工厂化育苗质量控制

 工作任务

● **任务描述**：以自己组织培养过的植物为例，在获得组织培养育苗的各个环节，严格进行质量标准控制。

● **任务分析**：在自己进行植物组织培养过程中，从外植体消毒、初代培养、继代培养、生根培养，到最后驯化移栽，都要严格按照质量标准要求完成各个环节。

知识准备

植物组织培养已成为农林药植物种苗快速繁殖的重要手段之一。以组织培养育苗生产为主的种苗生产企业遍布全国。但由于缺乏健全的质量管理制度和有效的生产监管措施，以及不健全的标准化生产技术体系，组织培养企业规模不同、质量管理不到位，造成种苗质量参差不齐，有些甚至给生产造成了巨大损失，整个组织培养行业面临着巨大的挑战。

以《植物种苗组培快繁技术规程》（DB33/T 752—2022）为参考，综合实际情况，把握生产流程中的每个环节进行工厂化育苗质量控制。

一、每个生产环节质量控制

1. 无菌体系的建立

外植体的来源可以是签订种苗繁育订单时由甲方提供，也可以是直接购买或企业自主研发的有前景的植物材料。要求再生能力强、遗传稳定性好、外植体灭菌容易。即选择适当生长期，具有优良基因型，且生长健壮的无病虫害植株，并选择合适时间（晴天或露水干后）、选取合理部位和合适大小外植体。

（1）预处理：种子预先浸泡 0.5 h 至数小时；嫩芽茎段（2～3 cm）、叶片（适当大小）、花梗（5 cm）、鳞茎（5 cm）、根（5 cm）都可作为外植体，用自来水进行初步清洗，部分材料需要加入数滴表面活性剂（吐温）20 或 80。

（2）外植体灭菌：灭菌过程中清洗所用的无菌水一般是 1.1～1.2 kg/cm²、121 ℃条件下灭菌 20～30 min。常用灭菌剂有酒精（70%～75%）、升汞溶液（0.1%～0.2%）、次氯酸钠溶液（0.5%～5%）等，灭菌时间5～30 min，不同品种、不同外植体部位有不同灭菌方式，一般采取酒精+升汞溶液相组合或单独使用次氯酸钠的方式。需要注意的是，灭菌时的具体操作，应尽量减少污染，同时注意灭菌时间控制准确。

（3）外植体接种：接种前，提前对不锈钢碟、无菌水、镊子、手术刀等灭菌（数量为适当多出估算值为宜）；对接种室内进行灭菌（紫外线灯30 min）；接种人员进入接种室更换拖鞋、穿试验服、戴口罩；超净工作台开机通风，用酒精喷壶或酒精棉对超净工作台消毒进行初步灭菌，准备好接种器械、培养基和接种用苗。在提取接种用苗时先观察是否污染，将母瓶或将灭菌好的外植体移入距风窗10～20 cm处的不锈钢碟，用镊子和手术刀（75%酒精擦拭，在酒精灯外焰灼烤10 s以上或在电热灭菌器中150～250 ℃灭菌30 s以上）分切至合理大小，再根据品种选择合理接种数量，小心分装至冷却的培养基中，盖好瓶盖，放入统一编号的塑料筐中，由管理人员进行清点记录品种代号、培养基类型、员工编号、接种日期、接种数量等信息后，转移至培养室，整齐放在培养架上，并做好标注。

2. 初代培养

培养室内应定期清洁和灭菌，随时注意光照时间（一般光周期16 h光照，8 h黑暗）、光照强度（某些情况需要避光处理，一般为1 000～6 000 lx，常用的为1 500～3 000 lx）、光质（一般为白炽灯）、温度［一般为（25±2）℃］、相对湿度（70%～80%）、通风状况等状况，其数值应该控制在标准值相差允许范围内。培养室内组织培养瓶放置好后应贴上对应标签，一般不随意移动。在培养过程中，对污染应间隔相同时间鉴定一次，做好记录，并送至清洗部。

（1）培养基配方确定：经过多次试验，确定其合理有效的培养基配方。该配方既能保证增殖系数，同时，也能将变异系数降至可以接受的范围内，最好能够综合考虑生产成本问题。如可以用质量较好的绵白糖代替蔗糖，用经过净化处理的自来水代替蒸馏水，用价格比较低的冷凝脂代替琼脂。对于组织培养企业而言，培养基配方是区别于其他企业的核心竞争力，并要求员工对此保密。

（2）培养基母液配制：为在误差允许范围内减少工作量，母液一般将基础培养中的无机盐类、有机营养物质、植物生长调节剂提前溶解，并放大一定倍数（10倍、100倍或更高），贴好标签置放于2～4 ℃冷藏室，待使用时取适量体积配制培养基。MS基本培养基母液及激素配制见附录。

（3）培养基制备：制备培养基时要严格按照配方和工艺流程操作，对每个步骤都做好记录备查。第一，在定量分装锅中注入2/3水并加热；第二，加入凝固剂、蔗糖，并不断搅拌均匀；第三，依次加入基础培养基和植物生长调节剂，不断搅拌使其溶解，并定容；第四，用提前配制好的氢氧化钠或稀盐酸调节pH值；第五，将培养基定量（一般为25～35 mL）分装到培养皿中，封好瓶口。

（4）培养基灭菌：灭菌前高压灭菌锅水位应位于高水位；锅内气压超过1.52×10^5 Pa会引起部分有机物质分解；灭菌时间到了后，气压表未归零前不能打开锅盖；一般情况下，高压灭菌锅在121 ℃下保持15～20 min即可达到灭菌效果。当培养基中含有高温下易分解或易变形物质时可考虑采用过滤除菌法，包括植物生长调节剂及抗生素类等。

（5）培养基储备：工厂化生产组织培养育苗时，由于培养基使用量大，接种或转接时间有可能在培养基制备之后的 1 ~ 2 d，所以不同日期或不同配方的培养基应贴上标签或用其他方式加以区分。

3. 继代、增殖培养

每隔一定时间都要对组织培养育苗进行转接，其转接和培养方法基本与外植体接种和初代培养相同。转接时，注意材料分切大小应合适、切除部位应合理、转接每瓶数量应合理，同时操作应规范，避免污染。注意增殖代数应合理，避免变异苗出现。不同日期或不同配方的培养基应贴上标签或用其他方式加以区分，以免混淆。在继代增殖过程中，为保证变异率较低和生产效益较高，经过多次试验后采用适宜增殖代数。

4. 壮苗

在增殖过程中，当苗量达到预期指标时，增殖芽容易出现生长势减弱，不定芽短小、细弱，难以生根，移栽成活率不高等现象。高浓度生长素和低浓度细胞分裂素的组合对于壮苗有很好的促进效果。在实际生产过程中，一般采用较低浓度细胞分裂素与生长素组成合理激素比例，并将有效增殖系数控制在 3.0 ~ 5.0 范围内，以期实现增殖和壮苗的双重目的。其具体操作过程基本类似于继代培养，但需要将生长较好的芽分成单株培养，而将一些尚未成型的芽分成芽丛培养，并更换培养基配方。不同日期或不同配方的培养基应贴上标签或用其他方式加以区分，以免混淆。

5. 生根培养

生长到一定大小的芽，经过壮苗之后，转接到生根培养基中，使其生根。根的优劣性主要根据根系质量（粗度、长度）和根系数量（条数）两个方面数据来判定。同时，要求不定根较为粗壮，并有较多毛细根，以达到扩大根系的吸收面积、增强根系的吸收能力、提高移栽成活率的目的。一般情况下，根系数量要求 3 条以上，根系长度要求 1 ~ 3 cm，并伴有新鲜根系生成。根过长，原有的根生活力下降，需要新根萌发才能恢复生长，因此缓苗期长；根过短，说明苗龄短，比较幼嫩，抗逆性差，易受到病虫害的侵染。一般长有根毛的组织培养育苗移栽成活率高。对大多数品种而言，诱导生根需要有适当浓度的生长素，最常用的为 NAA 和 IBA。具体过程基本类似于继代培养，但有的品种培养条件需要改变，同时更换培养基配方。不同日期或不同配方的培养基应贴上标签或用其他方式加以区分，以免混淆。

6. 驯化移栽

（1）炼苗驯化：由于生根过程在组织培养容器中进行，故从生根苗到成品苗是植物由异养转变为自养，同时对湿度要求高，为使移栽存活率达到要求范围内，所以炼苗驯化过程是必不可少的。培养瓶应放置于温室自然光下，温度一般控制在（25 ± 2）℃，炼苗 3 ~ 7 d。不同日期或不同配方的培养基应贴上标签或用其他方式加以区分，以免混淆。

（2）移栽：将驯化后的组织培养育苗从培养容器中小心取出，在清水中洗净培养基，同时盛放至标有编号的包装箱，标记日期，应尽快进行移栽。不同日期或不同配方的培养基应贴上标签或用其他方式加以区分，以免混淆。

（3）基质选择：基质起着固定幼苗，吸附营养液和水分，改善根际透气性的作用。选择基质时应通过试验选择出有利于组织培养幼苗生长最有利的基质品种和基质比例，即基质配方。常用泥炭土、珍珠岩、蛭石按照不同比例混配。确定时考虑基质来源是否易购买，综合成本因素。

（4）基质配制：在炼苗结束前半天或一天，根据其所需量提前进行配制。配制时需要对基质品种大致按照比例配制，如果基质需预处理，则应计算好时间提前做好安排。

（5）营养钵或穴盘填装基质：选择合适大小尺寸的营养钵或穴盘，用已配制好的基质填装，同时植入组织培养幼苗。为了促进幼苗尽快生根，可以在移栽前蘸取生根剂。移栽时可先浇水，将基质湿透，在基质上用竹签或木棍等工具插孔，再将幼苗放入，并用手将根部压实。移栽完整盘后，再淋一次水，起到固定幼苗并使根部与基质充分接触的作用。

7. 育苗

（1）温室育苗：已栽植小苗的营养钵或穴盘，编号后移至温室大棚，控制大棚温度（15～28℃）、相对湿度（60%～95%）、光照强度（4 000～8 000 1x）等培养环境指标，并定期浇水、施肥，经过一定天数后观察生长状况，决定哪一部分大田苗圃育苗，哪一部分需要继续温室育苗。

（2）大田苗圃育苗：温室育苗合格后，使苗在自然环境上再生长一段时间，确保其对自然环境已经适应，从而提高其存活率。

（3）分级、出圃：根据苗高、叶片数、叶色、生根率、生根数等指标对成品苗进行分级，同时采用合理的包装方式，尽可能地在运输过程中避免损耗。

（4）质量检查、检疫：每一批次商品苗均应进行病毒检验检疫，检验内容包括是否携带病毒、苗木外观、包装和标识等。检验合格后附上出厂报告方可销售。

（5）分级、出厂：每箱应有出厂报告，包括品种、等级、规格、数量、产地、出苗日期等。洗去琼脂的组织培养育苗应先放入小塑料盒再装入纸箱，而穴盘苗则应先装入小纸箱后装入大纸箱。装车时切勿倒置、挤压，应用有篷车辆运输以避免日晒、雨淋，高温季节应选用冷藏车，运输途中温度保持在10～15℃范围内，根据品种特性在3～5 d到达目的地。

8. 市场销售

根据客户需求进行销售，合理调整销售价格，合理安排供货时间，同时建立客户档案，记录资金到账时间及金额，便于对客户信用评价。

（1）市场跟踪、反馈：销售后，对商品后续的生产过程中的问题进行调查，统计苗木成活率，对组织培养育苗的成品经济价值进行统计，方便对问题针对性解决。

（2）改进：针对已有的问题进行分析改进，促进行业健康发展。

二、组织培养育苗质量标准

组织培养快速繁殖最终目的是快速获得大量后代。在实际生产中，根据组织培养企业规模、产品类别、生产品种，不同组织培养企业最后出厂商品苗形式一般为组织培养瓶苗和营养袋（杯）苗两类。组织培养瓶苗是指通过组织培养快速繁殖技术，经病毒检测合格的，在培养瓶中生长达到假植标准的根、茎、叶俱全的后代；营养袋（杯）苗是指分级假植于装有培养基质的一定规格营养袋（杯）中，可用于大田定植的植株。组织培养生产品种的区别导致组织培养育苗最后的标准不同，这也是组织培养产业标准化难以实施的一个重要原因。

对于大多数品种而言，组织培养瓶苗标准包括植株整齐度、整体感、根系状况、苗高、叶片等方面。整齐度：同一批次 90% 以上苗木整体生长态势达到要求；整体感：组织培养育苗充满活力，具有原品种特性，无玻璃化，无污染；根系状况：有新鲜根生长，数量一般要求 3 条以上，根色正常，根长适中，根粗适宜；苗高：组织培养育苗高度根据品种特性制定相应标准，如香蕉一般要求苗高为 3～5 cm；叶片：大小协调，层次清晰，色泽具有原品种特性，叶片数量根据品种确立标准，如香蕉一般要求 3 片以上，蝴蝶兰要求 2 片以上。

组织培养育苗营养袋（杯）苗标准包括植株整体感、根系状况、苗高、叶片、整齐度、病虫害等方面。整体感：营养袋（杯）苗形态完整，健壮、挺拔、新鲜；根系状况：具有完整而发达的根系，根系充满营养袋（杯），有新鲜根系，能轻易拔出但基质不散；苗高：茎挺拔，根据品种特性确定相应标准，如香蕉一般要求 8～12 cm；叶片：叶片形态完整，叶片大小协调，叶色具有原品种特性、有光泽，有较多叶片数，如香蕉一般要求 8 片以上，蝴蝶兰要求 3 片以上；整齐度：同一批次 90% 以上苗木整体生长态势达到要求；病虫害：无检疫性病虫害。在《东莞香蕉脱毒组培苗质量标准》（DB441900/T 06—2006）中对香蕉组织培养育苗的商品苗的质量要求做了详细划分，见表 6-3-1、表 6-3-2。

表 6-3-1　香蕉组织培养瓶苗质量标准

项目	指标		
	一级	二级	三级
假茎高 /cm	4.0～4.9	3.0～3.9	≤ 3.0
假茎粗 /cm	0.30～0.39	0.25～0.29	0.25
叶片数	≥ 4	3～4	≤ 3
假茎基部颜色	绿色或浅绿色	绿色或浅绿色	绿色或浅绿色
变异率 /%	≤ 2.0	2.1～3.0	3.1～5.0
带毒率	0		
品种纯度 /%	≥ 99	≥ 98	≥ 96

表 6-3-2　香蕉营养袋（杯）苗的质量标准

项目	指标		
	一级	二级	三级
假茎高 /cm	≥ 40	25～40	15～25
假茎粗 /cm	≥ 1.8	1.2～1.8	0.6～1.2
叶片数	13～15	7～13	4～6
叶色	正常		
变异率 /%	≤ 2.0	2.0～3.0	3.1～5.0
带毒率	0		
品种纯度 /%	≥ 99	≥ 96	≥ 95

在《花卉组培苗》（DB13/T 610—2005）中主要涉及的花卉品种有月季、菊花、非洲菊、丽格海棠、蝴蝶兰等，并对主要花卉组织培养瓶内生根苗质量等级和主要花卉组织培养移栽苗质量等级进行详细划分，见表 6-3-3、表 6-3-4。

表 6-3-3　主要花卉组织培养瓶内生根苗质量等级

序号	种名	一级					二级				
		苗高/cm	叶片/片	生根率/%	生根数/条	其他	苗高/cm	叶片/片	生根率/%	生根数/条	其他
1	月季（蔷薇科，蔷薇属）	≥2.5	≥5	≥95	≥5	无愈伤组织	≥1.5	≥3	≥85	≥4	轻微愈伤组织
2	菊花（菊科，菊属）	≥2.5	≥5	≥95	5	无愈伤组织	≥1.5	≥3	≥90	≥4	轻微愈伤组织
3	非洲菊（菊科，大丁草属）	—	≥7	≥95	≥7	无愈伤组织	—	≥4	≥85	≥4	轻微愈伤组织
4	丽格海棠（秋海棠科，秋海棠属）	≥2.0	≥5	≥95	≥5	无愈伤组织	≥1.5	≥3	≥85	≥4	轻微愈伤组织
5	蝴蝶兰（兰科，蝴蝶兰属）	—	—	100	5~6	叶片长≥5 cm 2叶1蕊	—	—	≥80	3~4	叶片长 3~4 cm 2叶1蕊

表 6-3-4　主要花卉组织培养移栽苗质量等级

序号	种名	一级				二级			
		苗高/cm	叶片/片	根系情况	其他	苗高/cm	叶片/片	根系情况	其他
1	月季（蔷薇科，蔷薇属）	≥5	≥8	完整、发达、新鲜	无病虫害	≥4	≥6	完整、较发达、新鲜	无病虫害
2	菊花（菊科，菊属）	≥5	≥8	完整、发达、新鲜	无病虫害	≥4	≥6	完整、较发达、新鲜	无病虫害
3	非洲菊（扶郎花）（菊科，大丁草属）	—	≥10	完整、发达、新鲜	无病虫害	—	≥7	完整、较发达、新鲜	无病虫害
4	丽格海棠（秋海棠科，秋海棠属）	≥4	≥8	完整、发达、新鲜	无病虫害	≥3	≥6	完整、较发达、新鲜	无病虫害
5	蝴蝶兰（兰科，蝴蝶兰属）	—	3叶1蕊	根长≥18 cm，根数≥10条	叶片挺立，发育好，无病虫害	—	2叶1蕊	根长≥15 cm，根数≥6 cm	叶片挺立，发育好，无病虫害

任务要求

学生结合自己平时的组织培养实践，能掌握组织培养过程中各个环节的质量标准要求。

任务实施

学生根据自己组织培养的植物，写出外植体无菌处理、初代培养、继代培养、生根培养及驯化移栽过程中的标准要求。

考核评价

组织培养育苗生产过程质量控制考核标准见表 6-3-5。

表 6-3-5　组织培养育苗生产过程质量控制考核标准

考核项目	考核标准	考核形式	分值
外植体预处理	灭菌剂选用合理，消毒时间科学，操作规范	教师评价 小组互评	2
初代培养	培养环境参数设置科学，对污染瓶苗处理得当	教师评价 小组互评	2
继代培养	切分材料大小合适，操作规范	教师评价 小组互评	2
生根培养	根系数量和长度符合标准	教师评价 小组互评	2
驯化移栽	基质选择正确，驯化移栽过程符合标准要求，成活率高	教师评价 小组互评	2
合计			10

项目七 植物工厂化育苗生产实例

项目情景

植物组织培养技术是一种利用植物细胞的全能性，通过无菌操作将植物的组织、器官或细胞在人工控制的条件下进行培养，以获得再生植株或具有经济价值的其他产品的技术。组培生产最大的优势是生长周期短、繁殖率高、培养条件可控、便于管理、有利于工厂化生产和自动化控制，可以在短时间内大批量培育出所需的植物新个体，防止植物病毒的危害，极大地提高农业生产效率。因此，许多园林花卉（包括盆花、草花、切花）和园林树木开展组培技术研究并进行组培苗工厂化生产。

学习目标

➤ 知识目标

1. 了解不同园林花卉和树木工厂化育苗生产技术流程。
2. 掌握不同园林花卉和树木的工厂化组织培养方法。

➤ 技能目标

1. 能根据不同植物特点，设计并制定工厂化育苗技术流程。
2. 能根据不同植物的工厂化育苗技术流程进行外植体选取与消毒、初代培养、继代培养、生根培养以及炼苗移栽。

➤ 素质目标

1. 具备较强的动手实操能力。
2. 具备一定的数据整理分析能力。
3. 具备严谨认真、精益求精的工匠精神。

子项目一 ● 园林花卉工厂化育苗技术

常见盆花工厂化育苗技术

任务一　蝴蝶兰

蝴蝶兰（*Phalaenopsis sp.*）为兰科蝴蝶兰属多年生草本植物，属热带附生兰，分布于中国台湾、泰国、菲律宾、马来西亚、印度尼西亚的热带丛林树干上。

蝴蝶兰的形态优美，花朵数量多，色彩艳丽，花期持久，在热带附生兰中素有"兰花皇后"的美誉。

蝴蝶兰是单茎性气生兰，花梗上极少发育侧枝，因此，比其他种类的兰花更难以进行常规无性繁殖，无法大量生产。蝴蝶兰的工厂化繁殖方法主要是组织培养法，包括无菌播种繁殖法、花梗腋芽培养快速繁殖法（芽生芽途径和原球茎途径）、茎尖培养繁殖法（原球茎途径）和花梗节间培养繁殖法（原球茎途径）。

一、无菌播种繁殖法

采用无菌播种的方法，可以得到蝴蝶兰的实生苗。所用的植物材料是蝴蝶兰成熟的果荚。

1. 材料处理及表面灭菌

（1）取材。从蝴蝶兰花梗上取生长健壮、无病虫害的成熟而未开裂的果荚（图 7-1-1）。

（2）材料处理。将蝴蝶兰的果荚使用流动的自来水冲洗 5 min，再用溶有洗洁精的自来水浸泡 5 min，然后用海绵轻轻刷洗果荚，接着用漂白精片溶液（1 片 /L）消毒 5 min，最后用自来水冲洗干净。

（3）表面灭菌。在超净工作台上，将蝴蝶兰果荚放在 1‰的升汞溶液（每升滴入 2 滴吐温 -20）里灭菌 10 min，然后用无菌水冲洗 3～5 次，再用无菌的滤纸吸干果荚表面的水分。

2. 无菌播种

（1）无菌播种（图 7-1-2）。在超净工作台上将蝴蝶兰果荚剖开，将粉末状的种子均匀地播种在培养基上，培养基为 1/3 MS+Hyponex 2 g+LH 2 g+ 香蕉 100 g+ 蔗糖 20 g，pH 5.2。种子不要播种太密，也不要太厚，以能够看到培养基表面为宜；否则，种子萌发之后，幼苗会非常拥挤。当培养基中的营养成分耗尽，并且光照不足时，幼苗会发生严重的玻璃化，继而死亡。

图 7-1-1　蝴蝶兰的果荚　　　　图 7-1-2　无菌播种

（2）培养条件。无菌播种完毕，放入培养室培养。培养条件：温度为 26 ℃，光照强度为 3 000 ～ 3 500 lx，光照时长为 12 h/d。

培养 15 d 左右，可见淡黄色的种子转绿；培养 20 d 左右，可见浅绿色的类原球茎突破种皮；培养 30 d 左右，类原球茎上发出两片幼叶和短粗的白色幼根；培养 45 d 之后，幼根长度达到 1 cm 左右，幼苗高度达到 3 cm 左右，就可以进行生根培养。

由于通过无菌播种获得的实生苗不能继承蝴蝶兰母体的性状，故类原球茎没有继代增殖的必要，通常只用作实生苗培育。

3. 生根培养

将蝴蝶兰的实生苗取出，接种在 1/3 MS+Hyponex（7-6-19）3.5 g+NAA 0.1 mg/L+LH 2 g+香蕉 100 g+AC 0.2 g+ 蔗糖 20 g 的生根培养基上。培养条件：温度为 26 ℃，光照强度为 3 000 ～ 3 500 lx，光照时长为 12 h/d。

生根培养大约 120 d 之后，当兰苗长出 3 片大叶，苗高为 10 cm 左右，就可以进行炼苗移栽。

二、花梗腋芽培养快速繁殖法

蝴蝶兰是总状花序，花梗中上部的节着生花芽，花梗中下部的几个节，着生着具有苞叶覆盖的腋芽。腋芽有两种发育方向，既可能发育为花芽，也可能发育为营养芽。腋芽的发育方向受温度控制。28 ℃时几乎完全发育为营养芽，20 ℃时则多发育为花芽。利用蝴蝶兰的花梗腋芽，可以通过芽生芽途径或原球茎途径培育为再生植株。

（一）花梗腋芽的芽生芽途径快速繁殖法

利用蝴蝶兰的花梗腋芽，先诱导营养芽萌发，再通过芽生芽途径，采取分割丛生芽的方法，可以培育蝴蝶兰的再生植株。

1. 材料处理及表面灭菌

剪取整枝花梗，先用海绵蘸取洗洁精水轻刷花梗表面，再用自来水冲洗干净，然后用漂白精片溶液（1 片 /L）消毒 10 min，在超净工作台上用无菌水冲洗两遍。将花梗上的苞叶剥去，然后剪成 3 cm 长的带芽茎段，用 1‰的升汞溶液（每升滴入 2 滴吐温 -20）灭菌 10 min，无菌水冲洗 3 ～ 5 遍，捞出后，用无菌滤纸吸干水分。

2. 接种

将带芽茎段两端切除 0.5 cm 左右，基部向下插入 MS+BA 3 mg/L+ 香蕉汁 70 g+AC 0.2 g+ 蔗糖 20 g，pH 值为 5.2 的培养基上。

3. 丛生芽诱导和继代培养

将带芽茎段置于温度为 28 ℃、光照强度为 2 500 ～ 3 000 lx、光照时长为 12 h/d 的条件下培养，40 d 左右，即可见到花梗腋芽萌发出营养芽；60 ～ 75 d，营养芽长出幼叶，并且每个营养芽基部分化出 2 ～ 4 个侧芽（图 7-1-3）。

将侧芽分切，接种在 MS+BA 3 mg/L+ 香蕉汁 70 g+AC 0.2 g+ 蔗糖 20 g，pH 值为 5.2 的继代培养

图 7-1-3　带芽茎段诱导营养芽

基上做增殖培养，每 45 ～ 60 d 做一次继代增殖。随着继代培养次数的增加，丛生芽的增殖系数可达到 5 倍左右的稳定水平。

4. 生根培养

在侧芽的继代增殖过程中，可以选择生长健壮、具有 2 ～ 3 片叶的侧芽，接种在 1/3 MS+Hyponex 2 g+NAA 0.1 mg/L+LH 2 g+ 香蕉 100 g+AC 0.2 g+ 蔗糖 20 g 的生根培养基上进行生根培养，60 d 左右即可生根，120 d 左右即可进行炼苗移栽。

（二）花梗腋芽的原球茎途径快速繁殖法

经过灭菌处理的蝴蝶兰花梗腋芽，也可以通过原球茎诱导途径，产生原球茎。通过原球茎的继代培养，产生蝴蝶兰的再生植株。

1. 花梗腋芽的原球茎诱导

将灭菌后的花梗腋芽切下（不带花梗组织），接种在 Hyponex（7-6-19）3 g+BA 1 mg/L+ 椰汁 200 mL+AC 0.2 g+ 蔗糖 35 g 的培养基上，45 d 左右即可观察到原球茎的发生，但有时花梗腋芽会发育为类似于愈伤组织的组织块。

2. 原球茎增殖

将原球茎置于 Hyponex（7-6-19）3 g+BA 0.5 mg/L+ NAA 0.1 mg/L+ 椰汁 200 mL+AC 0.2 g+ 蔗糖 30 g 的培养基上进行继代培育，20 d 左右可见原球茎有明显的增殖现象（图 7-1-4）。45 d 左右原球茎大量增殖，部分原球茎尖端发育出两片幼叶，同时，原球茎下部会有短粗的白色幼根伸出，成为幼苗。

原球茎的继代培养周期为 45 d 左右。

图 7-1-4 原球茎增殖

3. 生根培养

将幼苗与原球茎分离，接种在 1/3 MS+Hyponex（7-6-19）3.5 g+NAA 0.1 mg/L+LH 2 g+ 香蕉汁 100 g+AC 0.2 g+ 蔗糖 20 g 的生根培养基上；而原球茎则接种在 Hyponex（7-6-19）3 g+BA 0.5 mg/L+NAA 0.1 mg/L+ 椰汁 200 mL+AC 0.2 g+ 蔗糖 30 g 的培养基上继续做增殖培养。

三、茎尖培养繁殖法

茎尖是细胞分裂最旺盛的部位。通过茎尖培养诱导原球茎，再通过原球茎的继代增殖和分化，产生再生植株，这是蝴蝶兰最有效的繁殖方法。

茎尖取自蝴蝶兰的栽培植株。蝴蝶兰的茎尖深藏于植株的叶片夹缝中，要经过严格的清洗和消毒灭菌。

1. 取材及表面灭菌

（1）将蝴蝶兰的栽培株剥去叶片并切去根部，用自来水冲洗假球茎（也称为假鳞茎）。

（2）再用 5% 的漂白精片溶液将假鳞茎作表面灭菌 10 min（每 100 mL 消毒液滴入 1 滴吐温 -20）。

（3）去除叶原基后，再用 1% 的漂白精片溶液将假鳞茎灭菌 5 min，然后用无菌水冲洗 2 ～ 3 次。

（4）在超净工作台上用 1‰ 的升汞溶液（每升汞溶液滴入 1～2 滴吐温 -20）做 5 min 的表面灭菌，再用无菌水冲洗 3～5 次。

2. 接种及原球茎诱导

切取茎尖和腋芽，大小为 2～3 mm，放入 100 mg/L 的半胱氨酸溶液（经过过滤灭菌）里浸泡 5 min，置于无菌滤纸上吸去水分后，接种到 V&W+BA 1 mg/L+NAA 0.1 mg/L+ 椰汁 150 mL、pH 值为 5.2 的液体培养基上进行振荡培养，或加 4.5 g/L 琼脂和 0.2 g/L 活性炭粉做固体培养。

培养 10 d 左右转至新培养基上继续培养。液体培养从开始培养之日算起，30 d 左右转到固体培养基上。继续培养 30 d 左右，即可形成原球茎。

培养条件：温度为 25 ℃；培养初期 15 d 内光照强度为 1 500～2 000 lx，15 d 之后光照强度为 2 500 lx；光照时长为 12 h/d。液体培养用 90 r/min 的转速做振荡培养。

3. 原球茎增殖

原球茎形成后，每隔 45 d 左右进行一次继代培养。培养基为 Hyponex（7-6-19）3 g+BA 0.5 mg/L+NAA 0.1 mg/L+ 椰汁 200 mL+AC 0.2 g+ 蔗糖 30 g，pH 值为 5.2。

4. 生根培养

将幼苗与原球茎分离，接种在 1/3 MS+Hyponex（7-6-19）3.5 g+NAA 0.1 mg/L+LH 2 g+ 香蕉汁 100 g+AC 0.2 g+ 蔗糖 20 g 的生根培养基上；而原球茎则接种在 Hyponex（7-6-19）3 g+BA 0.5 mg/L+NAA 0.1 mg/L+ 椰汁 200 mL+AC 0.2 g+ 蔗糖 30 g 的培养基上继续做增殖培养。

四、花梗节间培养繁殖法

蝴蝶兰正处于快速伸长期的幼嫩花梗具有很强的原球茎分化能力，可以用花梗节间作为培养材料诱导原球茎。试验表明，从假球茎抽出不超过 45 d 的幼嫩花梗节间，最有利于原球茎的形成，原球茎的诱导成功率可达 95% 左右。

1. 取材及表面灭菌

（1）取生长期不超过 45 d 的蝴蝶兰幼嫩花梗，用流动的自来水冲洗 5 min，再用海绵蘸取洗洁精水轻轻擦拭一遍，然后冲洗干净。

（2）将幼嫩的花梗置于漂白精片溶液里（1 片 /L）浸泡消毒 5 min，再用自来水冲洗 2～3 次。

（3）在超净工作台上，用 1‰ 的升汞溶液（每升滴入 2 滴吐温 -20）将幼嫩的花梗消毒 5～8 min，用无菌水冲洗 3～5 遍，再用无菌滤纸吸干表面水分。

2. 接种

将幼嫩的花梗节间切成 1～1.5 mm 厚的薄片，在 100 mg/L 的半胱氨酸溶液（经过滤灭菌）里浸泡 3～5 min 后，接种在 1.2 V&W+BA 1 mg/L+NAA 0.1 mg/L+ 椰汁 150 mL+AC 0.2 g+ 蔗糖 30 g、pH 值为 5.6 的固体斜面培养基上。培养条件：温度为（26±2）℃，光照强度为 500 lx，光照时长为 16 h/d。

3. 花梗节间切片的抗褐化处理

幼嫩的花梗节间切片在培养过程中会产生褐化现象，表现在培养初期，浅绿色花梗切片逐渐失绿，并从切口分泌出浅褐色的物质，对接触处的培养基造成染色。随培养时间的延长，花梗切片和与其接触处的培养基颜色加深，变成深褐色；花梗切片组织细胞失去分化能力，最终死亡。

抗氧化剂处理和光照强度是影响花梗节间切片培养的两个重要因素。采用抗氧化剂处理花梗切片和弱光培养可以有效降低花梗切片的褐化率（表7-1-1、表7-1-2）。

表7-1-1　半胱氨酸处理对花梗节间褐化的影响（500 lx 的光照条件下）

天数 /d	处理组 /%	对照组 /%
7	0	6
14	3	17
21	4	28

表7-1-2　温度对花梗节间切片褐化的影响（外植体经半胱氨酸处理）

天数 /d	500 lx/%	1 000 lx/%	2 000 lx/%
7	0	2	11
14	3	7	19
21	4	13	27
28	6	23	39

4. 原球茎诱导

花梗节间切片在弱光下培养7 d左右，上端的切口平面上呈现出细胞分裂的迹象，切口平面向上凸起。14 d左右，隆起的部位和切口周缘皮层处开始出现若干个互相独立的不规则的颗粒状细胞团，呈浅绿色。培养21 d左右，颗粒状的细胞团开始呈现原球茎发生的迹象，即细胞团上出现肉眼可见的球状物。此时，可以将光照强度调整到2 000～2 500 lx。培养30 d左右，球状物继续增生，若干个球状物互相粘连，能够辨认出原球茎的雏形。

5. 原球茎的继代增殖

花梗节间切片培养40 d左右，浅黄绿色的原球茎已经能够覆盖原来的花梗节间切片。培养45 d左右，即可将原球茎剥离成小团状，转移到 Hyponex（7-6-19）3 g+BA 0.5 mg/L+NAA 0.1 mg/L+ 椰汁 200 mL+AC 0.2 g+ 蔗糖 30 g、pH 值为 5.6 的培养基上进行继代培养，促使原球茎增殖。

五、蝴蝶兰的炼苗移栽

蝴蝶兰生根苗在瓶中培养 120～150 d 后，即可进行炼苗移栽。

1. 瓶苗及基质处理

（1）炼苗。蝴蝶兰生根苗在瓶中培养 120～150 d 后，可将苗瓶放入温室，适当遮荫，进行炼苗，光照强度控制在 4 000～7 000 lx，温度控制在 25～30 ℃。3 d 后拔去瓶塞，在瓶内加入 5 mg 洁净的水，继续炼苗 2 d。

（2）瓶苗出瓶。炼苗 5 d 后，苗子就可以出瓶。用手轻拍瓶子，使苗子之间出现松动。用手或镊子从边缘到中间，将苗子逐个从瓶中取出。将苗子浸泡在清水中洗去附着在根系上的培养基，用塑料筐或尼龙网袋盛装，浸入 0.05% 的高锰酸钾溶液中消毒 5 min，用清水冲洗后，稍微晾干就可以栽植（图 7-1-5）。

图 7-1-5　蝴蝶兰组织培养育苗出瓶

（3）水苔的浸泡和消毒处理。将水苔浸泡在 1 000～1 200 倍的多菌灵或百菌清药液中 4 h 以上，然后用清水冲洗 3 遍，使杂质及灰尘沉入池底或随水流走。同时可以使用磷酸调节 pH 值至 6.5 左右。用洗衣机脱去水分即可使用。干湿程度应以用手紧握水苔捏不出水分为宜。

2. 瓶苗移栽

将苗子分级，双叶距大于 5 cm 的苗为特级苗，可栽于 7 cm（2 寸）的盆中；双叶距为 3～5 cm 的苗为一级苗，移栽于 1.5 寸盆中；双叶距为 2～3 cm 的苗为二级苗，移栽于 50 孔的透明穴盘中或育苗盘中；剩余的双叶距小于 2 cm 的小苗可以丢弃或植于育苗盘中。

在盆底垫 3～5 粒泡沫块，以利于透水通气。将特级苗和一级苗用水苔包裹根系，露出叶片和茎基，轻轻压入白的、透明的塑料软盆中。注意盆内的水苔要松紧适宜，过松不利于保持水分，太紧影响根系的发育。二级苗和其余的小苗栽植时，也需要在穴盘和育苗盘底部垫泡沫块。

3. 苗期的栽培管理

（1）病害防治。幼苗上盆后，立即喷施杀菌剂，用 90% 的四环素或农用硫酸链霉素 3 000 倍液喷洒，一周后再喷洒一次，以后每 2～4 周喷药一次。所用药物为 80% 的锌锰乃浦（大生）500 倍液、66% 普力克 1 000 倍液、50% 施保功 6 000 倍液、33% 快得宁 1 500 倍液。若发现有病害发生，应在病害发生初期就喷药防治，每周喷药一次，连续喷洒 3 次。

（2）虫害防治。蝴蝶兰的虫害主要有蓟马类、介壳虫类、蚜虫、潜叶蝇、螨类、粉虱、蜗牛和蛞蝓。其中，蜗牛和蛞蝓可用多聚乙醛和豆饼或玉米粉混作诱饵，于黄昏撒在温室四周进行诱杀。其他害虫可喷洒杀虫剂进行杀灭。一般 7～10 d 喷药一次，连续喷洒 3 次。

（3）浇水。幼苗出瓶移栽后，3 d 内不可浇水。当中午湿度低于 65% 时可向地面喷水或向叶面喷雾。第一次浇水应在上盆后 6～7 d，以后每隔 7～10 d 浇透水一次。在栽植后的 30 d 之内要注意保持基质湿润，上层不要太干。否则，基质水分波动太大则在栽培后期难以补救。浇水时，应注意使叶面的水分在天黑前干燥。

（4）施肥。新栽的小苗 30 d 内不可施肥。满 30 d 后第一次施肥用 10：30：10 或 9：45：15 的花多多 5 000 倍液喷施叶面，以促使新根长出。以后每 7～10 d 结合浇水，将 30：10：10 和 20：20：20 的花多多肥料交替使用，溶于水中一起浇施。EC 值控制在 0.5～0.6。

（5）光照强度。栽植后两周内光照强度不可超过 7 000 lx，两周后可控制在 10 000 lx 左右，不可超过 12 000 lx。

（6）温度控制。日间温度保持在 25 ～ 30 ℃，不可超过 32 ℃；夜间温度控制在 22 ～ 23 ℃，极端低温不可低于 18 ℃。刚浇水当晚的温度不要低于 22 ℃。

（7）湿度控制。栽植后两周湿度应保持在 80% ～ 90%，以后可降到 65% ～ 85%。

任务二　春石斛

春石斛是石斛兰的一个品系，属于观赏性热带兰。春石斛株型小巧、紧凑，适合盆栽，是栽培最广的兰科植物（图 7-1-6）。

图 7-1-6　春石斛

一、茎段处理及表面灭菌

在花期，选择春石斛生长健壮的不带花枝的茎秆，切取茎秆上部比较幼嫩的部位（长度为 5 ～ 8 cm）。将茎上的叶除去，用自来水冲洗 10 min 左右，在 2% 的次氯酸钠溶液里浸泡 10 min，再用 0.1% 的升汞溶液灭菌 5 min。灭菌完毕用无菌水冲洗干净。

二、接种

将茎上的腋芽切下，大小为 2 ～ 3 mm，接种在 1/3 MS+BA 1 mg/L+NAA 0.1 mg/L+ 椰乳 20% 的固体培养基或 V&W+BA 0.5 mg/L+NAA 0.05 mg/L+ 椰乳 15% 的液体培养基上。培养条件：温度为 25 ℃，光照强度为 1 000 ～ 1 500 lx，每日光照 12 h。液体培养以 80 r/min 进行振荡培养。7 d 后，光照强度调整到 2 000 ～ 3 000 lx。

腋芽在培养基上培养 30 d 左右，切口周围组织膨大，开始产生原球茎。

三、继代培养

腋芽经过 40 d 的培养，产生越来越多的原球茎（图 7-1-7）。将原球茎转移到 MS+BA 0.5 mg/L+NAA 0.1 mg/L+AC 0.25 g+ 椰乳 20% 的固体培养基上进行增殖。培养条件：温度为 25 ℃，光照强度为 3 000 ～ 3 500 lx，每日光照 12 h。

每隔 30 ～ 45 d，增殖中的原球茎就会覆盖固体培养基表面。在原球茎的增殖过程中，会有部分原球茎发育成根叶俱全的小苗。这时，

图 7-1-7　春石斛的幼苗和原球茎的分离

培养基中的营养物质补足以满足原球茎增殖和幼苗生长的需要为宜，并应尽快转移到新的培养基中。

在转移时，将较大的苗出瓶移栽，小苗转入生根壮苗培养基，进行成苗培养，原球茎移入增殖培养基继续做增殖培养。

四、生根培养

将小苗转移到 1/3 MS+Hyponex（7-6-19）3.5 g+ NAA 0.1 mg/L+ 香蕉汁 100 g+AC 0.25 g+ 蔗糖 20 g 的固体培养基上，做生根壮苗培养。一般培养 90 d 就可以得到根叶充分发育的组织培养育苗（图 7-1-8）。

图 7-1-8　春石斛生根苗

五、炼苗移栽

春石斛的生根苗在瓶中培养 90 d 后，可将苗瓶放入温室，适当遮荫，进行炼苗。光照强度控制在 5 000 ～ 8 000 lx，温度控制在 25 ～ 30 ℃。3 d 后拔去瓶塞，在瓶内加入 5 mg 洁净的水，继续炼苗 2 d。

炼苗结束之后，将苗从培养瓶取出，洗净根部附着的培养基，移栽入经过消毒且湿润的水苔中，温度保持在 25 ～ 30 ℃，相对湿度为 90% ～ 95%，成活率可达 93% 左右。

任务三　大花蕙兰

大花蕙兰是以兰属中的一些大花型附生种为亲本，经过多代杂交选择培育出来的花型大、色彩鲜艳、生长健壮的优良品种群，已成为兰科植物中最重要的五大盆栽兰花品种之一。该品种非常适合在亚热带及温带地区的温室内栽培，商品化栽培程度极高。

一、新芽的处理及表面灭菌

在春季大花蕙兰新芽萌发前，选择露在外面的、长度为 5 ～ 10 cm、没有被栽培基质埋着的新芽，用快刀从基部与老的假球茎相连处切下（图 7-1-9）。

采下的芽先用洗洁精水洗去表面的基质和可见的脏物，在流动的自来水中冲洗 10 min，然后在无菌条件下切去芽的上半段（即芽体的顶锥），并剥去最外面的两枚叶片，在 10% 的次氯酸钠溶液中浸泡 10 min，取出后用无菌水冲洗（图 7-1-10）。继续剥除叶片，剥至留下最内侧的一枚叶片，即短缩茎。切去短缩茎下部的 2/3，只留上部的 1/3，然后用 1% 的次氯酸钠溶液浸泡 2 min。

图 7-1-9　大花蕙兰

图 7-1-10　大花蕙兰营养芽

二、接种

以生长点为中心，将短缩茎纵切成均匀的 4 瓣，然后横切一刀，将短缩茎切成 8 个组织块，并将组织块浸泡在 0.1% 的升汞溶液里 5 min 后取出，用无菌水冲洗 3～5 次，在无菌滤纸上吸去表面水分，接种在 MS+BA 1 mg/L+NAA 0.1 mg/L+AC 0.5 g+ 椰乳 20%+ 蔗糖 20 g、pH 值为 5.6 的固体培养基上，每瓶只接种一块外植体。

三、原球茎诱导及继代培养

外植体接种完毕，置于室温为 22～25 ℃、光照强度为 1 500～2 000 lx、光照时长为 10～12 h/d 的条件下培养，30 d 左右，外植体周围会出现浅绿色的小凸起，继续培养一周左右，就会发育为原球茎。

45 d 左右，将原球茎转移到 Hyponex（7-6-19）3.5 g+BA 1 mg/L+NAA 0.1 mg/L+ 椰汁 20%+AC 0.25 g+ 蔗糖 20 g、pH 值为 5.6 的固体培养基上，进行继代培养，可分化出更多的原球茎（图 7-1-11）。浅绿色的原球茎比绿色的原球茎增殖能力更旺盛。原球茎每30～45 d 分割一次，能达到 3～4 的增殖倍数。

四、生根培养

在增殖过程中，部分原球茎会发育出幼根和幼叶。将具备根叶的幼苗与原球茎分离，接种在 Hyponex（7-6-19）3.5 g+NAA 0.1 mg/L+ 香蕉汁 20%+AC 0.25 g+ 蔗糖 20 g、pH 值为 5.6 的固体培养基上，在室温为 22～25 ℃、光照强度为 2 500～3 000 lx、光照时长为 10～12 h/d 的条件下培养 60 d，大多数幼苗会产生 3～5 条白色乃至浅绿色的健壮的根（图 7-1-12），苗高达到 10～15 cm，具备移栽条件。

图 7-1-11 增殖中的大花惠兰丛生苗　　图 7-1-12 大花惠兰生根苗

五、炼苗移栽及苗期管理

移栽前，先将瓶苗置于室温为 25～30 ℃、光照强度为 3 000～5 000 lx 的条件下进行 3 d 的光照锻炼。然后在傍晚将瓶盖打开，并在瓶中注入约 5 mL 洁净的水，使瓶苗在温室内适应较低相对湿度。2～3 d 后，将幼苗从瓶中取出，在清水中冲洗，并用短毛笔将附着在根上的培养基清洗干净（图 7-1-13）。

图 7-1-13 大花惠兰组织培养育苗

栽培基质选用水苔。水苔需要用灭菌剂浸泡并洗净挤干，保持柔软潮湿状态。将幼苗的根包上水苔按适当的株行距栽植在育苗盘里。

幼苗栽植完毕，用 0.1% 的甲基托布津进行喷雾处理后，置于室温为 25 ～ 30 ℃、光照强度为 3 000 ～ 5 000 lx、相对湿度为 60% ～ 80%、通风良好的条件下。并在有阳光照射的时段，每天向叶面喷水数次。夜间保持叶面干爽，避免发生病害。水苔保持潮湿柔软即可，不得过湿。幼苗经过 6 个月的栽培管理，可以移植于 10 cm 的透气软盆里进行单株栽培。

任务四　国兰（蕙兰—朵云）

蕙兰属于地生兰类，是国兰中栽培历史最悠久的种类之一。蕙兰（图 7-1-14）是兰属中在中国分布最北的种类，其耐寒能力较强。朵云是蕙兰名下的精品，花朵呈绿色，清丽雅致，是"蕙兰老八种"之一。

图 7-1-14 蕙兰（朵云）

一、新芽的处理及表面灭菌

在 5—6 月新芽（营养芽）出土（或 7—8 月秋芽出土）后，将蕙兰的采样植株放置在透光避雨处，待新芽生长至 10 cm 左右时，用利刀将新芽从植株基部切离，切除根，用流动的自来水冲洗 5 ～ 10 min，洗去表面可见的脏污，剥除外包叶 2 ～ 3 片（图 7-1-15）。

在超净工作台上，将新芽置于 5% 的次氯酸钠溶液中浸泡 10 min，用无菌水冲洗 2 ～ 3 次，再剥去外层的 1 ～ 2 片叶，然后将芽置于 0.1% 的升汞溶液中灭菌 5 ～ 8 min。灭菌结束后，将芽用无菌

图 7-1-15 蕙兰的营养芽

水冲洗 3 ～ 5 次，然后置于接种盘中，用无菌滤纸吸干表面水分。

二、接种

在解剖镜下进行无菌操作，切取茎尖和腋芽。切取茎尖长度在 2 mm 以上，带两个叶原基，有利于成活。

将茎尖和腋芽在 100 mg/L 的半胱氨酸溶液（经过滤灭菌）里浸泡 3 ～ 5 min 后，用无菌滤纸吸干表面水分，接种在 Hyponex（7-6-19）3.5 g + BA 0.5 mg/L + NAA 0.1 mg/L+椰汁 20%+AC 0.25 g+ 蔗糖 20 g、pH 值为 5.6 的固体培养基上。

三、原球茎（根状茎）的诱导

茎尖和腋芽接种后，置于 23 ～ 25 ℃、光照时长为 12 h/d、光照强度在 500 lx 以下的弱光条件下培养 45 ～ 60 d，即可分化出 1 个至数个乳白色的原球茎（类似于桑果状的圆球凸起）。将光照强度调整到 1 500 ～ 2 000 lx，原球茎即可转绿。转移到新鲜的培养基中继续培养，30 d 左右即可形成根状茎（中国兰的原球茎呈丛生状的根状茎）。

四、原球茎（根状茎）的继代增殖

将根状茎分割，转移到 1/2 MS+BA 0.5 mg/L+NAA 0.1 mg/L+ 椰汁 20%+AC 0.25 g+蔗糖 20 g、pH 值为 5.6 的固体培养基上进行继代培养，每 30 ～ 45 d 转接一次，即可得到大量的根状茎（图 7-1-16）。

在继代培养过程中，将充分生长的根状茎转入茎叶分化的培养基中，幼嫩的根状茎继续进行增殖培养（图 7-1-17）。

图 7-1-16 增殖中的根状茎（原球茎）

图 7-1-17 分化中的根状茎

五、成苗及壮苗培养

将根状茎转入 B5+NAA 0.2 mg/L+ 椰汁 20 %+AC 0.25 g+ 蔗糖 20 g、pH 值为 5.6 的固体培养基上，在室温为 25 ℃左右、光照强度为 2 000 lx、光照时长为 12 h/d 的条件下培养，根状茎很快就会分化出根和芽，形成完整的小植株（图 7-1-18）。国兰在成苗培养阶段，一旦芽分化完成，根的形成也比较容易。

国兰壮苗培养容器以大试管为宜（32 mm×200 mm），当苗高达到 15 cm 左右时，即可移栽。

任务五　紫兰（白芨）

紫兰别名白芨，是兰科、白芨属多年生草本球根植物。紫兰的花朵比较漂亮，能在阴暗的环境中开花，并可在室外种植，也可进行盆栽，还比较适合插花。紫兰的假鳞茎还是名贵的中药材，具有消毒止血及预防伤口感染等诸多功效，杀菌抗癌的效果比较好。

一、果荚处理及表面灭菌

图 7-1-18　蕙兰的生根苗

在 7—9 月，采紫兰成熟且尚未开裂的、发育饱满且无病虫害的黄绿色的果荚（留 0.5～1 cm 的果柄），除去果荚顶端枯萎的花瓣（图 7-1-19、图 7-1-20），用海绵蘸洗洁精水轻轻洗刷果荚表面，然后在流动的自来水中冲洗 10 min。冲洗完毕，将果荚浸入 5% 的次氯酸钠溶液中消毒 10 min，用清水冲洗干净。

在超净工作台上，用 0.1% 的升汞溶液（滴入 1～2 滴吐温 -20）将果荚灭菌 10～15 min，再用无菌水冲洗 3～5 次，完成果荚的表面灭菌。

图 7-1-19　紫兰的果荚

图 7-1-20　紫兰的碎屑状种子

二、接种（无菌播种）

用无菌滤纸吸去果荚表面的水分，将果荚沿纵脊纵向剖开，即露出黄白色的、呈长纺锤形、碎屑状的成熟种子（长为 0.3～0.5 mm，径粗为 0.1～0.15 mm）。

将种子均匀播撒在不含植物生长调节剂的 MS+ 香蕉汁 10%+ 蔗糖 20 g+AC 0.5g，pH 值为 5.6 的固体培养基表面，播种密度以能够看到培养基表面、种子不互相重叠为宜，播种不宜过于密集。

培养条件：室温为 25 ℃，暗培养 10～15 d 后见到少数胚膨大并突破种皮开始萌发时，转入 2 500～3 000 lx 的光照下培养，光照强度时长为 12 h/d。

三、种子萌发和植株分化

紫兰种子在光照下开始变绿（图 7-1-21），种子萌发不整齐，播种 60 d 后仍有少量胚发育不完全的种子持续萌发。

紫兰种子播种 60 d 后，绝大部分种子已经萌发，顶端分化出叶片，下端长出短粗的白色幼根，基本覆盖培养基表面（图 7-1-22），这时需要将幼苗转入壮苗培养基中培养。

图 7-1-21　转绿后的紫兰种子

图 7-1-22　紫兰幼苗

四、壮苗培养

将完整的紫兰小植株转入不含任何激素的 MS+ 香蕉汁 20%+ 蔗糖 20 g+AC 0.5g、pH 值为 5.6 的壮苗培养基上，进行壮苗培养。幼苗在培养基上的栽植密度以每瓶 20 株为宜，为植株的生长预留足够的空间。

培养条件：室温为 25 ℃，光照强度为 3 000 lx 左右，光照时长为 12 h/d。

壮苗培养 60 d 后，多数植株在基部形成大小不等的假球茎，根长和根粗显著增加；120 d 后，植株的平均高度超过 10 cm，平均根数为 5.2 条，平均根长为 3.5 cm（图 7-1-23）。

图 7-1-23　紫兰生根苗

五、炼苗移栽及苗期管理

经过 120 ～ 180 d 的壮苗培养，培养基的营养成分基本耗尽，紫兰植株的根、茎、叶已经发育充分。此时天气转暖。当夜间温度稳定在 15 ℃左右时，就可以炼苗移栽。

炼苗时，先将瓶苗置于炼苗大棚内进行 2 周左右的适应性锻炼，光照强度从 3 000 lx 逐渐调整到 5 000 lx 左右。2 周后，在傍晚揭开瓶盖，开始进行 3 d 的湿度锻炼，棚内相对湿度维持在 85% ～ 95%。白天，如果棚内湿度过低，需要进行喷雾来降温增湿。

炼苗结束，小心取出瓶苗，将植株之间连接的根系拆分开，在 25 ℃左右的清水里用海绵将根系上附着的残留培养基洗净，然后将植株置于 70% 的多菌灵 1 000 倍液里浸泡

10 min，捞出，晾干植株表面的水分，栽植在等量的泥炭和园土混合基质中，有条件的情况下可以在基质中掺 20% 的过筛河沙。

栽植后，用 70% 的多菌灵 1 000 倍液浇定根水，此后保持基质表面潮湿即可，不要多浇水，以防止烂根。温度控制在 25 ℃ 左右，湿度保持在 80% 以上，用遮阳设施滤去 85%～90% 的自然光。每周用 8% 的宁南霉素水剂 3 000 倍液喷雾一次。栽植 15 d 后，每隔 10 d 喷施 0.1% 的磷酸二氢钾和 0.1% 的尿素混合液一次。

栽植 20 d 后，部分植株开始有新根和新叶长出，这时可以进行正常的水分管理，一般以见干见湿为浇水原则，即基质表面干了才浇水，不干不浇水。光照可以增加到自然光的 75% 左右，相对湿度可以降低到 70% 左右（图 7-1-24）。

图 7-1-24　紫兰组织培养育苗（移栽后的当年苗）

当年秋季，植株在基质内能够形成白色的小种球。经霜后，植株的地上部分逐渐枯萎，注意在苗床或育苗田内覆盖草栅或松针等保温、保湿材料。

任务六　银苞芋

银苞芋又名白鹤芋（图 7-1-25），是天南星科、白鹤芋属多年生草本植物，原产于美洲热带地区，喜温暖湿润及半荫环境，以及疏松、肥沃的微酸性土壤。银苞芋叶色浓绿；佛焰苞直立向上，白色；肉穗花序圆柱状，花期为 5—10 月。

图 7-1-25　银苞芋

一、短缩茎处理及表面灭菌

选择生长健壮、具 6～8 片叶的银苞芋盆栽植株，切除根系，将外侧的几片叶从叶基部剥除，只留白色幼叶包裹着的茎。将茎用流动的自来水冲洗片刻，洗去可见的污物，置于洗洁精水中浸泡 10 min，再用海绵块擦拭一遍，然后用自来水冲洗干净。

在超净工作台上，将茎上包裹着的白色幼叶一层层剥去，直至露出短缩茎，并将下端的根系着生部位切除。

将短缩茎置于 1% 的次氯酸钠溶液中浸泡 10 min，用无菌水冲洗两遍，再用 0.1% 的升汞溶液（滴入 1 ～ 2 滴吐温 -20）灭菌 10 ～ 12 min。取出短缩茎，用无菌水冲洗 3 ～ 5 次。

二、接种

横向切除短缩茎下端 2 mm，再切除短缩茎上多余的叶基组织。将短缩茎横向切成均匀的数段，每段长为 0.5 ～ 0.7 mm，再将每段纵向切成均匀的 2 ～ 3 瓣。将短缩茎组织块置于 100 mg/L 的半胱氨酸溶液（经过滤灭菌）浸泡 5 ～ 10 min，取出，用无菌滤纸吸干表面水分，接种在 MS+BA 1 mg/L+NAA 0.1 mg/L+AC 0.25 g、pH 值为 5.6 的固体培养基上，短缩茎组织块的形态学上下端不能倒置。

三、丛生芽诱导及继代培养

在室温为 25 ℃、光照强度为 2 000 lx、光照时长为 12 h/d 的条件下培养 30 d 左右，短缩茎组织块上会出现数量不等的绿色芽点（出现在腋芽部位）。继续培养，绿色的芽点逐渐长大，形成芽状凸起。芽状凸起周围会伴随着白色或浅绿色的愈伤组织出现。

培养 45 d 左右，将组织块转移到新鲜的培养基上，15 d 左右，芽状凸起分化出具茎和叶的幼芽。同时，芽周围的愈伤组织中会出现数量不等的绿色芽点，这应该是愈伤组织在再分化过程中产生的分生区。

培养 45 d 左右，幼芽周围会发育出丛生芽。由愈伤组织分化成的分生区也陆续发育出大小不同、数量不等的丛生芽。

剔除原有的短缩茎组织块，将丛生芽连同愈伤组织转移到 MS+BA1+NAA0.1、pH 值为 5.6 的培养基上，进行继代培养。在继代培养过程中，由愈伤组织分生区分化出的丛生芽（属于不定芽）占主导，在芽侧发育出的连体芽（蘖芽）的数量反而稀少。

四、生根培养

将生长健壮的幼芽从丛生芽中分割出来，接种到 MS+BA 0.2 mg/L+NAA 0.2 mg/L+AC 0.3 g、pH 值为 5.6 的培养基中，在室温为 25 ℃、光照强度为 2 000 lx、光照时长为 12 h/d 的条件下培养约 20 d，幼芽基部即可分化出数量不等的根原基（半球状小凸起）。45 d 左右，由根原基发育而成的白色幼根平均长度可达 3 cm，但无根毛。90 d 左右，幼苗可以发育出 3 ～ 4 片大叶，平均苗高为 10 cm；平均根数量为 3.2 条，平均根长为 7.3 cm（图 7-1-26）。此时，生根苗已经具备移栽条件。

图 7-1-26　银苞芋幼芽的生根培养

五、炼苗移栽及苗期管理

将银苞芋生根苗（瓶苗）移入温室内，在光照强度为 3 000 lx、室温为 25 ～ 30 ℃的条件下放置一周，使幼苗适应温室内的光照强度和温度。一周后，在傍晚或阴天打开瓶盖（或封口膜），使幼苗接受湿度锻炼。为防止幼苗萎蔫，需要在瓶内加入少量洁净的水（2～3 mm深）。3 d后，幼苗即可移栽。

将幼苗从瓶中取出，洗净根系上附着的培养基，用多菌灵1 500倍液浸泡10 min后捞出，控干叶面的水分。将幼苗定植于育苗盘或32孔穴盘内，基质为泥炭（80%～85%）和珍珠岩（15%～20%）的混合基质（图7-1-27）。定植后浇透水。

图7-1-27　银苞芋穴盘苗

（1）水肥管理。定植初期，晴天每天要喷水数次，以基质表面柔软湿润为宜，不可使基质过湿，防止基质通气不良而引起烂根。待半个月后新根长出，可以减少喷水次数，并结合喷水，每7～10 d施入0.1%的花多多10号水溶肥。

（2）病害防治。定植初期，每周喷一次50%的甲托可湿性粉剂1 500倍液，防止疫病和根腐病。因银苞芋病害很少发生，待幼苗长出新根后，可以每月喷施一次或停止使用杀菌剂。

（3）环境调控。定植初期，银苞芋最适宜的温度为昼夜18～27 ℃，平均温度应在23 ℃以下，日间温度高可以将夜间的温度适当降低。当光照强度高于5 000 lx时，应对植株进行遮光处理，在春季可以使用70%遮荫网，在夏、秋季可以使用石灰粉涂抹温室。昼夜的最佳湿度应保持在70%～80%，如果夜间湿度高于80%，应在日出前将温度升高1～2 ℃，直至日出后2 h，以便降低湿度。

任务七　美酒白掌

白掌（*Spathiphyllum kochii*）是天南星科白鹤芋属多年生草本植物，叶姿优美，白色苞片似远洋船帆，又名"一帆风顺"，是一种理想的室内观赏植物。美酒白掌是近年来深受消费者欢迎的中小型白掌品种。其长势快，抗病力强，花叶兼美，常用于办公桌、客厅、阳台装饰摆放，年销量在1 000万盆以上，市场前景非常广阔。

一、外植体处理及表面灭菌

选取健壮且无病虫害的美酒白掌植株作为母本，取生长势强、分枝基部的侧芽，去掉叶片。在流动的自来水中将侧芽冲洗10 min，用海绵蘸洗洁精水轻轻刷洗侧芽基部，冲洗干净后，将侧芽进一步修整，保留2～3 cm，放入10%的次氯酸钠溶液中灭菌10 min。捞出侧芽，在无菌条件下将侧芽置于0.1%的升汞溶液（滴入1～2滴吐温-20）灭菌5～8 min，再用无菌水冲洗3～5次，最后用无菌滤纸吸去侧芽表面的水分。

二、接种

切除侧芽基部和顶部被药液浸润的部分，以生长点为中心，外植体保留1.5～2 cm。然后斜插入MS（改良）+BA 1.5 mg/L+NAA 0.1 mg/L、pH值为5.8的培养基中，没入深度以露出生长点为宜。

将外植体移入培养室，环境条件：温度为 25 ℃、光照强度为 3 000 lx，光照时间为 12 h/d，培养 4 ～ 6 周，外植体上的芽陆续萌发，新发芽平均高度达 3 ～ 5 cm，基部有新的侧芽萌发时，需要转移到新鲜的培养基上进行增殖培养。

三、丛生芽诱导及继代培养

将丛生芽转移到 MS（改良）+BA 1 mg/L+KT 0.1 mg/L + NAA 0.1 mg/L、pH 值为 5.8 的培养基中。顺生长方向切割，2 ～ 3 个芽一团。培养条件：室温为 25 ℃、光照强度为 3 000 lx 左右，光照时长为 12 h/d。

经过大约 4 周的培养，每个芽团的腋芽萌发，继而发育成 4 ～ 6 个芽的较大芽团块（图 7-1-28）。将新的芽团切分开，2 ～ 3 个芽一团，转移到 MS（改良）+BA 1 mg/L+KT 0.1 mg/L+NAA 0.1 mg/L、pH 值为 5.8 的培养基中进行继代培养。以后每隔 25 ～ 30 d 将丛生芽分割一次，转移到新鲜的培养基上，使丛生芽继续增殖。

在继代培养阶段，丛生芽必须及时转接，以免褐化死亡。

图 7-1-28　美酒白掌丛生芽继代培养

四、壮苗与生根培养

在转接的过程中，将高度为 3 ～ 5 cm 的芽分离，切除基部枯黄叶，切出新伤口，接种在 MS（改良）+BA 0.5 mg/L+KT 0.1 mg/L+NAA 0.15 mg/L、pH 值为 5.8 的壮苗生根培养基上，促进芽的生长发育。

经过 20 ～ 30 d 培养，当基部根系长到 0.5 ～ 1 cm 时，苗茎叶也已发育充分，具备炼苗移栽的条件。

五、炼苗移栽及苗期管理

将瓶苗置于室温为（25±2）℃、光照强度为 5 000 ～ 10 000 lx 的遮阳棚下，进行 7 ～ 10 d 的光照炼苗。需要注意的是，在移栽前 2 ～ 3 d 将瓶口分 2 ～ 3 次逐渐打开。

炼苗结束，将苗取出，在清水里轻轻洗掉苗基部的培养基，然后将苗放进 75% 的多菌灵 1 000 倍液里浸泡 10 min，晾干叶面的水分，将苗植入经过消毒处理的等量的泥炭和木纤维的混合基质中。穴盘苗放置到苗床后，及时喷淋一次透水。在温度为 25 ～ 30 ℃、光照强度为 3 000 ～ 5 000 lx、相对湿度为 80% ～ 95% 的遮阳棚内，30 ～ 40 d 可以生出新根，40 ～ 60 d 增强光照强度至 5 000 ～ 10 000 lx，炼苗 90 ～ 120 d，苗高为 10 ～ 15 cm，3 ～ 4 片展开叶，根系布满基质，提苗不散，炼苗结束。炼苗期间每周用 75% 的多菌灵 1 000 倍液喷雾一次。

任务八 飞羽竹芋

飞羽竹芋是竹芋科竹芋属常绿观叶植物，叶片表面密布细小绒毛，且具有波浪皱褶，抚摸手感似羽毛，故名"飞羽"。飞羽竹芋原产于南美洲热带雨林地区，喜半阴，忌暴晒，适合室内盆栽和庭院阴凉角隅处种植。

飞羽竹芋叶片叶脉清晰、翠绿光润，叶姿优美，高雅耐观赏，是一种理想的客厅、书房，以及公共走廊装饰摆放花卉，具有较大的市场应用价值。

一、外植体处理及表面灭菌

选取健壮且无病虫害的飞羽竹芋植株作为母本，取生长势强、分枝基部的侧芽，或者根状茎芽作为外植体（图 7-1-29）。在流动的自来水中将外植体冲洗 10 min，用海绵蘸洗洁精水轻轻刷洗外植体表面，冲洗干净之后，进一步修整，保留 2～3 cm，放入 20% 的次氯酸钠溶液中灭菌 15 min，用无菌水冲洗干净，在无菌条件下将外植体置于 0.1% 的升汞溶液（滴入 1～2 滴吐温 -20）灭菌 10～15 min，再用无菌水冲洗 3～5 次。最后用无菌滤纸吸去外植体表面的水分。

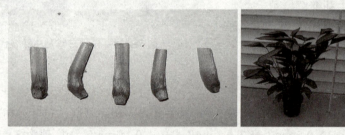

图 7-1-29 飞羽竹芋根状茎及植株

二、接种

切除外植体基部和顶部被药液浸润的部分，以生长点为中心，外植体保留 1.5～2 cm。然后斜插入 MS（改良）+BA 3.5 mg/L+NAA 0.3 mg/L、pH 值为 5.8 的培养基中，插入深度以露出生长点为宜。

将外植体移入培养室，环境条件为温度 25 ℃、光照强度 3 000 lx、光照时间 12～14 h/d，培养 5～6 周，外植体上的芽陆续萌发，新发芽平均高度达到 3 cm，基部有 1～2 个新的侧芽萌发时，需要转移到新鲜的培养基上进行增殖培养。

三、丛生芽诱导及继代培养

将丛生芽转移到 MS（改良）+BA 5 mg/L+KT 0.5 mg/L+NAA 0.3 mg/L、pH 值为 5.8 的培养基中。1～2 个芽为一团，培养条件为室温 25 ℃、光照强度 3 000 lx 左右、光照时长 12～14 h/d。经过大约 5 周的培养，每个芽团长出 1～2 个新芽，继而发育成

3～4个芽的较大芽团块。

将新的芽团切分开,1～2个芽为一团,转移到 MS(改良)+BA 5 mg/L+KT 0.5 mg/L+NAA 0.3 mg/L、pH 值为 5.8 的培养基中进行继代培养。以后每隔40～45 d 将丛生芽分割一次,转移到新鲜的培养基上,使丛生芽继续增殖(图 7-1-30)。

图 7-1-30　飞羽竹芋丛生芽诱导及继代培养

在继代培养阶段,丛生芽必须及时转接,以免褐化死亡。

四、壮苗与生根培养

在转接过程中,将高度为 3～5 cm 的芽分离,剥除基部枯黄叶,切出新伤口,接种在 MS(改良)+BA 3 mg/L+KT 0.2 mg/L+NAA 0.5 mg/L、pH 值为 5.8 的壮苗生根培养基上,促进芽的生长发育。经过 30～40 d 的培养,当基部根系长到 0.5～1 cm 时,苗茎叶也已发育充分,具备炼苗移栽的条件。

五、炼苗移栽及苗期管理

将瓶苗置于温度为(25±2)℃、光照强度为 3 000～8 000 lx 的遮阳棚下,进行 7～10 d 的光照炼苗。需要注意的是,在移栽前 3～5 d 将瓶口分 2～3 次逐渐打开,开盖炼苗 1 d。

炼苗结束,将苗取出,在清水里轻轻洗掉苗基部的培养基,然后将苗放进75%的多菌灵 1 000 倍液里浸泡 10 min,晾干叶面的水分,将苗植入经过消毒处理的、等量的泥炭和木纤维的混合基质中。穴盘苗放置到苗床后,及时喷淋一次透水。在温度为 25～30 ℃、光照强度为 2 000～3 000 lx、相对湿度为 80%～95% 的遮阳棚内,经过 40～60 d 可以生出新根,60 d 后增强光照强度至 5 000～8 000 lx,炼苗 150～180 d,苗高为 10～15 cm,3～4 片展开叶,根系布满基质,提苗不散,炼苗结束。炼苗期间每周用 75% 的多菌灵 1 000 倍液喷雾一次。

任务九　铁线莲

铁线莲为毛茛科铁线莲属草质藤本植物(图 7-1-31)。该物种花朵硕大,茎叶繁盛,主要应用于庭院绿化和园林造景，非常适合攀援生长，是理想的盆栽植物。

图 7-1-31 铁线莲植株

一、茎段处理及表面灭菌

春季，在三年生的铁线莲植株上，选取健壮、无病虫害的当年新生嫩茎，去除叶片（留叶柄），将嫩茎剪切成 10 cm 长的小段，放入洗洁精水中浸泡 5 min，用海绵擦拭后，再用自来水冲洗 2 min。在超净工作台上，用 0.1% 的升汞溶液（滴入 1 ~ 2 滴吐温 -20）将嫩茎消毒 8 ~ 10 min，再用无菌水冲洗 3 ~ 5 遍。将嫩茎捞出，置于无菌滤纸上吸干表面水分。

二、接种

切除嫩茎上的叶柄，将嫩茎切成 2 cm 左右的茎段，每个茎段保留 1 ~ 2 个腋芽。将茎段接种到 MS+BA 0.2 mg/L+NAA 0.1 mg/L+AC 0.5 g、pH 值为 5.6 的培养基上，促使腋芽萌发。培养条件：温度为 26 ℃、光照强度为 2 500 lx、光照时长为 12 h/d。培养 15 ~ 20 d 后，由腋芽萌发而形成新的嫩茎长度可达到 4 ~ 6 cm。

三、丛生芽诱导及继代培养

将由腋芽萌发而形成的新茎切下，剪切成 2 ~ 3 cm 带腋芽的茎段，接种到 MS+BA 0.5 mg/L+NAA 0.1 mg/L、pH 值为 5.6 的培养基上，培养 30 d 左右，在腋芽的部位诱导出丛生芽。将丛生芽分割，接种在 MS+BA 0.5 mg/L+NAA 0.1 mg/L、pH 值为 5.6 的培养基上，进行继代培养。培养 45 d 左右，芽的增殖系数可达到 2.7 以上。

四、生根培养

将高度为 3 cm 以上的生长健壮的芽从基部切割下来，接种在 1/2 MS+NAA 0.2 mg/L+AC 0.25 g、pH 值为 5.6 的培养基上。培养条件为温度 26 ℃、光照强度 2 500 lx、光照时长 12 h/d。经过 20 d 的培养，就可以在芽基部诱导出不定根，根系呈白色辐射状（图 7-1-32）。培养 40 d 后，平均根长达到 6.2 cm，平均根数为 4.4 条，植株生长健壮，具备移栽条件。

图 7-1-32 铁线莲生根苗

五、炼苗移栽及苗期管理

将培养 40 d 的铁线莲生根苗移入温室，在温度为 20 ~ 28℃、光照强度为 2 500 ~ 3 500 lx 的条件下进行 3 d 的适应性锻炼，然后揭开封口膜，在温室内炼苗 3 天，取出生根苗，洗净根系附着的培养基，控干表面水分后，植入经过消毒的泥炭、园土、珍珠岩混合基质（比例为 2：4：1）中，浇透水。

生根苗移植后，喷施 72.2% 的普力克水剂 600～800 倍液，以后每周喷施一次。半个月之后新根发出，每隔 10 d 可用 50% 的甲托可湿性粉剂 1 500 倍液和 72.2% 的普力克水剂 600～800 倍液交替喷施。

移植初期，相对湿度控制在 65%～80%，土壤湿度以基质表面柔软湿润为宜，不可多浇水。晴天，相对湿度过低时，可以进行叶面喷水增湿。夜晚保持叶面干爽，防止病害发生。新根发生后，可以停止叶面喷水，基质保持柔软湿润即可。

栽植初期，温度以 25℃ 左右为宜，光照强度控制在 3 500 lx 以下。新根发出后，温度可控制在 18～30 ℃，光照强度可调整到 3 000～5 000 lx。

任务十　玛丽安

玛丽安，别名白玉黛粉叶，是天南星科花叶万年青属常绿观叶植物，原产于美洲热带地区。玛丽安株高为 40～90 cm，叶片全缘，长为 15～30 cm，宽约为 15 cm，泛布各种乳白色或黄色斑块，喜光，耐高温，适合水培，是一种理想的机场、车站及商寓公共走廊装饰摆放花卉，具有较大的市场应用价值。

一、外植体处理及表面灭菌

选取健壮且无病虫害的玛丽安植株作为母本，取生长势强的分枝，以去除叶片的茎段作为外植体（图 7-1-33）。在流动的自来水中将外植体冲洗 10 min，用海绵蘸洗洁精水轻轻刷洗外植体表面，冲洗干净之后，进一步修整，剪成 3～5 cm 一段，放入 20% 的次氯酸钠溶液中灭菌 15 min，冲洗干净，在无菌条件下将外植体置于 0.1% 的升汞溶液（滴入 1～2 滴吐温 -20）灭菌 10～12 min，再用无菌水冲洗 3～5 次。最后用无菌滤纸吸去外植体表面的水分。

图 7-1-33　玛丽安植株及茎段外植体

二、接种

切除外植体基部和顶部被药液浸润的部分，以节间芽点为中心，外植体保留 1.5～2 cm。然后斜插入 MS（改良）+BA 2 mg/L+NAA 0.3 mg/L、pH 值为 5.8 的培养基中，插入深度以露出生长点为宜。

将外植体移入培养室，环境条件为温度 25 ℃、光照强度 3 000 lx、光照时间 12～14 h/d，培养 5～6 周，外植体上的芽陆续萌发，新发芽平均高度达到 3 cm 时，需要转移到新鲜的培养基上进行增殖培养。

三、丛生芽诱导及继代培养

将丛生芽转移到 MS（改良）+BA 3 mg/L+KT 1 mg/L+NAA 0.3 mg/L、pH 值为 5.8 的培养基中。1～2 个芽为一团，培养条件为室温 25 ℃、光照强度 3 000 lx 左右、光照时长 12～14 h/d。

经过大约 5 周的培养，每个芽团长出 1～2 个新芽，继而发育成 3～4 个芽的较大芽团块。

将新的芽团切分开，1～2 个芽为一团，转移到同样培养基中进行继代培养。以后每隔 40～45 d 将丛生芽分割一次，转移到新鲜的培养基上，使丛生芽继续增殖。

在继代培养阶段，丛生芽必须及时转接，以免褐化死亡。

四、壮苗与生根培养

在转接的过程中，将高度为 3～5 cm 的芽分离，剥除基部枯黄叶，切出新伤口，接种在 MS（改良）+BA 1 mg/L+KT 0.2 mg/L+NAA 0.5 mg/L、pH 值为 5.8 的壮苗生根培养基上，促进芽的生长发育。

经过 40～60 d 的培养，当基部根系长到 0.5～1 cm 时，苗茎叶也已发育充分，具备炼苗移栽的条件。

五、炼苗移栽及苗期管理

将瓶苗置于温度为（25±2）℃、光照强度为 5 000～10 000 lx 的遮阳棚下，进行 7～10 d 的光照炼苗。需要注意的是，在移栽前 3～5 d 将瓶口分 2～3 次逐渐打开，开盖炼苗 1 d。

炼苗结束，将苗取出，在清水里轻轻洗掉苗基部的培养基，然后将苗放进 75% 的多菌灵 1 000 倍液里浸泡 10 min，晾干叶面的水分，将苗植入经过消毒处理的等量的泥炭和木纤维的混合基质中。穴盘苗放置到苗床后，及时喷淋一次透水。在温度为 25～30 ℃、光照强度为 3 000～5 000 lx、相对湿度为 80%～95% 的遮阳棚内，40～60 d 可以生出新根，60 d 后增强光照强度至 5 000～10 000 lx，炼苗 120～150 d，苗高 10～15 cm，3～4 片展开叶，根系布满基质，提苗不散，叶片出现似盆栽成品典型的乳白色或黄色斑块，炼苗结束。炼苗期间每周用 75% 的多菌灵 1 000 倍液喷雾一次。

任务十一　龟背竹

龟背竹（*Monstera deliciosa* Liebm.）是天南星科龟背竹属攀缘植物，叶片呈心状卵形，边缘羽状分裂、革质，叶片颜色翠绿，羽裂如龟壳花纹，奇特美丽，且具有一定的耐阴性，是优良的室内盆栽植物。龟背竹可以吸收甲醛、净化空气，又因寓意"健康长寿"市场十分畅销。

一、外植体处理及表面灭菌

选取健壮且无病虫害的龟背竹植株作为母本，取生长势强的幼嫩分枝，以去除叶片的茎段作为外植体。在流动的自来水中将外植体冲洗 10 min，用海绵蘸洗洁精水轻轻刷洗外植体表面，冲洗干净之后，进一步修整，剪成 3～5 cm 一段，放入 20% 的次氯酸钠溶液中灭菌 15 min，冲洗干净，在无菌条件下将外植体置于 0.2% 的升汞溶液（滴入 1～2 滴吐温 -20）灭菌 10～12 min，再用无菌水冲洗 3～5 次，最后用无菌滤纸吸去外植体表面的水分。

二、接种

切除外植体基部和顶部被药液浸润的部分，以节间芽点为中心，外植体保留 1.5～2 cm。然后斜插入 MS（改良）+BA 2 mg/L+NAA 0.2 mg/L、pH 值为 5.8 的培养基中，插入深度以露出生长点为宜。

将外植体移入培养室，环境条件为温度 25 ℃、光照强度 3 000 lx、光照时间 12～14 h/d，培养 4～5 周，外植体上的芽陆续萌发，当新发芽平均高度达到 3 cm 时，需要转移到新鲜的培养基上进行增殖培养。

三、丛生芽诱导及继代培养

将丛生芽切割成 1～2 个芽为一团，转移到 MS（改良）+BA 3 mg/L+NAA 0.5 mg/L、pH 值为 5.8 的培养基中（图 7-1-34～图 7-1-36）。送入培养室，培养条件为室温 25 ℃、光照强度 3 000 lx 左右、光照时长 12～14 h/d。

图 7-1-34　母本　　　图 7-1-35　外植体诱导　　　图 7-1-36　丛生芽照片

经过 4～6 周培养，每个芽团长出 1～2 个新芽，继而发育成 3～4 个芽的较大芽团块。将新的芽团切分开，1～2 个芽为一团，转移到同样培养基中进行继代培养。以后每隔 30～40 d 将丛生芽分割一次，转移到新鲜的培养基上，使丛生芽继续增殖。

在继代培养阶段，丛生芽必须及时转接，以免褐化死亡。

四、壮苗与生根培养

在转接过程中，将高度为 3～5 cm 的芽分离，剥除基部枯黄叶，切出新伤口，接种在 MS（改良）+BA 1.5 mg/L+NAA 0.5 mg/L、pH 值为 5.8 的壮苗生根培养基上，促进芽的生长发育。经过 40 d 培养，当基部根系长到 0.5～1 cm 时，苗茎叶也已发育充分，具备炼苗移栽的条件。

五、炼苗移栽及苗期管理

将瓶苗置于温度为（25±2）℃、光照强度为 5 000～8 000 lx 的遮阳棚下，进行 7～10 d 的光照炼苗。需要注意的是，在移栽前 3～5 d 将瓶口分 2～3 次逐渐打开，开盖炼苗 1 d。

炼苗结束，将苗取出，在清水里轻轻洗掉苗基部的培养基，然后将苗放进 75% 的多菌灵 1 000 倍液里浸泡 10 min，晾干叶面的水分，将苗植入经过消毒处理的、等量的泥炭和木纤维的混合基质中。穴盘苗放置到苗床后，及时喷淋一次透水。在温度为 25～30 ℃、光照强度为 2 000～3 000 lx、相对湿度为 80%～95% 的遮阳棚内，30～40 d 可以生出新根，50 d 后增强光照强度至 7 000～10 000 lx，炼苗 90～120 d，苗高为 10～15 cm，2～3 片展开叶，根系布满基质，提苗不散，炼苗结束。炼苗期间每周用 75% 的多菌灵 1 000 倍液喷雾一次。

任务十二　花叶榕

花叶榕（*Ficus microcarpa* 'Variegata'）是桑科榕属植物，常绿灌木或小乔木。花叶榕的叶片呈椭圆形，叶端具乳白色或淡黄色斑块，可作为盆栽，具有较高的观赏价值。

一、外植体处理及表面灭菌

选取健壮且无病虫害的花叶榕植株作为母本，取生长势强分枝，以去除叶片的茎段作为外植体。在流动的自来水中将外植体冲洗 10 min，进一步修整，剪成 3～5 cm 一段，放入 20% 的次氯酸钠溶液中灭菌 5 min，用无菌水冲洗干净，在无菌条件下将外植体置于 0.2% 的升汞溶液（滴入 1～2 滴吐温 -20）灭菌 3～5 min，再用无菌水冲洗 3～5 次。最后用无菌滤纸吸去外植体表面的水分。

二、接种

切除外植体基部和顶部被药液浸润的部分，以节间芽点为中心，外植体保留 0.5 cm。然后斜插入 MS（改良）+TDZ 0.05 mg/L、pH 值为 5.8 的培养基中，插入深度以露出生长点为宜。

　　将外植体移入培养室，环境条件为温度 25 ℃、光照强度 3 000 lx、光照时间 12 ～ 14 h/d，培养 4 ～ 5 周，外植体上的芽陆续萌发，新发芽平均高度达到 2 ～ 3 cm 时，需要转移到新鲜的培养基上进行增殖培养（图 7-1-37 ～图 7-1-39）。

图 7-1-37　母本　　　　　　　图 7-1-38　外植体　　　　　　图 7-1-39　接种

三、丛生芽诱导及继代培养

　　将丛生芽转移到 MS（改良）+BA 1 mg/L+NAA 0.2 mg/L、pH 值为 5.8 的培养基中。1 ～ 2 个芽一团，培养条件为室温 25 ℃、光照强度 3 000 lx 左右、光照时长 12 ～ 14 h/d。经过大约 4 周的培养，每个芽团长出 1 ～ 2 个新芽，继而发育成 3 ～ 4 个芽的较大芽团块。

　　将新的芽团切分开，1 ～ 2 个芽为一团，转移到同样的培养基中进行继代培养。以后每隔 30 ～ 40 d 将丛生芽分割一次，转移到新鲜的培养基上，使丛生芽继续增殖。

　　在继代培养阶段，丛生芽必须及时转接，以免褐化死亡。

四、壮苗与生根培养

　　在转接过程中，将高度为 3 ～ 5 cm 的芽分离，剥除基部枯黄叶，切出新伤口，接种在 MS（改良）+BA 0.5 mg/L+IBA 0.2 mg/L、pH 值为 5.8 的壮苗生根培养基上，促进芽的生长发育。经过 40 d 的培养，当基部根系长到 0.5 ～ 1 cm 时，苗茎叶也已发育充分，具备炼苗移栽的条件。

五、炼苗移栽及苗期管理

　　将瓶苗置于温度为（25±2）℃、光照强度为 5 000 ～ 10 000 lx 的遮阳棚下，进行 7 ～ 10 d 的光照炼苗。需要注意的是，在移栽前 3 ～ 5 d 将瓶口分 2 ～ 3 次逐渐打开，开盖炼苗 1 天。

　　炼苗结束，将苗取出，在清水里轻轻洗掉苗基部的培养基，然后将苗放进 75% 的多菌灵 1 000 倍液中浸泡 10 min，晾干叶面的水分，将苗植入经过消毒处理的、等量的泥炭和木纤维的混合基质中。穴盘苗放置到苗床后，及时喷淋一次透水。在温度为 25～30 ℃、光照强度为 3 000～5 000 lx、相对湿度为 80%～95% 的遮阳棚内，40～60 d 可以生出新根，60 d 后增强光照强度至 5 000～10 000 lx，炼苗 90～120 d，苗高为 10～15 cm，3～4 片展开叶，根系布满基质，提苗不散，叶片具有成品典型的叶脉特征，炼苗结束。炼苗期间每周用 75% 的多菌灵 1 000 倍液喷雾一次。

任务十三　青苹果竹芋

青苹果竹芋 [*Calathea orbifolia*（Linden）H.A.Kenn] 是竹芋科竹芋属常绿植物，叶片根出、丛生，叶柄为浅紫色；叶片呈圆形，中肋银灰色，规则排列、十分优美。青苹果竹芋叶色清新、叶片图案美丽，是居室装饰不可多得的花材。

一、外植体处理及表面灭菌

选取健壮且无病虫害的青苹果竹芋作为母本，取生长势强新枝（管）基部侧芽作为外植体。在流动的自来水中将外植体冲洗 10 min，用海绵蘸洗洁精水轻轻刷洗外植体表面，冲洗干净之后，进一步修整，保留 2～3 cm，放入 20% 的次氯酸钠溶液中灭菌 15 min，用无菌水冲洗干净，在无菌条件下将外植体置于 0.2% 的升汞溶液（滴入 1～2 滴吐温 -20）灭菌 8～10 min，再用无菌水冲洗 3～5 次。最后用无菌滤纸吸去外植体表面的水分。

二、接种

切除外植体基部和顶部被药液浸润的部分，以生长点为中心，外植体保留 1.5～2 cm（图 7-1-40）。然后斜插入 MS（改良）+BA 3 mg/L+NAA 0.3 mg/L、pH 值为 5.8 的培养基中，插入深度以露出生长点为宜。

将外植体移入培养室，环境条件为温度 25 ℃、光照强度 3 000 lx、光照时间 12～14 h/d，培养 5～6 周，外植体上的芽陆续萌发，新发芽平均高度达到 3 cm，基部有 1～2 个新的侧芽萌发时，需要转移到新鲜的培养基上进行增殖培养。

三、丛生芽诱导及继代培养

将丛生芽转移到 MS（改良）+BA 1 mg/L+KT 0.5 mg/L+NAA 0.3 mg/L、pH 值为 5.8 的培养基中。1～2 个芽为一团，培养条件为室温 25 ℃、光照强度 3 000 lx 左右、光照时长 12～14 h/d。经过大约 5 周的培养，每个芽团长出 1～2 个新芽，继而发育成 3～4 个芽的较大芽团块。

将新的芽团切分开，1～2 个芽一团，转移到 MS（改良）+BA 1.5 mg/L+KT 0.5 mg/L+NAA 0.3 mg/L、pH 值为 5.8 的培养基中进行继代培养。以后每隔 40～45 d 将丛生芽分割一次，转移到新鲜的培养基上，使丛生芽继续增殖（图 7-1-41）。

在继代培养阶段，丛生芽必须及时转接，以免褐化死亡。

四、壮苗与生根培养

在转接过程中，将高度为 3～5 cm 的芽分离，剥除基部枯黄叶，切出新伤口，接种在 MS（改良）+BA 0.5 mg/L+KT 0.2 mg/L+NAA 0.5 mg/L、pH 值为 5.8 的壮苗生根培养基上，促进芽的生长发育。

经过 30 ～ 40 d 的培养，当基部根系长到 0.5 ～ 1 cm 时，苗茎叶亦已发育充分，具备炼苗移栽的条件（图 7-1-42）。

图 7-1-40 外植体处理　　　图 7-1-41 丛生芽诱导　　　图 7-1-42 生根培养

五、炼苗移栽及苗期管理

将瓶苗置于温度为（25±2）℃、光照强度为 3 000 ～ 8 000 lx 的遮阳棚下，进行 7 ～ 10 d 的光照炼苗。需要注意的是，在移栽前 3 ～ 5 d 将瓶口分 2 ～ 3 次逐渐打开，开盖炼苗 1 d。

炼苗结束，将苗取出，在清水里轻轻洗掉苗基部的培养基，然后将苗放进 75% 的多菌灵 1 000 倍液里浸泡 10 min，晾干叶面的水分，将苗植入经过消毒处理的、等量的泥炭和木纤维的混合基质中。穴盘苗放置到苗床后，及时喷淋一次透水。在温度为 25 ～ 30 ℃、光照强度为 2 000 ～ 3 000 lx、相对湿度为 80% ～ 95% 的遮阳棚内，40 ～ 60 d 可以生出新根，60 d 后增强光照强度至 5 000 ～ 8 000 lx，炼苗 150 ～ 180 d，苗高为 10 ～ 15 cm，3 ～ 4 片展开叶，根系布满基质，提苗不散，炼苗结束。炼苗期间每周用 75% 的多菌灵 1 000 倍液喷雾一次。

任务十四　凤梨

凤梨［*Ananas comosus*（L.）Merr］是凤梨科凤梨属草本植物，叶多数，剑性、整体呈莲座状；花序于叶丛中抽出，为松球、穗状或圆锥花序，花叶兼美，常用于办公桌、客厅、阳台装饰摆放，是一种理想的室内观赏植物，市场前景非常广阔。

一、外植体处理及表面灭菌

选取健壮且无病虫害的凤梨植株作为母本，取生长势强分枝基部的侧芽，去掉叶片。在流动的自来水中将侧芽冲洗 10 min，用海绵蘸洗洁精水轻轻刷洗侧芽基部，冲洗干净之后，将侧芽进一步修整，保留 2 ～ 3 cm，放入 10% 的次氯酸钠溶液中灭菌 10 min。捞出侧芽，在无菌条件下将侧芽置于 0.2% 的升汞溶液（滴入 1 ～ 2 滴吐温 -20）灭菌 8 ～ 10 min，再用无菌水冲洗 3 ～ 5 次。最后用无菌滤纸吸去侧芽表面的水分（图 7-1-43 ～图 7-1-45）。

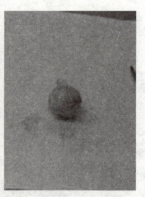

图 7-1-43　凤梨母本　　　　图 7-1-44　外植体　　　　图 7-1-45　灭菌后状态

二、接种

切除侧芽基部和顶部被药液浸润的部分，以生长点为中心，外植体保留 0.5 ～ 1 cm。然后斜插入 MS（改良）+BA 2 mg/L+NAA 0.5 mg/L、pH 值为 5.8 的培养基中，没入深度以露出生长点为宜。

将外植体移入培养室，环境条件为温度 25 ℃、光照强度 2 000 lx、光照时间 12 h/d，培养 3 ～ 4 周，外植体上的芽陆续萌发，新发芽平均高度达 2 ～ 3 cm，基部有新的侧芽萌发时，需要转移到新鲜的培养基上进行增殖培养。

三、丛生芽诱导及继代培养

将丛生芽转移到 MS（改良）+BA 3 mg/L+NAA 0.5 mg/L、pH 值为 5.8 的培养基中。顺生长方向切割，2 ～ 3 个芽为一团。培养条件为室温 25 ℃、光照强度 2 000 lx 左右、光照时长 12 h/d。经过大约 4 周的培养，每个芽团的侧芽萌发，继而发育成 4 ～ 6 个芽的较大芽团块。

将新的芽团切分开，2 ～ 3 个芽为一团，转移到 MS（改良）+BA 1.5 mg/L+NAA 0.5 mg/L、pH 值为 5.8 的培养基中进行继代培养。以后每隔 25 ～ 30 d 将丛生芽分割一次，转移到新鲜的培养基上，使丛生芽继续增殖。

在继代培养阶段，丛生芽必须及时转接，以免褐化死亡。

四、壮苗与生根培养

在转接过程中，将高度为 3 ～ 5 cm 的芽分离，切出新伤口，接种在 MS（改良）+BA 0.1 mg/L+IBA 0.3 mg/L+NAA 0.2 mg/L、pH 值为 5.8 的壮苗生根培养基上，促进芽的生长发育。经过 20 ～ 30 d 的培养，当基部根系长到 0.5 ～ 1 cm 时，苗茎叶也已发育充分，具备炼苗移栽的条件。

五、炼苗移栽及苗期管理

将瓶苗置于温度为（25±2）℃、光照强度为 5 000～8 000 lx 的遮阳棚下，进行 7～10 d 的光照炼苗。需要注意的是，在移栽前 2～3 d 将瓶口分 2～3 次逐渐打开。

炼苗结束，将苗取出，在清水里轻轻洗掉苗基部的培养基，然后将苗放进 75% 的多菌灵 1 000 倍液中浸泡 10 min，晾干叶面的水分，将苗植入经过消毒处理的等量的泥炭和木纤维的混合基质中。穴盘苗放置到苗床后，及时喷淋一次透水。在温度为 25～30 ℃、光照强度为 3 000～5 000 lx、相对湿度为 80%～95% 的遮阳棚内，20～30 d 可以生出新根。炼苗期间每周用 75% 的多菌灵 1 000 倍液喷雾一次。

任务十五　粉冠军

粉冠军，原产于热带美洲，是天南星科花烛属多年生草本植物，又名粉掌，粉掌叶片翠绿，花型独特，花期长，是深受市场欢迎的高档盆栽花卉和切花用材。通过组织培养进行粉冠军种苗繁育，不仅克服了分株繁殖速度慢、难以量产的弊端，而且避免了播种繁殖种苗质量差异大、容易变异的缺陷，推动了整个粉掌种植产业的良性和有序发展。

一、外植体处理及表面灭菌

选取健壮且无病虫害的粉冠军植株作为母本，取刚展开的新叶作为外植体（图 7-1-46）。在流动的自来水中将外植体冲洗 10 min，用海绵蘸洗洁精水轻轻刷洗叶片表面，冲洗干净之后，进一步修整叶片大小为 1.5 cm×1.5 cm，放入 10% 的次氯酸钠溶液中灭菌 3 min，用无菌水冲洗干净，在无菌条件下将外植体置于 0.1% 的升汞溶液（滴入 1～2 滴吐温 -20）灭菌 8～10 min，再用无菌水冲洗 3～5 次。最后用无菌滤纸吸去叶片表面的水分。

图 7-1-46　外植体处理

二、接种

切除叶片四周被药液浸润的部分，以叶脉为中心，将叶片切成 0.5 cm×0.5 cm。然后接入 MS（改良）+BA 1 mg/L+2, 4-D 0.1 mg/L、pH 值为 5.8 的愈伤组织诱导培养基中。

将外植体移入培养室，环境条件为温度 25 ℃、光照强度 3 000 lx，光照时间 12～14 h/d。粉冠军叶片外植体诱导愈伤组织形成比较缓慢，4～5 周，叶片外植体边缘出现少量淡黄色膨大愈伤组织，7～8 周愈伤组织凸起变大，9～10 周愈伤组织扩大，连成条状。愈伤组织诱导完成后可转接到同样培养基上进行增殖培养；经过 3～5 次转接后，愈伤组织明显膨大，需要转移到分化培养基上进行丛生芽诱导和增殖培养（图 7-1-47）。

三、丛生芽诱导及继代培养

将带有芽点的愈伤组织转移到 MS（改良）+BA 1 mg/L+KT 1 mg/L+IAA 0.1 mg/L、pH 值为 5.8 的培养基中。5～8 个芽点为一团，培养条件为室温（25±2）℃、光照强度 1 500～2 000 lx、光照时长 12～14 h/d。经过 6～8 周的培养，团块新芽显著抽高，发育出完整的茎和叶（图 7-1-48）。

图 7-1-47　接种

将新的芽团切分开，3～5 个芽为一团，转移到 MS（改良）+BA 1 mg/L+KT 1 mg/L+IAA 0.1 mg/L、pH 值为 5.8 的培养基中进行继代培养。以后每隔 6～8 周将丛生芽分割一次，转移到新鲜的培养基上，使丛生芽继续增殖。

在继代培养阶段，丛生芽必须及时转接，以免褐化死亡。

四、壮苗培养

图 7-1-48　丛生芽诱导

在转接的过程中，将高度为 2～3 cm 的芽分离，切除基部枯黄叶，接种在 MS（改良）+BA 0.5 mg/L+KT 0.2 mg/L+IAA 0.2 mg/L、pH 值为 5.8 的壮苗培养基上，促进芽的生长发育。经过 40～50 d 的培养，芽明显抽高，茎显著增粗，叶片明显变大，转移至生根培养基中进行根系诱导和培养。

五、生根培养

在转接过程中，将高度为 3～5 cm 的芽分离，切除基部枯黄叶，接种在 MS（改良）+KT 0.05 mg/L+IAA 0.5 mg/L+AC 0.1%、pH 值为 5.8 的生根培养基上，促进根系诱导和生长发育。经过 30 d 的培养，苗基部有 1～2 条长度为 0.5～1 cm 的根系，即可转移到温室进行炼苗。

六、炼苗移栽及苗期管理

将瓶苗置于温度为（25±2）℃、光照强度为 2 000～3 000 lx 的遮阳棚下，进行 7～10 d 的光照炼苗。需要注意的是，在移栽前 3～5 d 将瓶口分 2～3 次逐渐打开，开盖炼苗 1 d。

炼苗结束，将苗取出，在清水里轻轻洗掉苗基部的培养基，然后将苗放进 0.5 g/L 的高锰酸钾溶液中浸泡 5 min，将苗植入经过消毒处理的泥炭基质中。基质纤维颗粒大小在 0～10 mm，pH 值以 5.5 为宜。穴盘苗放置到苗床后，及时喷淋一次透水。在温度为（25±2）℃、光照强度为 2 000～3 000 lx、相对湿度为 80%～95% 的遮阳棚内，40～60 d 可以生出新根，60 d 后增强光照强度至 5 000～8 000 lx，炼苗 150～180 d，苗高为 8～10 cm，3～4 片展开叶，根系布满基质，提苗不散，炼苗结束。炼苗期间每周用 75% 的多菌灵 1 000 倍液喷雾一次。

任务十六　观音莲

观音莲，别名黑叶芋，是天南星科海芋属植物，原产于亚洲热带地区。其叶片呈箭形盾状，墨绿色，叶脉银白色明显，叶背紫色，花为佛焰花序，具有较高的观赏价值。

一、外植体处理及表面灭菌

选取健壮且无病虫害的观音莲植株作为母本，取生长势强分枝，以去除叶片的茎段作为外植体（图 7-1-49）。在流动的自来水中将外植体冲洗 10 min，用海绵蘸取洗洁精水轻轻刷洗外植体表面，冲洗干净之后，进一步修整，剪成 3～5 cm 一段，放入 20% 的次氯酸钠溶液中灭菌 15 min，用无菌水冲洗干净，在无菌条件下将外植体置于 0.1% 的升汞溶液（滴入 1～2 滴吐温 -20）灭菌 10～12 min，再用无菌水冲洗 3～5 次。最后用无菌滤纸吸去外植体表面的水分。

二、接种

切除外植体基部和顶部被药液浸润的部分，以节间芽点为中心，外植体保留 1.5～2 cm。然后斜插入 MS（改良）+BA 2.5 mg/L+NAA 0.4 mg/L、pH 值为 5.8 的培养基中，插入深度以露出生长点为宜。

将外植体移入培养室，环境条件为温度 25 ℃、光照强度 3 000 lx、光照时间 12～14 h/d，培养 5～6 周，外植体上的芽陆续萌发，新发芽平均高度达到 3～4 cm 时，需要转移到新鲜的培养基上进行增殖培养。

图 7-1-49　观音莲植株及外植体

三、丛生芽诱导及继代培养

将丛生芽转移到 MS（改良）+BA 3 mg/L+NAA 0.2 mg/L、pH 值为 5.8 的培养基中。1～2 个芽为一团，培养条件为室温 25 ℃、光照强度 3 000 lx 左右、光照时长 12～14 h/d。经过大约 5 周的培养，每个芽团长出 1～2 个新芽，继而发育成 3～4 个芽的较大芽团块。

将新的芽团切分开，1～2个芽为一团，转移到同样培养基中进行继代培养。以后每隔40～45 d将丛生芽分割一次，转移到新鲜的培养基上，使丛生芽继续增殖。

在继代培养阶段，丛生芽必须及时转接，以免褐化死亡。

四、壮苗与生根培养

在转接过程中，将高度为3～5 cm的芽分离，剥除基部枯黄叶，切出新伤口，接种在MS（改良）+BA 1.5 mg/L+KT 0.5 mg/L+NAA 0.4 mg/L、pH值为5.8的壮苗生根培养基上，促进芽的生长发育。经过40～60 d的培养，当基部根系长到0.5～1 cm时，苗茎叶也已发育充分，具备炼苗移栽的条件。

五、炼苗移栽及苗期管理

将瓶苗置于温度为（25±2）℃、光照强度为5 000～10 000 lx的遮阳棚下，进行7～10 d的光照炼苗。需要注意的是，在移栽前3～5 d将瓶口分2～3次逐渐打开，开盖炼苗1 d。

炼苗结束，将苗取出，在清水里轻轻洗掉苗基部的培养基，然后将苗放进75%的多菌灵1 000倍液中浸泡10 min，晾干叶面的水分，将苗植入经过消毒处理的等量的泥炭和木纤维的混合基质中。穴盘苗放置到苗床后，及时喷淋一次透水。在温度为25～30 ℃、光照强度为3 000～5 000 lx、相对湿度为80%～95%的遮阳棚内，40～60 d可以生出新根，60 d后增强光照强度至5 000～10 000 lx，炼苗90～120 d，苗高为10～15 cm，3～4片展开叶，根系布满基质，提苗不散，叶片具有成品典型的叶脉特征，炼苗结束。炼苗期间每周用75%的多菌灵1 000倍液喷雾一次。

任务十七　君子兰

君子兰（*Clivia*）为石蒜科君子兰属多年生草本植物，原产于南非，后经德国和日本传入中国。主要包括大花君子兰、细叶君子兰、有茎君子兰、奇异君子兰、垂笑君子兰和大君子兰六大类。其中，大花君子兰和垂笑君子兰在我国较为常见。君子兰株形端正，叶片左右对称，叶色翠绿，四季常青，花大而色艳且花期长，果球形红色且挂果期长，叶、花、果均具有很高的观赏价值。

君子兰主要用种子播种和分株繁殖。但君子兰为高度杂合体，种子播种虽然可以大量繁殖，但后代变异较大；分株繁殖虽然后代性状与母本一致，但繁殖系数太低，远远不能满足商品化生产的需求。目前，组织培养技术已成为花卉繁殖的一条重要途径。君子兰的组织培养繁殖是利用君子兰的组织或器官的一小部分，培育繁殖君子兰的方法，采用这种方法能够保持品种的优良性状，并缩短培育时间，是君子兰快速繁殖的一种新技术。君子兰的许多器官都可以作为外植体，且易于经愈伤组织产生不定芽，如成熟胚、未开放花蕾的子房、花托、花丝、花柱、子房壁、胚珠、幼胚、幼叶、茎尖、叶片、根尖等。

一、君子兰种子离体培养

1.种子消毒与接种

采集君子兰成熟果实，先用流水冲洗 5 ～ 10 min，70% 酒精浸泡 10 s 后，用 0.1% 升汞溶液处理 10 min 进行整体消毒，最后用无菌水冲洗 5 ～ 8 次。在超净工作台上剥离果实中的种子进行接种。

2.初代培养

将君子兰种子接种在 MS+2，4-D 2 mg/L+BA 2 mg/L 的培养基上，有利于愈伤组织的形成，外植体愈伤组织诱导率最高，但不利于分化成苗；而在 MS+NAA 1 mg/L+BA 1 mg/L 的培养基上，适合君子兰分化成苗。

多数种子培养 5 d 后即开始萌发，10 d 后萌发的胚渐渐伸长，培养 20 d 后，长出胚芽鞘（图 7-1-50）；30 d 左右可长出第一片子叶。一些种子在初代培养 50 d 后，芽以下部位出现脱分化，并出现淡黄色愈伤组织，继续在原来的培养基上进行培养，30 ～ 50 d 后愈伤组织出现绿色凸起，培养 20 ～ 30 d 可形成再生苗（图 7-1-51）。培养条件为温度 20 ～ 25 ℃、光照时长 8 ～ 10 h/d、光照强度 1 500 ～ 2 500 lx。

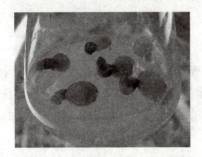

图 7-1-50　种子离体培养直接诱导成苗

图 7-1-51　种子离体培养诱导产生愈伤组织

3.继代培养

在 MS+2，4-D 2.0 mg/L+BA 1.0 mg/L+NAA 0.5 mg/L 培养基上进行增殖培养。

4.生根培养

君子兰不易生根，且生根周期长，生根培养过程中对水分有一定要求，只有足够多的水分和湿度，再生芽才易萌发新根，根壮、幼嫩。活性炭对君子兰离体生根效果明显，最适合的生根培养基为 1/2 MS+NAA 1.5 mg/L+ 活性炭 2.0 g+ 蔗糖 10 g+ 琼脂 5 g，君子兰再生芽的生根率最高，培养 20 d 后开始生根，60 d 后生根率达到 70% ～ 80%。

生根培养基还可以选择在 1/2 MS 培养基中添加 IBA 0.1 mg/L+ 活性炭 3 g/L 或 IBA 1.0 mg/L+ 活性炭 3 g/L，都能有效促进幼苗生根。生根阶段可适当提高，若采用自然光照则较灯光照明幼苗素质好。

二、君子兰叶片离体培养

1.外植体选取与处理

以君子兰叶片为外植体，流水冲洗 30 min，再用 0.1% 升汞溶液浸泡 10 min，最后用无菌水冲洗 4 ～ 5 次。

2. 初代培养

君子兰叶片在初代培养基上诱导愈伤组织的产生与分化。叶片接种方式对防止"褐变"的作用很大，接种时叶片向下为最好。君子兰叶片组织培养适宜的培养基为 MS+NAA 2.0 mg/L+2，4-D 4.0 mg/L+BA 2.0 mg/L+ 蔗糖 5 %，叶片褐变程度小，绿色率高，有利于愈伤组织产生。

3. 增殖培养

君子兰在 MS+BA 2.0 mg/L+NAA 2.0 mg/L+2，4-D 1.0 mg/L 培养基上进行分化培养，愈伤组织分化较快，幼苗长势较好。愈伤组织再分化的培养基为 MS+6-BA 2 mg/L+NAA 0.05 mg/L；脱分化的培养基为 MS+2，4-D 1 mg/L+6-BA 1 mg/L、MS+2，4-D 1 mg/L+ NAA 2 mg/L。

4. 生根培养

君子兰生根培养同上。君子兰最适合的生根培养基为 1/2 MS+NAA 1.5 mg/L+ 活性炭 2.0 mg/L+ 蔗糖 10 g/L+ 琼脂 5 g/L ，或者 1/2 MS+IBA 0.1 mg/L+ 活性炭 3 g/L 培养基，都可以有效促进幼苗生根。

三、君子兰未成熟胚离体培养

1. 外植体采集及处理

收集君子兰自花授粉后未成熟的果实（未成熟胚的胚龄是指自花授粉后的天数），用自来水冲洗干净后，于超净工作台上用 70% 酒精进行表面消毒，再用无菌水漂洗 3 次。在无菌操作台上取出种子，放于 0.1% $HgCl_2$ 中消毒 10 min，用无菌水漂洗 3 次后，再用无菌镊子剥取出未成熟胚。

2. 初代培养

将未成熟胚直接接种在初代培养基上，胚芽为浅黄色，胚轴为白色；培养 5 d 后的胚芽渐渐变成深黄色，开始膨大；培养 10 d 后胚渐渐变成深绿色（图 7-1-52）；培养 15 d 后出现胚芽鞘；培养 30 d 后长出第 1 片真叶；培养 90 d 后再生芽高度可达 3 cm 以上。研究发现，胚发育指数在 0.5 ～ 0.7 的未成熟胚很快脱分化形成愈伤组织。而胚发育指数大于 0.7 的成熟胚则很难形成愈伤组织。其适用于诱导君子兰种胚脱分化的培养基 MS+2，4-D 5 mg/L。

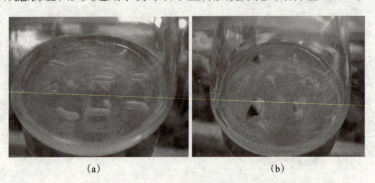

（a）　　　　　　　　　　　　（b）

图 7-1-52　君子兰未成熟胚的初代培养

（a）刚接种的未成熟胚；（b）培养 10 d 后胚逐渐变成深绿色

3. 增殖培养

外植体接种一个月后体积由直径为 1 mm 增大至 2 mm，转入继代培养半年后，体积增大至 7 mm，颜色由绿色转为赭色，在培养基 MS+2，4-D 2.0 mg/L+BA 1.0 mg/L+NAA 0.5 mg/L 上进行增殖培养（图 7-1-53）。

(a)   (b)

图 7-1-53　君子兰未成熟胚的继代培养
（a）培养 30 d 后长出第一片真叶；（b）培养 90 d 后再生苗高度可达 3 cm 以上

4. 生根培养

君子兰生根培养同上，也可以按 1/2 MS+NAA 0.6 mg/L+ IBA 0.2 mg/L+6-BA 0.05 mg/L+ 活性炭 5 g/L 进行离体生根培养。转入生根培养半个月后即可生根。

四、君子兰花器官离体培养

在君子兰花瓣离体培养中，植株再生有两种途径：一种方式是直接诱导不定芽，然后进行扩大繁殖；另一种方式是先诱导愈伤组织，再诱导芽和根的分化。后者培养周期较长，优点是外植体的再生植频率较高，如果能保持愈伤组织的增殖能力，可以有效提高繁殖速度。君子兰花器官离体培养具有取材方便、不损伤母本植株、能保存母本品种优良性状的特点，但培养过程中愈伤组织诱导与分化均十分缓慢，愈伤组织诱导率和分化率均较低。

1. 外植体采集及处理

选取未开放幼嫩的花蕾，长度为 0.6 ～ 1.0 cm。先用流水冲洗 5 ～ 10 min，再用 70% 酒精浸泡 30 ～ 60 s，用 0.1% 升汞溶液浸泡 5 ～ 15 min，最后用无菌水冲洗 5 ～ 8 次，然后接种。

2. 愈伤组织诱导及分化

君子兰不同花器官外植体对君子兰愈伤组织的诱导及分化影响较为明显（图 7-1-54）。

花瓣外植体接种在 MS+2，4-D 2.0 mg/L+BA 1.0 mg/L+NAA 0.5 mg/L 的培养基上，愈伤组织诱导率与分化率分别达到 15.6% 与 57.1%。刚接种，花瓣外植体为淡黄绿色（A），2 周后少数外植体变为黄色，表面有光泽，4 周后转为深绿色，花瓣生长扭曲，8 周后花瓣基部开始形成愈伤组织，10 周后愈伤组织开始出现绿色凸起，28 周后愈伤组织分化出芽（B），一小部分花瓣外植体 4 周后开始膨大转绿，色泽鲜艳，34 周后花瓣外植体直接分化出再生芽（C）。

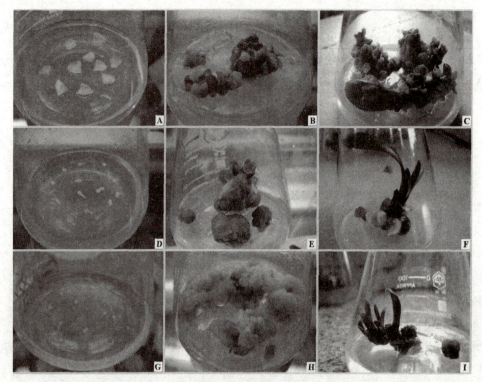

图 7-1-54　君子兰花器官离体培养愈伤组织诱导与分化

A—刚接种的花瓣外植体；B—28 周后花瓣外植体分化出的芽；C—38 周后花瓣外植体芽的增殖；
D—刚接种的花丝外植体；E—29 周后花丝由愈伤组织分化出芽；F—30 周后花丝外植体的再生苗；
G—刚接种的胚珠外植体；H—10 周后胚珠形成的愈伤组织；I—32 周后胚珠外植体的再生苗

　　花丝外植体接种在 MS+BA 2.0 mg/L+NAA 3.0 mg/L+IBA 1.0 mg/L 的培养基上，愈伤组织诱导率与分化率分别为 16.3% 和 50.0%。新接种的花丝外植体为淡黄绿色（D），培养 2 周后，一部分外植体变为黄色，3 周后转为黄绿色，表面光亮，8 周后形成愈伤组织，29 周后由愈伤组织分化出芽（E）。还有一小部分花丝外植体 2 周后开始膨大转绿，色泽鲜艳，24 周时直接出芽，30 周后花丝外植体形成再生苗（F）。

　　胚珠愈伤组织的诱导率最高，达到 41.7%，但分化率最低，仅为 15.0%。新接种的胚珠外植体为白色（G），10 周形成疏松的愈伤组织（H），后期大量褐化死亡，使芽分化率显著降低，少数愈伤组织 32 周后分化成苗（I）。

　　3. 再生苗的增殖培养

　　将君子兰再生苗直接转接到增殖培养基 MS+2, 4-D 2.0 mg/L+BA 1.0 mg/L+NAA 0.5 mg/L 上进行增殖培养。在此培养基上，植株生长健壮，增殖生长较快，紧密，叶片绿，增殖系数为 3.56，分化芽数目最多达 13 个（图 7-1-55）。

　　4. 试管苗生根培养

　　配制以 1/2MS 为基本培养基，附加 IBA 或 NAA 的生根培养基利于离体生根。附加 IBA 浓度为 3.0 mg/L 时生根率最高为 98.0%，且根粗壮、长势好，数多，平均根数为 3.6 条。附加 NAA 浓度为 1.0 mg/L 时生根率最高为 73.6%。

图 7-1-55　君子兰花器官离体苗的增殖培养

5. 炼苗及移栽

在生根无菌苗移出的前几天，先松开捆扎封口膜的绳子，敞开一个小口，然后全部揭去封口膜。揭开后，使无菌苗在瓶内炼苗 3 ～ 5 d。在培养基表面注入无菌蒸馏水，以刚好淹没培养基表面为准，既可以减缓菌体的生长，又可以防止培养基的干裂，延长炼苗时间，有利于提高试管苗的成活率。然后，用镊子轻轻取出试管苗，流水洗净培养基，栽入经过灭菌的培养土中。

君子兰喜疏松肥沃的培养土，选择保水性能好，有利于根系发育的腐叶土与珍珠岩的混合土，腐叶土肥力充足，土质疏松，透气性好，营养元素较齐全，珍珠岩则透气性好、含水量适中，化学性质稳定。

移栽试验以腐叶土与珍珠岩的混合土作为栽培基质，将基质灭菌后，放入小钵中浇透水备用。当君子兰小苗长出 2 ～ 3 条大于 3 cm 长的粗壮的根后，挑选生长健壮的小苗移出培养室，在温室中不打开封口膜放置 3 ～ 5 d，再开口炼苗 3 ～ 5 d。让小苗适应移栽后的温度和环境变化。然后将小苗取出，在自来水下用镊子和毛笔洗净黏附在根上的培养基。将小苗栽入预先准备好的基质中，适当遮荫，注意保持空气湿润，控制好温度。

任务十八　彩色马蹄莲

彩色马蹄莲是天南星科马蹄莲属球根花卉，是马莲的近缘种，彩色马蹄莲品种包括黄花马蹄莲、红花马蹄莲等。其花型为肉穗花序，佛焰苞呈红色、黄色、粉红色等。多数彩色马蹄莲绿叶带有白色条纹，可作为配叶材料。其花雅致大方，为切花、花篮、花束材料，也做盆栽观赏，具有极大的市场发展潜力。

彩色马蹄莲的常规繁殖主要通过播种法和分割块茎法进行。播种法周期长，繁殖系数小，而且变异大，很难保持彩色马蹄莲原有的优良性状；而分割块茎法一般仅在休眠期进行，取小块茎种植，第二年方可开花，时间也比较长，而且繁殖系数低，容易感染软腐病，因此，这两种繁殖方法远不能满足生产上的需要。组织培养技术繁育彩色马蹄莲可以在短期内产出大量组织培养育苗，植株长势强，开花整齐，产量高，花色均匀，能保持品种原有特征。

一、外植体选择与消毒

彩色马蹄莲快速繁殖的适宜外植体是块茎和块茎芽。取块状根茎，刮去表面无菌褐色皮层并冲洗干净，在无菌调节下，围绕芽眼切成 1.5 cm 见方组织块，用 70% 乙醇浸泡 2 min，切除四周少许组织，用 0.1% 升汞溶液消毒 20 min 左右，再用无菌水冲洗 3 ~ 6 次。还有试验表明也可在常规灭菌前，用 50% 多菌灵 2 000 倍液预先浸泡 8 h，这样可以有效地减少初代培养污染率。

将消毒后的芽眼接种到以 MS 为基本培养基，添加细胞分裂素 BA 1.0 ~ 2.0 mg/L，生长素 NAA 0.1 mg/L 进行初代培养，芽眼 30 d 左右便可萌发，并有部分丛生芽分化。继续培养 60 d 后，在部分芽块基部可形成具有许多生长点的愈伤组织块，并有大量不定芽长出，将较大的不定芽转接入继代培养基即可。

二、继代增殖培养

将分化出来的不定芽切割，并转入 MS +BA 0.2 ~ 0.5 mg/L+NAA 0.2 ~ 0.5 mg/L 继代培养基中，即可在切割基部产生具有大量愈伤组织的丛生芽。将较大的芽转入生根培养基，同时，将大量具有芽眼的愈伤组织继代培养，又可获得具有大量愈伤组织的丛生芽，如此反复达到繁殖种苗的目的。

三、生根培养

将丛生芽中 1.5 cm 以上的芽剥离成单芽，转入 1/2 MS +NAA 0.3 mg/L 生根培养基中，10 ~ 15 d 后即可诱导出健康的根系。彩色马蹄莲组织培养育苗拥有 4 个根系以上进行移栽可以获得较高的移栽成活率。

此时的切割方式影响芽的生长，若将芽转入继代培养，可用基部切割的方式分离，继代后可在基部产生较多的具有芽眼的愈伤组织，利于继代培养，若将芽转入生根培养基，可将较大的芽剥离成单芽，尽量减少切割伤口，否则在生根植株基部产生许多愈伤组织，不利于后期驯化，适宜其组织培养环境条件为温度 25℃、光照强度 1 500 ~ 2 500 lx、光照时长 9 ~ 10 h/d。

四、驯化移栽

马蹄莲组织培养育苗要求植株长势良好，叶色绿，根系发育良好，苗高为 3 ~ 5 cm，有 3 ~ 5 片发育正常的叶片。叶片发黄、细弱或无根苗在过渡阶段死亡率相当高。达到出瓶标准的组织培养育苗出瓶后洗掉琼脂，放入低浓度多菌灵消毒片刻，按一定株行距移栽入腐殖土：红土 =10：1 或草炭：蛭石：沙 =1：1：1 的基质中，或土质较好的砂壤土中，均可获得良好的生长效果。移栽 1 个月内，注意保水和遮阴。1 个月后，幼苗开始迅速生长，可适当增加光照强度，并辅助喷施叶面肥。

彩色马蹄莲在组织培养育苗生产中，移栽基质与时间是移栽后能否生存的两个重要因素。另外，有资料表明，蛭石是彩色马蹄莲组织培养育苗初次移栽的最佳基质，如选用蛭石作为基质，可配合浇灌 1 000 倍的 MS 营养液。移栽的适宜月份为 3—5 月，温度为 26 ～ 30 ℃，基质温度为 18 ～ 20℃时移栽效果最好。

幼苗移栽以春季、夏季成活率为最高，可达到 90% 左右，且生长期长，到冬季休眠时已形成 2 ～ 3 块小块茎；如果移栽迟，则成活率稍低，形成块茎，但第二年春，小苗仍会萌发生长。

苗休眠后挖出球茎，放于阴凉通风处储藏，次年春季经赤霉素浸泡处理后，进行正常栽植，5—6 月少部分球茎可开花，其他需要培养 1 年，即可长成直径 5 ～ 8 cm 的开花球，组织培养植株长势强，开花整齐，产量高，花色均匀一致保持原品种特色，广泛应用于生产园艺。

任务十九　红掌

红掌为天南星科花烛属多年生附生常绿草本植物，是世界名贵花卉，原产于南美洲热带雨林。红掌的花朵独特，佛焰苞明艳华丽，色彩丰富，极富变化，且花期长，四季开花不断，瓶插寿命很长，尤其供切花水养可长达 1 个月，盆栽单花期可达 4 ～ 6 个月，可供室内观花赏叶，深受消费者的青睐。红掌常规繁殖为分株繁殖，因其萌蘖不多，故繁殖率极低；也可用种子繁殖，但是种子不易获得，且人工授粉较难，人力耗费量大，而利用组织培养繁殖可以在较短的时间获得大量的种苗，服务于生产。

需要准备的仪器有超净工作台、高压灭菌锅、电磁炉、无菌培养皿、酒精灯、接种工具、无菌瓶、烧杯（500 mL）、玻璃棒、火柴、记号笔、纱布、70% 乙醇、75% 乙醇、母液、培养瓶、移液管、95% 乙醇、0.1% 氯化汞。

一、外植体的选择与处理

国内外对红掌愈伤组织诱导绝大多数的研究报道是：外植体—愈伤组织—愈伤组织增殖—芽—完整植株。同一成熟度的外植体，不同取材部位的愈伤组织诱导率各不同，叶柄的诱导率最高，茎段的诱导率次之，而叶片的诱导率最低。在取材时间上，当红掌新抽出的叶片展叶 2 周时，叶片、叶柄对愈伤组织的诱导效果最好，诱导率最高，诱导所需的时间也最短，所以，适宜选取刚展开的幼嫩叶片作为外植体。

外植体使用前要进行消毒处理。常规的消毒方法是将叶片放在洗洁精溶液中浸泡并搅拌 10 min 后，再用自来水冲洗 15 min，在无菌条件下，用体积分数为 75% 的乙醇消毒 30 s，然后浸泡在质量浓度为 1 g/L 的升汞溶液中灭菌 8 ～ 10 min，最后用无菌水冲洗 5 ～ 6 次，用无菌吸水纸吸干后将叶片切成 1 cm 见方大小，按形态上下级插入培养基中。初代培养温度为 25 ℃，光照时长为 8 ～ 10 h/d，光照强度为 800 ～ 1 500 lx。

二、愈伤组织的诱导

适合红掌愈伤组织诱导的基本培养基为 MS 培养基，叶柄培养以 N6、KC 和 1/2 MS 培养基为佳，叶片培养则以 P、N6 和 1/2 MS 培养基为好，适宜的激素组合及浓度配合比为 BA 2.0 mg/L+2, 4-D 0.2 mg/L；当激素配合比为 BA 2.0 mg/L+NAA 0.25 mg/L 时能很好地诱导不定芽的发生。另外，在进行红掌的愈伤组织诱导时，葡萄糖作为碳源的诱导效果明显优于蔗糖。同时，在无激素的 MS 培养基中添加椰乳 8 mL/L，可以有效促进不定芽的伸长和加粗生长，使丛生芽得到复壮。

不同放置方式和光照时间对叶片愈伤组织的诱导也有影响，叶背向下放置，光照时间为 24 h/d 和 10 h/d 的愈伤组织诱导率较高；光照时间对叶柄愈伤组织诱导无显著影响，但光照时长为 24 h/d 和 10 h/d 较无光照处理的明显促进芽的分化。同时，光照培养不但对于愈伤组织的诱导有利，而且对于不定芽的生长有明显的促进作用，以光照强度为 1 000 ～ 1 500 lx 的自然散射光最好，而黑暗培养不利于红掌愈伤组织的发生和不定芽的生长。

三、增殖和生长

在红掌的组织培养中，不定芽生根较容易，用质量浓度为 0.5 mg/L 的 NAA、2，4-D 和 IBA 三种生长素都能很好地诱导不定芽生根，生根率均达到 100%。

最佳的生根培养基为 1/2 MS+NAA 0.5 mg/L，生根率可达到 100%，生根质量好。但如果单独使用细胞分裂素，生长慢，往往继代培养 1 次需时超过 2 个月；当不定芽长到 2.5 ～ 3.0 cm，具有 3 ～ 4 片叶时，可将其切成单株在生根培养基上进行培养，培养温度为 25℃左右，光照时长为 12 h/d，光照强度为 3 000 lx。30 d 后即可长出 3 ～ 4 条根。

四、瓶苗移栽

瓶苗移栽容易成活，不需要炼苗，在继代增殖转瓶时，将长为 2 cm 以上的完整植株从基部切下，用自来水冲洗，即可移栽于苗床。移栽后浇足定根水，每日喷雾 1 ～ 2 次，苗床基质采用河沙：珍珠岩 =2：1，保持较高的湿度，遮光率为 80%，小苗移栽 7 d 后，每 7 d 喷施 1/2MS 无机盐类的营养液，60 d 后成活率达 95% 以上并长出 1 ～ 2 片新叶。另外，在珍珠岩：水苔：腐殖土 =1：2：1 的栽培基质中，红掌的组织培养育苗均生长良好，移栽成活率达 96%。对于增殖培养得到的不定芽，经无激素培养基复壮培养后，再进行增殖培养，可以提高下个增殖周期中丛生芽分化数目和芽体质量的稳定性；复壮培养后再进行生根培养，可以显著提高生根率和苗木质量。

任务二十　杜鹃

杜鹃花别名映山红、满江红、野山红、落山红，为杜鹃花科杜鹃花属常绿或落叶小灌木，具有品种多、开花早、花大而多、花色丰富、花期长等特点。其是世界著名观赏植物，也是我国十大传统名花之一和优势资源。杜鹃花用途广泛，中式或西式庭院、公园、道路旁、学校均适合栽植，并适合于绿篱、盆栽或盆景。

杜鹃为杂合体，用种子繁殖后代会发生分离，因此只有在育种时采用。而通常以扦插法繁殖，但难于生根，且要大量繁殖会受到材料来源限制，还受到季节、母株数量等诸多条件限制。采用组织培养技术，使难以繁殖生长的杜鹃，仅凭借少量母本材料，就可以进行大量快速繁殖，良品育种和名贵苗木保存。

一、杜鹃茎段组织培养

杜鹃花组织培养通常使用的外植体为茎尖、具侧芽的幼嫩茎段、叶片及种子、花蕾等。其中，种子作为外植体容易消毒，诱导成功率比较高，但新植株容易出现分离。花蕾的分化较为困难，需要的周期长；茎尖的取材受到植物材料一定限制，故国内生产上多采用带有侧芽的幼嫩茎段为初代培养的外植体。

1. 外植体取材

组织培养工作前准备的组织培养用具有培养基母液、激素母液、琼脂、蔗糖、75%酒精、无菌水、电子天平、电磁炉、超净工作台、烧杯、量筒、移液管、镊子、剪刀等。

外植体材料的准备：外植体取材可以从田间地头采取健康无病虫害，长势良好的母株，为方便取材也可将母株栽种到温室内进行培养，室内选取可在一定程度上降低粉尘及微生物的影响，采集时间最好选择有阳光的午后。

2. 外植体处理及接种

将选择好的健壮的杜鹃茎尖或带有侧芽的幼嫩茎段，去掉叶片用流水冲洗 30 min，在超净工作台上，将外植体放在 75% 酒精中浸泡 30 s，水冲洗 1 次，再将其浸泡在 5% 次氯酸钠溶液中 15 ～ 20 min，此过程中不断进行搅拌。为加强效果，还可加入 1% 克菌丹或 0.1% 吐温配合使用。最后用无菌水冲洗 4 ～ 5 次，每次最少 1 min，干后备用。

外植体处理还可以借鉴以下方法，即外植体先用自来水冲洗 30 min，再用洗洁精水浸泡 7 min，最后用自来水冲洗干净。无菌水条件下，75% 酒精浸泡 30 min，无菌水冲洗 3 ～ 4 次，再加 1% 升汞溶液消毒 10 min，用无菌水冲洗 6 ～ 8 次，用无菌吸水纸洗掉材料表面水分备用。对于外植体处理的方法，处理的时间要按实际植物材料情况，根据经验进行选择使用，以达到最佳效果。

3. 初代培养

将消毒后的材料剪出 0.5 ～ 1.0 cm 的小段，每段带 1 芽或 1 ～ 2 个节，接种在初代培养基中，培养环境条件为温度 25 ℃左右、光照强度 2 500 ～ 3 000 lx、光照时长 12 ～ 14 h/d。杜鹃大多生长在酸性土壤中，有喜酸性的生理习性，培养基的 pH 值宜为 5.0 ～ 5.4。

关于杜鹃花组织培养所用培养基，基本培养基为 Anderson 改良 MS 培养基，即将 MS 培养基中的硝酸铵和硝酸钾用量分别减至 1/4，取消了碘化钾成分，铁盐的用量增加一倍。

激素中生长素 NAA 浓度不得超过 0.1 mg/L，细胞分类素 ZT 用量的增大对诱芽效应有明显促进作用，但提高 ZT 浓度时，NAA 浓度不宜同步增加，ZT/NAA 值较大为好，其初代培养的配合比以 ZT 5 mg/L+NAA 0.01 mg/L 为宜。

4. 继代培养

杜鹃花继代增殖培养，对激素要求比初代培养有所下降。虽然增殖效应仍随 ZT 用量的增加而上升，但已不如初代培养时那么明显。此外，用于增殖培养的材料性质不同，其增殖效应也不尽相同，品种之间也存在显著的差异性。

继代增殖在 1/4 MS+ZT 1.0 mg/L+NAA 0.1 mg/L 中培养 15 d 后有绿色丛生芽出现，培养 25 ～ 30 d 可长高 3 cm 左右，即可进行生根培养。继代增殖次数不可过多，一般控制在 4 代以内为宜。

5. 试管苗的生根培养

供生根培养的试管苗要求高 1.5 cm 以上，具 7 片以上真叶，发育健壮。生根培养虽不十分困难，但对培养基的要求仍与一般植物不同，基本培养基中无机盐大量元素的用量不能减半；作为碳源蔗糖的用量仍为 30 g/L，生长素 NAA 的添加量以 1.5 ～ 2.0 mg/L 为好，培养 45 d 时的生根率为 60% 左右。

另外，试验表明，在增殖培养过程中用 KT 或 6-BA 取代 ZT 时，虽诱芽增殖效应较差，但芽条发育较粗壮。因此，在增殖培养达到一定群体数量后，用 KT 或 6-BA 进行继代培养处理，可使生根率和移栽成活率明显提高。此外，在生根培养基中添加 2 g/L 的活性炭，可使试管苗个体发育显著增强，1 个月后生根率可达到 90% 以上。

6. 试管苗驯化移栽

（1）试管苗驯化。选取高度在 2 cm 以上的试管苗，松开组织培养瓶盖在室内散射光下炼苗 2 ～ 3 d，将杜鹃组织培养瓶苗的瓶盖去掉，在室内练苗 3 ～ 4 d，以逐渐适应自然光照及温度。

（2）试管苗移栽。

1）移栽基质选择。杜鹃组织培养育苗需要移栽到经过消毒的微酸性基质中，基质可选择苔藓或泥炭、沙、珍珠岩（3∶1∶1）混合基质中，也可以腐殖土∶锯末∶珍珠岩=3∶1∶1 作为基质组合，该基质有相关报道成活率能达到 78%。基质在使用前均需用 3% ～ 5% 的高锰酸钾消毒杀菌。

2）试管苗移栽时间。试管苗移栽成活的关键是保证一定的温度、湿度条件，移栽环境与试管培养时的条件相差悬殊，常造成移栽苗生长不适或死亡。试管生根苗的移栽虽然在全年均可进行，但在不具备生根室的情况下，仍以春、秋两季进行较为稳妥方便。

3）杜鹃组织培养育苗移栽及栽培管理。移栽驯化后的组织培养育苗用镊子轻轻取出，用自来水洗净根上的培养基，清洗时注意不要伤害划破根。然后把根部放到 1 000 倍多菌灵液中浸泡 3 min 左右。移栽时用镊子去掉根部附着的培养基（不可损伤根系）。用镊尖将基质拨一个小洞，把根系放入，根系舒展勿折根，之后覆土，轻轻压实，浇足水。

环境湿度维持在 80% 左右，温度在 20 ～ 23 ℃，光率为 25% 的遮阳网覆盖能大大提高练苗成活率，经 1 ～ 2 个月管理，可定植在排水良好、不含基肥的微酸沙质壤土中，随小苗逐渐长大，适当施加稀薄液体肥。

杜鹃花属中性花卉，耐阴喜凉爽，适合温度为 18 ～ 25 ℃、通风良好的地方生长最佳。杜鹃花的根须细，粗的主根少，它既怕干又怕湿，尤其是怕重肥。施肥应掌握薄肥勤施，能淡忌浓，施加 11% 尿素 +1% KHPO。根系健壮，植株生长旺盛。杜鹃花练苗时放置地点要通风，而且尽量少移动，不通风则易患黑斑病，大批落叶。

二、花芽培养

用花芽进行组织培养，由于花外面有鳞片保护，可以得到无菌的花芽材料。可从 10 月到次年 4 月休眠期在室外生长的母株上分离得到。完全的花芽有 15 ～ 20 个小花，用自来水冲洗，把外面树脂多的部分鳞片去掉，直到露白，暴露出的小花用纸盖上。然后芽在超净工作台上用 0.5% 次氯酸钠溶液浸泡 20 ～ 30 min，无菌水进行冲洗后放到塑料培养皿，盖上无菌盖。操作时把纸盖去掉，将小花从芽上切下来，花梗部位保留，然后将花接种到无菌培养基中进行培养。

改良 Anderson 培养基有利于小花生长，激素量分别是：IAA 为 0.25 ～ 1.0 mg/L，2-IP 为 1.0 mg/L、5.0 mg/L、15.0 mg/L，IAA/2-IP 的浓度比为 1/5 和 1/4。小花开始 2 周培养在黑暗的环境，以后再在光照强度为 3 000 lx、温度为 26 ℃的条件下培养则生长更好。培养 6 ～ 8 周时，在小花和子房基部开始产生颗粒状的愈伤组织块。开始生长很慢，3 ～ 4 个月后，当转移到新的培养基时，则有大量的新梢产生，同时颗粒状的愈伤组织块持续形成。形成大量的新梢后转移到添加 IAA 4 mg/L 和活性炭 1 g/L 的 Anderson 培养基，进一步生长，10% ～ 20% 比例可以生根。也可采用一份沙、一份土壤、两份泥炭配制的混合基质，在其中扦插生根，用塑料薄膜覆盖，以保持插条的湿度。

三、种子处理

种子的灭菌处理较其他器官或组织容易得多。杜鹃花杂交种子的灭菌处理为 70% 酒精表面浸泡 1 min，灭菌水漂洗后转 0.1% 升汞溶液浸泡 10 min，灭菌水漂洗 3 次，每次 1 min 以上。灭菌后再剖实取籽、接种培养，接种两周始见发芽。出苗后取用上胚轴进行诱芽快速繁殖，养殖系数较高。成苗后，可取茎尖或茎节再培养，培养条件和方法同前。

四、快繁技术

Dabing 等（1983）在杜鹃组织培养试验中将整个过程分为诱导、伸长、生根、出芽四个阶段。细胞分裂素用 BA，蔗糖浓度为 2%，添加活性炭作用较好。

常见切花工厂化育苗技术

任务二十一　北美冬青

北美冬青原产于美国东北部，是冬青科冬青属多年生落叶灌木，雌雄异株。秋季落叶后，鲜艳的果实挂满枝头，经久不落，观赏价值极高。可用于居室盆栽、庭院及公园绿化，也可用于切枝生产，在欧美观赏植物市场上占有重要的地位，在国内也有广阔的应用前景（图 7-1-56）。

图 7-1-56　北美冬青生长期及休眠期

一、茎段处理及表面灭菌

花后，取北美冬青新萌发的、健壮的且无病虫害的幼嫩短枝（长为 5～15 cm），去掉叶片，只留叶柄，并剪去嫩枝下端 2 cm 左右。在流动的自来水中将嫩枝冲洗 10 min，用海绵蘸取洗洁精水轻轻刷洗嫩枝表面，冲洗干净后，将嫩枝放入 1% 的次氯酸钠溶液中灭菌 10 min。捞出嫩枝，在无菌条件下将嫩枝置于 0.1% 的升汞溶液（滴入 1～2 滴吐温 -20）灭菌 5～8 min，再用无菌水冲洗 3～5 次。最后用无菌滤纸吸去嫩枝表面的水分。

二、接种

切除嫩枝上的叶柄，将嫩枝切段，每段带 1～2 个腋芽。若腋芽间距短，可以每个茎段带 3 个腋芽。将茎段斜插入 MS（改良）+BA 0.5 mg/L+NAA 0.1 mg/L、pH 值为 5.6 的培养基中，没入深度以露出下端的腋芽为宜。

将茎段外植体置于室温为 25 ℃、光照强度为 500～1 000 lx 的弱光下培养 1 周，然后将光照强度调整到 3 000 lx 左右，光照时长为 12 h/d。培养 4～6 周，茎段上的腋芽陆续萌发（图 7-1-57），待新发嫩枝的平均长度达到 6 cm 时，需要将新发的嫩枝转移到新鲜的培养基上进行增殖培养，如果久不转接，新发的嫩枝容易产生玻璃化现象。

图 7-1-57 诱导外植体腋芽萌发

三、丛生芽诱导及继代培养

将新发的嫩枝转移到 MS（改良）+BA1 mg/L+NAA 0.1 mg/L、pH 值为 5.6 的培养基中。如果嫩枝过长可以切成带 2～3 个腋芽的茎段；较短的嫩枝不用剪切，直接插入培养基上。培养条件为室温 25 ℃、光照强度 3 000 lx 左右、光照时长 12 h/d。经过大约 3 周的培养，每个茎段和嫩枝会发出 3～4 个侧芽（图 7-1-58）。茎段或嫩枝下端切口处也会出现愈伤组织，继续培养，愈伤组织上会分化

图 7-1-58 诱导茎段和嫩枝发出丛生芽

出不定芽，不定芽与茎段和嫩枝上新发的侧芽没有明显的差别。

将丛生芽从母体上切割下来，较长的嫩枝再次切割成带 2～3 个腋芽的小段，转移到 MS（改良）+BA 1 mg/L+NAA 0.1 mg/L、pH 值为 5.6 的培养基中进行继代培养。以后每隔 30～45 d 将丛生芽分割一次，转移到新鲜的培养基上，使丛生芽继续增殖（图 7-1-59）。

图 7-1-59　丛生芽继续增殖

在继代培养阶段，丛生芽必须及时转接，以免产生玻璃化现象。试验证明，北美冬青的试管苗容易发生玻璃化。为避免玻璃化苗的产生，需要采取以下措施：

（1）减少培养基中铵态氮的用量或不使用铵态氮，增加硝态氮的用量。

（2）适当增加培养基中琼脂的用量，提高培养基的渗透压。

（3）将微量元素的用量增加到 1.2 倍。

（4）在培养基中添加活性炭（0.5 g/L）。

（5）及时转接，缩短继代培养时间，继代周期以 30～45 d 为宜。

（6）尽量使用带有透气膜的封口材料，如使用透气盖或透气封口膜。

四、壮苗培养

在转接过程中，将高度为 10 cm 左右的芽分离，切除下部几片叶，接种在 MS（改良）+BA 0.5 mg/L+NAA 0.1 mg/L、pH 值为 5.6 的壮苗培养基上，促进芽的生长发育和根原基的分化。

经过 45～60 d 的壮苗培养，无根苗的茎叶已经发育充分，下端切口处略微膨大，呈轻微的瘤状愈伤组织状，茎基部分化出数个小凸起状的根原基，具备炼苗移栽的条件。

五、炼苗移栽及苗期管理

将瓶苗置于温度为 25～30 ℃、光照强度为 3 000～5 000 lx 的遮阳棚下，进行一周的光照锻炼。在傍晚打开瓶盖，注入 5 mL 洁净的清水，继续炼苗 3 d。

炼苗结束，将无根苗取出，在清水里用海绵轻轻刷洗苗基部的培养基，然后将苗放进 75% 的多菌灵 1 000 倍液里浸泡 10 min，晾干叶面的水分，将苗植入经过消毒处理的、等量的泥炭和园土的混合基质中，再用 2% 的氨基寡糖素 800 倍液进行喷雾。以后每周用 75% 的多菌灵 1 000 倍液喷雾一次（图 7-1-60）。

图 7-1-60　北美冬青穴盘苗

晴天采取叶面喷水的方法增加相对湿度。基质不宜浇水过多，以基质表面柔软湿润

为宜，保持基质通气性良好，有利于生根。

幼苗栽植后，在温度为 25 ～ 30 ℃、光照强度为 3 000 ～ 5 000 lx、相对湿度为 80% ～ 95% 的遮阳棚内，4 周左右就可以发出白色的新根。

待幼苗长出新根后，可以减少或停止叶面喷水，相对湿度保持在 60% ～ 80% 范围内，基质保持柔软湿润即可。光照强度每隔 10 d 增加 10%，最终达到自然光照的水平。每月喷施 2 ～ 3 次 0.1% 的花多多 13 号水溶肥，以促进幼苗快速生长。

任务二十二　百合

百合（*Lilium brownii* var. viridulum Baker）是百合科百合属多年生鳞茎植物。百合花朵硕大、花色艳丽、芳香怡人，已成为世界五大鲜切花之一，在世界鲜花市场占有十分重要的地位。百合既可以无性繁殖，也可以有性繁殖。生产上主要用鳞片、小鳞茎和珠芽繁殖，以及组织培养繁育种苗。我国百合商品化种球 80% 以上依赖国外进口，尤其东方百合种球几乎全部依赖进口。我国通常采用分球繁殖方式，其繁殖系数低，易受病毒侵染引起种球退化，难以满足生产需要。

组织培养具有繁殖速度快、脱病毒及品种更新快等优点。近年来，在百合的引种栽培、优良品种快速繁殖和脱毒复壮上广为应用。百合的组织培养中可采用鳞片、鳞茎盘、珠芽、叶片、茎段、花器官各部和根等作为外植体，但生产上以鳞片居多，材料来源丰富，取材容易，污染率低，增殖系数高。

一、百合鳞片离体培养

1. 外植体选取与消毒

挖取生长良好、植株健壮且无病虫害的百合植株，去掉地上部分的茎秆、叶片，将地下鳞茎表面泥土除去，保留母球完整，一般直径平均为 6 ～ 8 cm。去掉母球上受损或发黄的鳞片，然后流水冲洗 20 min。

鳞茎的消毒方法依据种球大小而定。一般选取球径为 2 ～ 3 cm 的小鳞茎采用整体消毒；球径为 5 ～ 6 cm 的母球鳞茎采用分瓣消毒。具体消毒处理方法：使用 0.1% 升汞溶液消毒 8 min 或先用 75% 酒精浸泡 30 s，再用 0.1% 升汞溶液消毒 15 min，污染率较低，成活率较高。

2. 初代培养

取外层鳞片诱导能力最强，将鳞片切成 1 cm² 正方形，在无菌条件下接种在初代培养基上（MS+BA 0.5 mg/L，pH 值为 5.8）。14 d 后鳞片基部和分节处开始膨大，接种 3 ～ 5 周后，在切块的边缘上诱导出淡黄色的愈伤组织，呈环状凸起，每块有 4 ～ 8 个，再经 4 周培养后，这些愈伤组织继续生长，形成直径为 0.3 ～ 0.5 cm 的绿白色小鳞芽。

此阶段的培养室环境条件，培养温度为 20 ～ 25 ℃，光源为日光灯，光照强度为 1 000 lx，光照时长为 12 ～ 14 h/d。

3. 继代培养

百合鳞茎一般在继代培养 30 d 左右可增殖。增殖培养过程先从鳞茎基部产生小鳞茎，40 d 左右小鳞茎长大，形成 2～4 个鳞茎丛，小鳞茎慢慢抽出新芽，然后形成小植株（图 7-1-61）。

当小鳞茎长到直径为 0.5 cm 左右、高为 1 cm 时，将其轻轻剥落置入继代培养基继续培养。将诱导出的无根苗转接到 MS+BA 0.5～1.0 mg/L+ IAA 0.05～1.0 mg/L 的培养基上，光照强度为 1 500 lx。

4. 生根培养

待继代培养的丛生芽长至 3～5 cm 时，将已形成的丛生芽转接到生根培养基中，进行生根培养（图 7-1-62）。生根培养基为 MS+BA 0.5 mg/L+IAA 0.1 mg/L 或以 1/2 MS 为基本培养基，添加 NAA 0.5～1.0 mg/L 或 IBA 0.1 mg/L。培养条件为温度（27±1）℃、光照强度 2 100～2 500 lx、光照时长 12 h/d。

5. 炼苗移栽

试管苗移栽前先打开瓶塞，在自然散射光条件下炼苗 48 h，然后移栽到基质中，基质以复合基质为主，草炭＋珍珠岩（1∶1）或沙＋土（1∶1），保持温度在 15～25 ℃，湿度在 70% 以上，适当遮光。

图 7-1-61　百合鳞片的继代培养

图 7-1-62　百合鳞片的生根培养

二、百合胚离体培养

远缘杂交是培育百合新品种的重要手段，在百合种间杂交育种中，胚培养技术是克服杂交后障碍的有效手段。

1. 外植体的选择与消毒

采收百合健康饱满的果实，用软毛刷刷净上面的泥土后用清水洗净。直接对百合蒴果进行整体消毒，将蒴果置于 70% 酒精浸泡 1 min，去离子水冲洗 3 次，再放于 0.1% $HgCl_2$ 溶液中消毒 10 min，去离子水冲洗 3 次。

在无菌操作台上，用解剖刀沿蒴果三室间凹陷处切开，在解剖镜下剥除种皮和胚乳，夹取发育完全的幼胚，置于无菌培养皿上用于接种。

2. 初代培养

授粉后 40～50 d 的杂种胚最适于胚培养（即胚龄为 40～50 d，胚萌发率高，成苗率高）。初代培养基可选择 MS+NAA 0.01 mg/L+6-BA 0.1 mg/L 或 MS+NAA 0.01 mg/L+6-BA 0.5 mg/L。通常情况下，百合幼胚培养 20 d 后，开始萌发。从胚中生出白色小芽，待小芽变绿长高后基部逐渐膨大，生出不定芽。

3. 增殖培养

将在幼胚发芽培养基中长势较好的不定芽挑选出来进行继代培养，培养基为 MS+6-BA 1.0 mg/L+NAA 0.4 mg/L，培养条件为日光灯光照时长 14 h/d、光照强度 1 000～1 200 lx、温度（23±3）℃。琼脂 7 g/L，蔗糖 30 g/L，pH 值为 5.8。

4. 生根培养

生根培养基以 1/2 MS 为基本培养基，添加 NAA 0.5～1.0 mg/L 或 IBA 0.1 mg/L。培

养条件为温度（27±1）℃、光照强度 2 100 ～ 2 500 1x、光照时长 12 h/d。

5. 炼苗移栽

移栽方法同上。试管苗移栽前先打开瓶塞，在自然散射光条件下炼苗 48 h。移栽基质为：草炭 + 珍珠岩（1 : 1）或沙 + 土（1 : 1），保持温度在 15 ～ 25 ℃，湿度在 70% 以上，适当遮光。

三、百合叶片叶柄离体培养

1. 外植体选取及消毒

从叶柄处剪下叶片，清水冲洗 30 min，75% 酒精浸泡 10 s，无菌水冲洗 3 ～ 4 次，0.1%HgCl$_2$ 溶液浸泡消毒 6 min，无菌水冲洗 6 次。

2. 初代培养

在无菌操作台上，将消毒后的叶片剪成 0.5 m^2 方块，远轴面朝上平放于培养基上，叶柄剪成长约 1 cm 的小段，同样置于培养基表面。诱导培养基为 MS+BA 0.1 mg/L+NAA 1.0 mg/L+ 蔗糖 30 g/L，琼脂 6 g/L，pH 值为 5.8，有利于愈伤组织的产生，叶片增长、变宽明显，叶色浓绿。继续培养，切口处愈伤组织开始分化，有绿色凸起产生。当培养到 30 d 左右，部分愈伤组织开始分化幼叶；部分愈伤组织量增多，分化并产生小鳞茎。

初代培养先在 20 ℃下暗培养 2 周，有利于诱导愈伤组织的形成。然后将其置于散射光（500 ～ 1 000 lx）下培养，每天光照 10 h，培养温度为 25 ℃左右。

3. 继代培养

当初代培养中获得的无菌苗长至 5 cm，或形成明显愈伤组织后，将其切成小块，接种于继代培养基中，使其在 MS+6-BA 2.0 mg/L+NAA 0.2 mg/L 上进行增壮和扩大繁殖，有利于小鳞芽丛状芽的诱导和培养。

4. 生根培养

当叶片、叶柄分化小鳞芽生长出 4 ～ 6 片叶时，切取较长的植株转入 1/2 MS+IBA 0.3 mg/L 生根培养基中培养。

5. 炼苗移栽

移栽方法同上。试管苗移栽前先打开瓶塞，在自然散射光条件下炼苗 48 h。移栽基质为：草炭 + 珍珠岩（1 : 1）或沙 + 土（1 : 1），保持温度在 15 ～ 25 ℃，湿度在 70% 以上，适当遮光。

任务二十三　非洲菊

一、花器官培养

1. 外植体的选择与消毒

首先要选择花大、花色艳丽、受市场欢迎的品种，然后选择无病虫害、植株生长健壮、花色纯正的优良单株进行取材。一旦选出优良单株后，应进行挂牌标记，并一直在其上采取花蕾。作为外植体的花蕾要选择直径为 0.5～1.0 cm，而且未露心的小花蕾，太大或太小的花蕾均不能获得满意的效果。将小花蕾在自来水下冲洗干净，然后到超净工作台上用 70% 酒精浸泡 20 s，再用 0.1% 升汞溶液附加 0.5% 吐温 -20 处理 10～15 min，并不断摇动瓶子，以使消毒剂与幼花托充分接触，最后用无菌水冲洗 4 次。在无菌条件下，将幼花托的萼片及表面小花全部剥除，并切割成 0.2～0.3 cm 见方的块状，也可放入稀释的维生素 C 溶液中浸泡 1～2 min，减少褐变造成的死亡，再接种于诱导培养基中。

2. 初代培养

初代培养基为 MS+6-BA 2.0 mg/L+NAA 0.2 mg/L，若在最初的 2～3 d 选择暗培养，然后在正常的培养条件下进行培养，将减少外植体的褐变死亡。接种 7～10 d 后开始膨大，并在外植体表面产生黄白色的愈伤组织。15 d 后，多数愈伤组织逐渐转为绿色。将绿色的愈伤组织块分切成小块，接种到 MS 或 1/2 MS+6-BA 1.0～5.0 mg/L +NAA 0.2～0.5 mg/L 诱导不定芽的培养基中。根据品种的不同，部分品种可在 1 个月后分化出不定芽，多数品种要经过不断转接 3～5 个月后才会出芽，有少数品种甚至经过半年的不断转接和培养，仍然没有不定芽分化的迹象。由于整个诱导过程长而复杂，在培养过程中会因培养基和环境条件稍有不适，而出现花芽和愈伤组织褐变死亡和污染，最终导致植物组织培养失败。

3. 继代培养

由于从花托上分化出不定芽的概率比较小，一旦有芽从花托上产生，就要及时从花托上分割下来并转移到 MS+6-BA 0.2～1.0 mg/L+NAA 0.05～0.1 mg/L 继代培养基中进行快速扩大繁殖。最初的几代中，由于基数较少，可使 6-BA 的使用浓度提高到 2.0～3.0 mg/L 来尽快增殖，随着基数的不断增多，要逐渐降低 6-BA 的浓度，否则就会增加玻璃化植物组织培养育苗的比例。非洲菊快速繁殖大多数是以增殖系数为主要或唯一测定指标，并通过生长调节剂浓度和比例来调控的，实际上在高生长调节剂浓度下的高增殖系数会对增殖试管苗的生根、驯化和移栽等生产后续环节产生不利影响，造成玻璃化试管苗增加和驯化移栽成活率低等问题，王春彦等提出用有效增殖（丛生芽能够继续用于继代或转接的芽即为有效增殖）系数及丛生试管苗的生长状况为主要指标来指导生产进程。连续使用高浓度细胞分裂素，植物组织培养育苗的叶片又嫩又脆容易脱落，且边缘有深的锯齿状裂刻，不易转接操作，可用 ZT 或 KT 与 6–BA 进行一定轮次的交替使用，增加生产的稳定性，降低无效苗的消耗。

4. 生根培养

不定芽经过扩大繁殖和继代培养后，达到可维持一定生产量的增殖基数时，便可在每次继代培养时将苗高 2～3 cm 的单株切下，转入 1/2 MS+NAA 0.1 mg/L 或 IBA 0.3 mg/L 生根培养基中进行生根培养。7～8 d 后，小苗基部就会长出 3～5 条不定根，生根率可达到 98% 以上，12～15 d 后，当根长达到 0.8～1.5 cm 时，就可以出瓶驯化；如果根太长，反而不利于驯化移栽。此外生根阶段所用的生长素浓度要低，若生长素浓度高，在 NAA 0.5 mg/L 以上，根系会又短又粗且愈伤化，在移栽的过程中极易脱落和腐烂。生长素浓度在 NAA 0.1 mg/L 以内时为佳。通过对培养瓶透气性、培养环境中 CO 浓度、乙烯浓度及培养温度、光照强度、光质等环境因素进行调节，植物组织培养育苗的质量会有很大提高。移栽时用镊子将小苗从培养瓶内取出，并在水中洗去琼脂，栽入加有少量珍珠岩和腐叶土的混合基质内。如果有喷灌设施条件，则可以直接将瓶苗种植于成条的苗床上，只要注意遮阳，在喷雾条件下，一般成活率可以达到 95 % 以上。在没有自控温室的条件下，可进行人工环境管理，重点是空气相对湿度的管理，前期遮阳，后期适当增加光照，同样可以获得 90 % 以上的过渡成活率。

非洲菊驯化移栽采用的基质可依各地区资源而定，腐叶土、砻糠灰、锯木屑、菌糠、椰子壳等添加一定比例的蛭石均可达到 95 ‰ 以上的驯化成活率。前期可以不用施肥，1 个月后可适当进行叶面施肥，在整个过程中都要加强病虫害的防治工作。

二、非洲菊的幼芽培养

非洲菊用于组织培养的幼芽可采自温室栽培的植株，也可用试管苗幼芽。在田间采取时，先切取 1 cm 左右的顶芽，用自来水冲洗 2 h，用洗衣粉水清洗后，在超净工作台上，用 75% 酒精消毒 5 s，再用 0.1% 升汞溶液消毒 5 ～ 8 min，用无菌水冲洗 3 ～ 4 次，然后用无菌滤纸吸干水分，剥取切下 2 ～ 3 mm 的茎尖生长点，接种于诱导培养基上。

1. 诱导培养

诱导培养基为 MS+IAA 0.5 mg/L+Ad 80 mg/L+CH 80 mg/L+ 维生素 VB1 30 mg/L + VB3 10 mg/L+ VB6 1mg/L+ NaH_2PO_4 800 mg/L+ 蔗糖 40 g/L、琼脂 8 g/ L，pH 值为 5.7。培养温度为 25 ～ 27 ℃，光照强度为 1 000 lx，光照时间每天 16 h。培养 15 d 后茎尖开始膨胀，4 ～ 6 周出现芽分化，得到许多侧芽并产生丛生芽。有的研究是将茎尖接种到 MS+6-BA 0.5 mg/L+NAA 0.2 mg/L 上进行诱导培养，2 周后即可形成丛生苗，再转至 1/2 MS+IBA 0.5 mg/ L 培养基上进行生根培养。

2. 增殖培养

对应用上述方法诱导出的侧芽进行增殖培养，用 MS+KT 10 mg/L+IAA 0.5 mg/L、MS+6-BA 0.5 mg/L+NAA 0.3 mg/L、MS+6-BA 2 mg/L+NAA 0.3 mg/L 三种培养基交替继代培养，各培养基中加入蔗糖 30 g/L，琼脂 6 g/L，培养温度为 17 ～ 27 ℃，但不要超过 27 ℃，光照强度为 1 000 ～ 1 500 lx，光照时间为 12 h/d。继代培养 4 周后，有一半以上的丛生芽达到 2 ～ 3 cm 高，生长良好，此时可进行下一次扩大繁殖，每次继代培养增殖 4 ～ 6 倍。

3. 生根培养

在材料增殖到一定数量后，可将 2 cm 以上的丛生芽转接到生根培养基上。生根培养基可用 1/2 MS+IBA 0.3 mg/L 或 1/2 MS+IAA 10 mg/L，蔗糖 10 g/L，琼脂 6 g/L。培养温度为 20 ～ 27 ℃，光照强度为 1 500 lx，光照时间为 14 h/d。

经 2 ～ 3 周培养，95% 以上的无根苗可生根。

4. 出瓶苗过渡管理

栽培基质可用珍珠岩 5 份＋草炭土 4 份＋针叶土 1 份，pH 值为 5.5 ～ 6.5，采用高压蒸汽灭菌。灭菌后趁热装入培养箱，浇透水，将生根的小苗从培养基中取出，洗掉根上的培养基，打孔移栽，株行距为 2 ～ 2.5 cm，浇水后覆盖薄膜，保持 90% 以上的空气湿度。移栽后可用 75% 百菌清液（800 倍）喷雾一次，以后每隔 7～10 d 喷一次，以防小苗感病。当小苗移栽 10 d 后开始长出新根时，可喷施 1 / 2 MS 大量元素做追肥。过渡期温度应保持在 18～22 ℃，光照强度为 2 000 lx，以散射光为好。移栽成活后，应逐渐揭开薄膜通风，通风时间随炼苗时间的增加而逐渐延长，直至全部揭膜，以适应露地栽培条件。

任务二十四　菊花

菊花一般采用分株、扦插等无性繁殖方法，传统方法上采用大芽扦插法较多，但有一些名贵品种不易生根，导致生长弱，开花晚，无法大量繁殖生产以满足需要。植物组织培养具有增殖效率高、繁殖速度快的特点，可以用较短的时间和较少的空间生产出大量的菊花试管苗。

一、菊花快速繁殖

1. 外植体选择

可用于菊花快速繁殖的外植体很多，茎尖、茎段、侧芽、花托、花蕾、叶片等部位，最好采用茎尖、茎段做组织培养材料，其次是花序轴。

选取无病虫害、生长健壮的茎尖和茎段，要求叶密茎粗，以利于将来分化迅速，无性系后代质量好。若以花序轴为材料，应选取具有该品种典型特征的、饱满充实的花蕾，最好是介于开放和未开放之间的花蕾，这时花瓣外有一层薄膜包围，里面洁净无菌，便于表面灭菌。过于幼嫩的花蕾，不易灭菌和剥离。

2. 外植体灭菌

从植株切取 3～5 cm 长茎尖或茎段（如取花蕾取 0.5～1 cm 大小）除去叶，留一段叶柄（茎尖嫩叶不要去掉太多，以免伤口面过多，灭菌时造成过多伤害，多余叶可在灭菌后，接种之前除去即可）。流水冲洗 15 min，洗去表面灰尘。然后在超净工作台用 75% 酒精处理 20～30 s，再用无菌水冲洗 3～5 次，之后转入 0.1% 升汞溶液中浸泡 7～10 min，再用无菌水冲洗 4～6 次（或者用 75% 酒精处理 15 s，再用 10% 漂白粉浸泡 20 min，无菌水冲洗 3 次），消毒后用无菌滤纸将植物材料表面的水分吸干，叶茎尖和茎段切成 5～7 mm。花托则将花蕾外层苞片基舌状花除去，再切下半球状的花托。然后切取适宜大小进行接种，外植体接种时注意形态上下极。

3. 培养基及培养条件

适用于菊花的培养基种类很多，如 MS、B5、N6、White 等，大多采用的是 MS 培养基，添加 6-BA 2～3 mg/ L，NAA 0.02～0.2 mg/L。

可参考试验配方：茎尖初代培养 MS+BA 2～3 mg/L+NAA 0.02～0.2 mg/L，pH 值为 5.8。菊花培养的温度范围较宽，22～28 ℃都可以，以 24～26 ℃最好。培养室光照长度以每天 12～16 h 为宜，光照强度为 1 000～4 000 lx 较好。

4. 初代培养

外植体经培养后，一般 10～20 d 茎尖处可分生出新芽，茎段的叶腋处也会萌生出新芽。而花蕾外植体经过 15～20 d 的培养，会形成愈伤组织；再经过 20～30 d 的培养，愈伤组织就会分化出较多的丛生芽。在适宜的条件下，菊花茎尖可以经培养直接诱导产生植株。

5. 继代培养

将从外植体诱导分化出的单芽或丛生芽，分切成数段，剪切成段一般剪成一节带一片叶，然后将切断基部插入增殖培养基中继代培养。培养基可参照 MS+BA 0.5 mg/L+NAA 0.1 mg/L 培养基，4 周后，腋芽生长成小植株，再按照继代切割茎段方法，重复进行扩繁，繁殖率均在 5～10 倍。丛生芽增殖时，将芽切成小块，转到分化培养基中即可。

6. 生根培养

菊花无根苗生根一般较容易，通常在增殖培养时久不转瓶，即可生根，但这种根的根毛较少或没有，不利于将来移栽和生长，所以常用下列方法处理：

（1）无根苗的试管生根，切取 3 cm 左右无根嫩茎，转插到 1/2 MS+NAA（或 IBA）0.1 mg/L 的培养基中，经两周即可生根，然后驯化移栽。

（2）试管外扦插生根。利用菊花嫩茎易于生根的特点，将无根嫩茎直接插植到基质中生根。剪取 2～3 cm 无根苗，插植到珍珠岩或蛭石的基质中，基质事先用生根激素溶液浸透，10 d 后生根率可达到 95%～100%。

7. 试管苗移栽

常用的移栽基质有 1∶1 的蛭石和珍珠岩，可将蛭石、木屑、园土按 1∶1∶3 的比例混合使用，也可用经灭菌处理过的细砂、锯木屑和肥土，按体积以 1∶1∶2 的比例混合均匀后使用。基质要求疏松、肥沃、透气。

生根培养 7 d 后，待茎段基部长出 3～6 条根，根长为 1～3 cm，上部 3～4 片叶即可移植。移栽初期保持高湿度条件，营养钵基质浇透水，同时注意基质的透水透气。取出生根的试管苗，用 20℃ 左右温水，洗掉附着在生根试管苗上的培养基，清洗时注意动作要轻柔，避免伤到植株，再用温水投洗。移栽时用竹签在基质上打一小孔，将幼苗插入基质中，注意不要窝根，在完成后喷雾器将组织培养育苗叶面喷洗干净。移栽后加设小拱棚以保湿，随着幼苗的生长，逐渐降低空气湿度和基质的含水量，转为正常苗的管理阶段。

8. 试管苗的管理

移植的 6～10 d，应适当遮阳，避免阳光直射，并应注意少量通风，温度最好保持在 25～28 ℃。保持空气相对湿度于 90% 以上，10 d 后逐渐揭去薄膜，以增加光照和通风。可人工补充喷水，3～4 周小苗即可成活。刚移植的小苗由于根系吸收能力弱，每 3～5 d 叶面喷营养液 1 次，7～10 d 基质浇营养液 1 次，小苗生长健壮，移植成活率可达到 95% 以上。苗高达到 6～10 cm 就可以按苗大小进行切花母株定植，为花生产用苗做好准备。

二、花瓣培养

1. 无菌处理及接种

菊花花瓣培养，取开花前 2～3 d 已露白的花蕾，整个剪下，在自来水中冲洗十几分钟，然后拿到无菌箱或超净工作台无菌条件下，用 75% 酒精浸泡 10～15 s 进行表面灭菌，后用无菌水冲洗两次，再用 10% 漂白粉澄清液浸泡 20 min，无菌水冲洗 3～4 次。将花放到无菌滤纸或无菌接种盘中，用无菌滤纸按一个顺序将花瓣附着水吸干。用剪刀剪取舌状花，再在滤纸上用解剖刀切取舌状花约 5 mm 见方，接种到 MS 培养基中，激素成分 BA 1～3 mg/L，NAA 0.5～2 mg/L。接种后的组织培养育苗放置培养室进行初代培养，光照为 12 h，温度为 25～27 ℃。

2. 花瓣培养成苗途径

花瓣培养成苗的途径有两种情况：第一种途径是花瓣外置体接种后直接就可培养产生花瓣植株。花瓣在初代培养基中经过 10 d 左右，启动脱分化过程。再分化产生愈伤组织，其愈伤组织颜色呈淡黄色至嫩绿色，培养 20～30 d 后，有些品种会从愈伤组织处产生根系长入培养基中，之后分化出芽，形成完整植株。还有些品种在愈伤组织表面可出现大量胚状体，成苗多，生长 40～50 d 出现花瓣苗。经过愈伤组织直接产生胚状体成苗途径可在 MS+BA 2 mg/L+NAA 1 mg/L 的诱导培养基中进行一次性培养，从胚状体直接诱导产生不定芽。

另一种途径是花瓣外植体经过 1～2 个月的培养，诱导得到愈伤组织，之后转移到专门分化培养基中进行诱导分化得到花瓣苗。在这种途径中，分化培养基以诱导培养基为前提，降低配方生长素浓度和提高细胞分裂素浓度，配制好分化培养基后，将愈伤组织切成 5 mm 大小，然后接种到诱导培养基中，可尝试使用配方 MS+BA 3 mg/L+NAA 0.01 mg/L 的分化培养基，经再分化成苗，经 20～30 d 的培养，可分化产生植株。

三、茎尖脱毒培养

菊花为多年生宿根无性繁殖作物，常年靠分离母体一部分进行繁殖，病毒在母体中逐代积累，数量越来越多，危害日益严重，菊花上常发生危害的病毒有菊花 B 病毒，造成叶片斑纹，叶脉透明；菊花短缩类病毒，比正常株矮 1/2～2/3，由于节间缩短，叶有黄色斑点或带状，花小，开花早；此外，还有菊花畸花病毒、绿花病毒、花叶病毒等，依靠组织培养技术使菊花在生产中得到无病毒苗。

要除去菊花体内的病毒，菊花也可采用热处理的方法来进行脱毒，在 35～36 ℃ 下栽培两个月，可以除去菊花矮缩类病毒，但不能除去菊花轻斑驳病毒和褪色斑驳病毒，这两种病毒只能通过茎尖培养途径去除。

1. 高温处理

选择茎尖进行组织培养，要完全去除病毒是不可能的。只有先对所要培养的植物品种进行热处理，以抑制病毒的活化，再用其茎尖进行培养，才能达到脱毒培养的目的。其方法：将植株在 35～38 ℃ 下栽培 60 d，其中有相当一部分植株会死亡，采用成活的植株茎尖进行培养。

2. 茎尖脱毒

首先切取顶芽或腋芽 3～5 cm，去掉老叶和展开的叶，只留护芽的嫩芽，然后用自来水冲洗，用 0.1% 升汞溶液或饱和 20 倍漂白粉溶液浸泡 5 min 左右对材料进行表面灭菌，再用无菌水刷洗数次。将灭菌工具用酒精灯加热灼烧灭菌或高温灭菌器进行干热灭菌，凉后待用。

3. 茎尖分离及接种

在立体显微镜下剥离生长点，分离到 0.5 ～ 0.8 mm 以下，最好剥离到 0.5 mm 以下，一般带有两个叶原基（生长点以下的小叶）的生长点，这样分离时不容易伤害。安全刀片宽度为 5 mm，按 0.5 ～ 0.8 mm 见方皆可。分离出的茎尖，生长点朝上，迅速接种或放置于灭菌水表面，以防止茎尖脱水。分离出的茎尖，以生长点朝上接种到培养基上，也就是接种到诱导培养基，接种时按材料生长极性的上、下端，正放在培养基上，尤其是茎尖不可倒置或侧植。放到培养室进行培养。试管苗经过组织培养繁殖阶段后栽植到土壤中，使其适应自然环境，成为大田苗。

分离茎尖组织的大小和以后生长的关系：切片大生存率高。茎尖较大，培养后的生长比较旺盛，但要培养无病株时，切片大，得到的无病株比例就比较少。

4. 无毒苗鉴定与应用

菊花病毒可用指示植物鉴定法、抗血清鉴定法、电子显微镜检测法等。如果检测时仍有病毒存在，就应淘汰该植株。如果已证明脱除了主要的病毒，只要取得一株无病毒苗即可繁殖大量的无病毒种苗。

经过严格鉴定的去毒苗，称为原原种。原原种的种源应保存在试管里或在有隔离条件和消毒制度的保护区域里栽培，以防止再度遭到病毒的侵袭。由原原种繁殖产生的植株称为原种。在用试管繁殖的条件下，可以年年栽培原种种苗，保证无病毒的影响。

菊花脱毒株表现出株高增加，切花数量增多，花朵变大，切花重量增加，茎粗壮，叶片大，上等苗率比例大大提高，增加切花商品性。也使一些由于病毒危害而无法再生产的传统品种，在生产上得到恢复和提高。

任务二十五　月季

月季为蔷薇科蔷薇属常绿或半常绿直立灌木，每年可多次开花。月季不仅是我国十大名花之一，素有"花中皇后"之美誉，同时，也是世界五大切花之首，是国际市场上非常流行的切花种类。月季的类型多样，近百年来累积的栽培品种数以万计，而且每年都有新品种不断选育出来。月季的用途也很广泛，除用香水月季作切花外，还可用藤本月季布置长廊、拱门，灌丛月季作为绿篱，聚花月季布置花坛，微型月季作为盆花等。现在，许多国家和单位都在用组织培养技术来繁殖月季的优良品种，加速月季品种的更新换代，迅速普及名优品种。

1. 外植体选择与消毒

月季春天芽的萌发及生长能力均较强，容易获得成功。月季组织培养常用的外植体是带腋芽的茎段，从田间或盆栽无病虫害的优良品种单株上，选取生长健壮的当年生枝条，取其饱满未萌发的芽作为外植体。因枝条顶部和基部的侧芽萌发能力较差，取中上部的芽效果最好。将取回的材料剪去叶片，剥去茎上的托叶和皮刺，洗衣粉水刷洗泥土灰尘，将清理好的材料在自来水下冲洗干净，用手术刀片切成 1 ～ 2 cm 的带节茎段，每个段至少保证一个腋芽，然后在无菌条件下，在超净工作台上先用 70% 乙醇消毒 30 s，再加入 0.1% 升汞溶液消毒 8～10 min，后用无菌水清洗 4～6 次。用无菌滤纸吸干水分，切去两端，按枝条生长的方向接入诱导培养基中，放在常规培养室内培养。温度在 21℃左右较好，光照时长为 10～12 h/d，光照强度为 800～1 000 lx 最好。

2. 初代培养

适用于月季的基本培养基种类很多，如 B5、N6、WPM 等，最适合选用 MS 基本培养基。激素选用 BA，浓度为 0.3～1.0 mg/L 较好。在 MS +BA 0.5～1.0 mg/L 诱导培养基上，接种 7 d 后芽开始萌发，茎尖展叶生长，20 d 后长至 1～2 cm，诱导芽萌发生长在只加细胞分裂素的 MS 培养基上多数品种都是适用的，只是萌芽时间有所不同。

3. 继代增殖培养

萌发的芽会不断长大，并可从茎段上分化出 3～4 个不定芽，这时可通过侧芽增殖和不定芽再生方式进行继代培养，切割出不定芽或将幼芽分切成每段含 1～2 个节的茎段，转入 MS +BA 1.0～2.0 mg/L+ NAA 0.1 mg/L 继代培养基中，每隔 4 周继代一次。待芽长到一定高度时，可以根据生产计划保留一定的健壮苗作为繁殖基数，其余的可用于生根培养。对于增殖率过高的品种，丛生芽都比较细弱，一般需要转入 MS +BA 0.3 mg/L+ NAA 0.1 mg/L 低细胞分裂素培养基中进行壮苗培养，再转入生根培养基中。在工厂化育苗中，大多采用降低增殖系数（有效增殖系数不变）的低细胞分裂素的培养基进行增殖，以减少中间壮苗环节，降低生产成本，同样能起到培养壮苗的目的。

4. 生根培养

月季嫩茎生长到一定长度时，应该切割下来转入生根培养基，切下的嫩茎长度以 2～3 cm 为宜。将继代增殖的丛生苗切成长度为 2.0～3.0 cm 的单株，转入 1/2 MS + NAA 0.1～0.2 mg/L+ IAA 1.0 mg/L 生根培养基中，12 d 后便可生根，当根长至 0.5 cm，有 2～4 条白色的根系时即可出瓶移栽。在生根培养基中加入 300 mg/L 活性炭能提高生根质量。有研究指出，在生根培养基中只长出根原基，而还无可见根系的小苗，可以进行长途运输，且移栽后成活率高。在 MS +NAA 0.5 mg/L 培养基中培养 7～10 d，当根原基形成后即可出瓶。

5. 驯化移栽

瓶苗取出后，将基部的琼脂洗净，移栽到锯木屑：园田土 =1：1 或泥炭土：蛭石 = 1：1 的介质中。在进行移栽和管理时，对有根小苗的移栽，要避免根系受伤。对只有根原基的无根小苗，才移出的几天要特别注意基质中的水分管理和空气相对湿度管理（达 85% 以上），1 周后，根原基生长形成根系，此时新梢也开始生长。在移入基质中以后，要浇足水并用 0.1% 多菌灵、甲基托布津等杀菌剂进行喷苗。试管苗移栽 1 周后，可追施一些稀薄的肥水，施用的种类可用复合肥、尿素、饼肥水、磷酸二氢钾、MS 基本培养液或专用苗期肥，也可结合喷药一同进行。在大规模的生产过程中，将小苗移栽在有喷灌设备的温室内，可以有效地控制温度和湿度，提高小苗移栽的成活率。待小苗成活并开始长新梢以后，肥水浓度可适当提高，并去除遮荫，以使其壮苗和生长。待小苗出瓶后 45～60 d，苗长到 5.0～8.0 cm 时，可移入田间或花盆内种植，并按常规种苗进行水肥的管理。

任务二十六　草莓

草莓（*Fragaria* × *ananassa* Duch.）为蔷薇科草莓属多年生草本植物，其果实由花托膨大发育而成，种子是受精后的子房膨大形成的瘦果，附着在膨大花托的表面。草莓浆果色泽艳丽，芳香多汁，营养丰富，素有"水果皇后"的美称，深受人们喜爱。中国的草莓种质资源十分丰富，近些年培育出较多具有中国自有知识产权的草莓栽培种，如沈阳农业大学雷家军团队培育的观赏草莓新品种"粉公主"和"红玫瑰"等，食用草莓"白雪公主""红颜"等。但在生产中，草莓苗很容易受到病毒侵染引起品种退化，导致产量下降、品质变劣、抗病性减弱等，严重影响草莓种植效益。因此，通过离体培育草莓脱毒苗十分重要。

一、草莓茎尖离体培养

草莓茎尖离体培养包括培养瓶苗和温室移栽两个阶段。其培养程序：选取田间健壮株匍匐茎或单株→清洗、表面消毒→超净工作台解剖镜下剥离茎尖→接入茎尖分化培养基培养→病毒检测→增殖继代培养→瓶内生根→温室驯化移栽。

1. 外植体采集及处理

选取草莓匍匐茎尖作为外植体。从健壮的草莓母株上，选取饱满稚嫩的匍匐茎 2 ～ 4 cm 长的顶芽，用纱布包好，流水冲洗 1 ～ 2 h 后沥干，在超净工作台中用 75% 酒精消毒 30 s，用无菌水冲洗 4 ～ 5 次，随即用 0.1% 升汞溶液 +2% 吐温 -80 溶液处理 8 min，再用无菌水冲洗 4 ～ 6 次，最后接种于 MS 培养基上。

2. 初代培养

在超净工作台上用无菌滤纸将外植体表面水分吸干，双目解剖镜下剥去幼叶露出茎尖生长点，用解剖针挑取 0.2 ～ 0.5 mm 的茎尖生长点，将剥好的草莓茎尖，接种到 MS+6-BA 1.0 mg/L+NAA 0.2 mg/L+ 蔗糖 3%+ 琼脂 6.5 g/L 或 MS+ 6-BA 0.3 ～ 0.5 mg/L+ GA 0.05 mg/L+IBA 0.01 mg/L+ 蔗糖 3% 的初代培养基上，pH 值为 5.8。

接种后放在培养室中培养。培养温度为（25±1）℃，光照时长为 12 ～ 14 h/d，光照强度为 2 000 ～ 3 000 lx，经过 2 ～ 3 个月即可诱导出芽。培育 2 个月左右，产生小芽丛苗，利用聚合酶链式反应（PCR）技术检测草莓病毒；也可在瓶苗移栽成活后利用指示植物小叶嫁接法检测病毒。

3. 继代培养

在超净工作台上用镊子、剪刀将萌发产生的草莓丛生芽切成不超过 0.5 cm×0.5 cm 大小的芽丛，接种在 MS+6-BA 1.0 mg/L+NAA 0.02 mg/L 的增殖培养基上，每瓶接种 3 ～ 4 个丛生芽，增殖系数可高达 4.5%，且小苗长势健壮、叶片深绿。以后每隔 25 ～ 30 d 继代 1 次，继代时间不应超过两年（图 7-1-63）。

4. 生根培养

经继代培养后，当组织培养育苗长至 1 cm 高时，切成不超过 0.5 cm×0.5 cm 的株

丛（株丛状易生根），随后立即转入 1/2 MS+NAA 0.1 ~ 0.3 mg/L 生根培养基中。培养
20 d，生根率可达 100%，根系粗壮，即可将生根苗从瓶内移栽到温室中。

图 7-1-63 草莓茎尖的继代培养

二、草莓花药离体培养

1. 外植体采集及处理

于晴天上午 7：00 ~ 8：00 取草莓正常植株上直径为 3 ~ 5 mm 花蕾（镜检为单核靠
边期），自来水冲洗 30 min →蒸馏水冲洗 2 ~ 3 次→放入铺有湿润滤纸的培养皿中→密
封后放入 4 ℃冰箱中冷藏，低温处理 24 h。

2. 花粉发育时期检查

每个花蕾取花药 1 ~ 2 枚置于载玻片上，加 1 ~ 2 滴醋酸洋红，用镊子压碎花药，
剔除碎片，加上盖玻片，显微镜下检查。处于单核期的花粉尚未积累淀粉，被碘染成黄
色，并且多数花粉细胞只有一个核，被挤向一侧，即单核靠边期。外观上处于单核靠边
期的草莓花蕾未开放，花萼略长于花冠或花冠刚露出，花冠白色或淡绿色且不松动，花
药微黄而充实。

3. 外植体消毒

在超净工作台上用 75% 酒精对花蕾表面消毒 30 s，然后用无菌水冲洗 2 ~ 3 次，再
用 0.1% $HgCl_2$ 消毒 8 min，最后用无菌水冲洗 3 次。

4. 愈伤组织诱导及分化

接种时用镊子剥开花冠，去除花丝，剥取花药，并迅速接种在 MS+6-BA 2.0 mg/L+
KT 2.0 mg/L+IAA 4.0 mg/L 的愈伤组织诱导培养基中。培养条件为光照时长 16 h/d，光照
强度 2 000 lx、培养温度（23±2）℃。

一般花药培养 20 d 后即可诱导出米粒状乳白色的愈伤组织，培养 45 d 后，花药愈伤
组织诱导率可达到 75.33%。愈伤组织形成后可转入分化培养基中，诱导再生植株。将获
得的愈伤组织转接至 MS+6-BA 0.5 mg/L+IAA 0.2 mg/L+GA 0.1 mg/L 愈伤组织分化培养
基中。培养基中添加蔗糖 30.0 g/L，琼脂 5.5 g/L，pH 值为 5.8。

5. 丛生芽增殖培养

花药培养出的草莓苗是脱毒苗（丛生芽），不需要病毒检测，可直接接种到继代培养
基 MS+6-BA 0.5 mg/L+IAA 0.2 mg/L+GA 0.1 mg/L 中进行扩繁，再生芽增殖系数较高。培
养 20 ~ 30 d 可继代一次。

6. 生根培养及移栽

为了获得整齐健壮的生根苗，最好将芽丛切割成单个芽转接到生根培养基中生根。因此，当组织培养育苗长至 1 cm 高时，切成不超过 0.5 cm×0.5 cm 的株丛（株丛状易生根），转接到 1/2 MS+IBA 0.1～0.2 mg/L+ 蔗糖 2.0%+ 琼脂粉 0.6%+ 活性炭 0.5 g/L 培养基中。培养条件同初代培养。当苗长至 4～5 cm 高，并有 5～6 条根时可驯化移栽。

任务二十七　鸢尾

鸢尾（*Iris tectorum* Maxim.）为鸢尾科鸢尾属的多年生草本植物，因花瓣形如鸢鸟尾巴而得名。其根茎粗壮，花为蓝紫色，上端膨大呈喇叭形，外花披裂片圆形或宽卵形；叶基生，黄绿色，稍弯曲，呈宽剑形；蒴果长椭圆形或倒卵形；种子黑褐色，呈梨形；花期为 4—5 月；果期为 6—8 月。鸢尾喜阳光充足、气候凉爽的环境，耐寒力强，喜适度湿润、排水良好、富含腐殖质、略带碱性的黏性石灰质土壤，常生于沼泽土壤或浅水层中。因其观赏价值高，耐寒性很强，病虫害少，易栽培，在我国园林绿化中具有广阔的应用前景。

鸢尾通常采用分株繁殖和播种繁殖，以分株繁殖为主，繁殖速度较慢，且容易积累病毒病。离体培养技术可以快速繁育种苗，以满足市场对不同鸢尾品种的需求。

一、鸢尾茎尖离体培养

1. 外植体的选择及处理

于春季 3—4 月，挖出鸢尾茎段，取当年生 2～3 cm 健壮幼茎作为外植体，剥去外表层，在滴入洗洁精的水溶液中浸泡 10 min，用自来水冲洗 30 min，在超净工作台上用 70% 乙醇灭菌 10 s，然后再用 0.1% HgCl_2 浸泡 10 min，无菌水冲洗 5～6 遍，用镊子剥去幼芽外层鳞片，并切下生长点基部的短缩茎，只留下生长点及基部 1～2 mm 的组织，进行接种。

2. 愈伤组织的诱导及分化

鸢尾在离体培养中，较高质量浓度的生长素有利于愈伤组织的诱导，较高浓度的细胞分裂素和较低浓度的生长素有利于愈伤组织的分化。因此，将切好的茎尖放入 MS+KT 1.0 mg/L+2,4-D 1.0 mg/L 培养基中，诱导愈伤组织的形成，诱导率可达 62.37%。将愈伤组织转入 MS+6-BA 1.0 mg/L+NAA 0.2 mg/L 培养基中，有利于愈伤组织的分化，分化率为 60.24%。所有培养基均添加蔗糖 30 g/L 和琼脂粉 5 g/L，pH 值为 5.8。

离体培养条件为光照强度 1 500～2 000 lx、光照时长 12～14 h/d、培养温度（25±2）℃。

3. 不定芽增殖

以单芽基部纵切的切割方式把愈伤组织分化的 1～2 cm 的不定芽切下，转入 MS+6-BA 2.0 mg/L+NAA 0.2 mg/L 培养基中，转接后 30～40 d，每株能增殖 5～8 株，生长正常，极少出现白化苗。切取 2 cm 左右健壮的增殖苗从基部纵切，转入 MS+6-BA 2.0 mg/L+NAA 0.2 mg/L 培养基中继续培养，仍能出现较高的增殖倍数，一般为

6.0～7.0。培养条件同前。

4. 生根培养

将 3 cm 以上的芽切下，接种在 1/2 MS+NAA 0.5 mg/L+AC 0.5 g/L 生根培养基中，生根率高达 97.64%。

5. 幼苗移栽

把根长 3 cm 以上、根数 4 条以上的健壮幼苗从瓶中取出，洗去琼脂，准备移栽。移栽基质为珍珠岩：草炭：园土＝1：1：1，移栽的幼苗在日光温室内培养，温度为 20～30 ℃，湿度为 70% 以上。将组织培养幼苗移栽到基质中，盖塑料薄膜保湿 1 周，揭膜后及时喷水施肥。幼苗移栽成活率达到 96%，幼苗生长健壮，1 个月后就可以露地移栽。

二、鸢尾花器官离体培养

1. 外植体选择及处理

采用幼嫩的花葶作为外植体，将外植体先用毛刷轻轻刷洗，再用流水冲洗干净，放置于滤纸上吸干外植体表面的水分。将预处理好的鸢尾外植体放在超净工作台内，用 75% 浓度的酒精杀菌 5 s，再用无菌水清洗 3 次，之后用 0.1% HgCl$_2$ 溶液消毒 8 min，用无菌水清洗 6 次，清洗过程中需要不断搅拌。最后沥掉水分，用滤纸吸干水分后备用。

2. 不定芽的诱导

在无菌操作台上对消毒后的花葶进行切割，取花苞片在花茎着生处的花茎节，大小为 5 mm×5 mm，接种在 MS+ 6-BA 1.0～2.0 mg/L+ NAA 0.1 mg/L 培养基上，不定芽透导率可达 75%～85%，花茎节能直接诱导出不定芽。

3. 继代培养

将初代培养的不定芽以芽间剥离的方式，小心地分成含 3～5 个芽的小芽丛，接种到 MS +6-BA 4.0 mg/L +NAA 0.2 mg/L 培养基中进行增殖培养，增殖系数可达 8.4～12.7。

4. 生根培养

将生长较好，长势一致的不定芽丛以芽间剥离的方式分成含 3～5 个芽的小芽丛，接种到 MS+ 6-BA 0.1 mg/L+ NAA 2.0 mg/L 生根培养基中，可诱导生根，生根效果较好。

5. 炼苗移栽

方法同上。

任务二十八　虎杖

虎杖（*Polygonum cuspidatum sieb. etzucc.*）又名活血龙、酸杖、斑杖、酸桶笋、蛇总管、大活血等，为蓼科多年生高大草本植物。虎杖高为 2～3 m，无毛，根状茎横走，木质化，外皮黄褐色，直立，丛生，中空，表面散生红色或紫红色斑点。虎杖生于山丘沟边、路旁、灌丛、荒地，为喜阴植物，自然分布在黄河以南各省区。虎杖是重要的中医传统药材，产于安徽、江苏、浙江、福建、广东、广西、云南、贵州等地区，药用部分为干燥的根和根茎，性味苦寒，具有祛风利湿、祛痰止咳、清热解毒、活血化痕的功效。目前，国内市场对虎杖原料供不应求，人工繁殖较困难，大都采挖野生资源，无法

满足当今市场对虎杖的需求。通过工厂化育苗的方式可以有效缩短虎杖的组织培养周期，提高人工快速繁育系数和组织培养育苗的质量，以满足药物生产对虎杖的大量需求。

一、外植体的选择与处理

春季采虎杖当年生枝条茎段，在自来水下冲洗干净，用低浓度的洗衣粉水浸泡 5 min，再在流水下冲洗 10～15 min 备用。

二、外植体的消毒

材料先经 75% 酒精处理 10～15 s，无菌水冲洗 1～2 次，再用 0.1% 升汞溶液消毒 8～10 min，无菌水冲洗 5～6 次，然后在超净工作台内把茎段分割成 1 cm 左右长的小段，接种在初代培养基上进行培养。

三、培养基的配制

（1）虎杖愈伤组织培养基配方为 MS+6-BA 0.5 mg/L+NAA 1.0 mg/L+ 蔗糖 3%+ 琼脂 0.55%，pH 值为 5.8～6.0。

（2）虎杖不定芽分化培养基配方为 MS+6-BA 2.0 mg/L+IBA 0.2 mg/L+ 蔗糖 3% + 琼脂 0.55%，pH 值为 5.8～6.0。

（3）虎杖生根培养基配方为 MS+IBA 0.5 mg/L+ 蔗糖 1.5%+ 琼脂 0.7%，pH 值为 5.8～6.0。

分装后 121 ℃高压蒸汽灭菌 20 min，冷却备用。

四、培养方法

将消毒处理后的虎杖茎段，接种于诱导愈伤组织培养基中，放在培养室中培养，30 d 后将膨大的愈伤组织切成边长为 5 mm 左右的小块，置于芽分化培养基中继续培养。将分化形成的丛生芽纵向切割成单株，接种于生根培养基中进行培养获得的小植株。培养室温度为（25±2）℃，相对湿度为 60%～75%，日光灯光照时长为 12 h/d，光照强度为 1 500～2 000 lx。

五、炼苗移栽

选用生根良好，根数 3～5 根，根长在 2～5 cm 生长健壮的组织培养育苗。将已生根的瓶苗从培养室内拿出，放在温室大棚内进行炼苗。炼苗 1 d 后，用清水把根部的培养基洗净，再用百菌清或甲基托布津 1 000 倍液浸泡 3～5 min，移栽到装有基质（泥炭土：珍珠岩 =1：1）的穴盘中。温室大棚需控温控湿，白天室温为 20～28 ℃，夜晚温度为 10～20 ℃，覆盖薄膜保持湿度。

任务二十九　矾根

矾根又名肾形草，是虎耳草科矾根属多年生草本植物，性耐寒，浅根性，喜光，也耐半荫。喜排水良好、富含腐殖质的肥沃土壤。肾形草株形优雅，覆盖力强，叶色丰富多彩，花朵鲜艳，是花坛、花境、花带等景观配置的理想材料，也可盆栽观赏。

一、茎段处理及表面灭菌

春季从矾根"金秋"的植株上选取 3 cm 左右的嫩茎，切除叶片，在流水下冲洗 10 min，然后用海绵蘸取洗洁精水轻轻擦拭一遍，在流水下冲洗 2 min。

在超净工作台上，将嫩茎置于 0.5% 的次氯酸钠溶液中浸泡 5 min，用无菌水冲洗 2～3 遍，再用 0.1% 的升汞溶液（滴入 1～2 吐温 -20）灭菌 5～8 min，无菌水冲洗 3～5 次。捞出嫩茎，放在无菌滤纸上吸干表面水分。

二、接种

在超净工作台上，切取嫩茎顶端 1 cm 左右带顶芽和腋芽的茎段，接种于 MS+BA 0.5 mg/L+NAA 0.1 mg/L+AC 0.2%、pH 值为 5.6 的固体培养基上。在温度为 26 ℃、光照强度为 1 500 lx、光照时长为 12 h/d 的条件下培养。

三、丛生芽诱导及继代培养

茎段上的顶芽和腋芽在 7～10 d 开始萌动，4～5 周可发育出具有 10～15 个幼芽的芽丛（图 7-1-64）。

将芽丛切割，转入 MS+BA 0.5 mg/L+NAA 0.1 mg/L、pH 值为 5.6 的培养基上进行芽的增殖。此后每隔 30 d 左右做一次继代培养，增殖系数达到 3.6。

四、生根培养

选择 2～3 cm 高的健壮小苗，从芽丛上分割下来，接种到 1/2 MS+NAA 0.2 mg/L+ AC 0.5%、pH 值为 5.6 的培养基上，15～20 d 后，芽基部开始形成数个半球形小凸起（根原基），随后发育成幼根（图 7-1-65）。40 d 左右，平均根长达到 5.3 cm，部分根上会发出侧根，平均苗高达到 6.8 cm。

图 7-1-64　丛生芽增殖

图 7-1-65　生根培养

五、炼苗移栽

培养 40 d 左右，即可将瓶苗移入温室进行炼苗。打开瓶盖，向瓶内滴入少量洁净的水，在温度为 25 ℃左右、光照强度为 1 500 ～ 2 000 lx、相对湿度为 85% 左右的条件下炼苗 3 d。

炼苗结束后，将瓶苗取出，洗净根部残留的培养基，用 72.2% 的普力克水剂 600 ～ 800 倍液浸泡 5 min，控干水分，栽植在经过消毒的泥炭、园土、珍珠岩（2 ∶ 3 ∶ 1）的混合基质中，浇透水（图 7-1-66）。

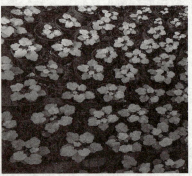

图 7-1-66　矾根的穴盘苗

在新根发出之前，需要控制温度、相对湿度和光照强度。特别是光照调节，可以影响温室内的温度和相对湿度。光照调节最有效的方法是加盖不同遮光率的遮阳网。

任务三十　如意粗勒草

如意粗勒草（*Aglaonema 'Red Valentine'*）是天南星科广东万年青属多年生草本植物，叶片呈卵形或卵状披针形，花序柄纤细，佛焰苞长圆状披针形。叶片具淡红色叶斑，具有独特的观赏价值，适宜点缀客厅、书房，作小盆栽也可置于案头、窗台观赏，市场前景好。

一、外植体处理及表面灭菌

选取健壮且无病虫害的如意粗勒草植株作为母本，取幼嫩新枝作为外植体。去除叶片，保留茎秆（图 7-1-67），在流动的自来水中将外植体冲洗 10 min，用海绵蘸取洗洁精水轻轻刷洗叶片表面，冲洗干净之后，放入 10% 的次氯酸钠溶液中灭菌 3 min，用无菌水冲洗干净，在无菌条件下将外植体置于 0.2% 的升汞溶液（滴入 1 ～ 2 滴吐温 -20）灭菌 8 min，再用无菌水冲洗 3 ～ 5 次。最后用无菌滤纸吸去叶片表面的水分。

图 7-1-67　如意粗勒草植株及外植体处理

二、接种

去除基部和顶部被药液浸润的部分，以芽点为中心，将幼茎切成 1.0～1.5 cm 茎段。然后接入 MS（改良）+BA 3 mg/L+KT 0.3 mg/L+ NAA 0.3 mg/L、pH 值为 5.8 的愈伤组织诱导培养基中（图 7-1-68）。

将外植体移入培养室，环境条件为温度 25 ℃、光照强度 4 000 lx、光照时长 12～14 h/d。外植体芽萌发形成 2～3 个芽的芽团。

图 7-1-68 接种

三、丛生芽诱导及继代培养

将芽团切割成 1～2 个芽为一团，转移到 MS（改良）+BA 4 mg/L+KT 1 mg/L+NAA 0.5 mg/L、pH 值为 5.8 的培养基中，送入培养室，培养条件为室温 25 ℃、光照强度 3 000 lx 左右，光照时长为 12～14 h/d。

经过 4～6 周的培养，每个芽团长出 1～2 个新芽，继而发育成 3～4 个芽的较大芽团块。

将新的芽团切分开，1～2 个芽为一团，转移到同样培养基中进行继代培养。以后每隔 30～40 d 将丛生芽分割一次，转移到新鲜的培养基上，使丛生芽继续增殖（图 7-1-69）。

在继代培养阶段，丛生芽必须及时转接，以免褐化死亡。

图 7-1-69 丛生芽诱导

四、壮苗与生根培养

在转接过程中，将高度为 3～5 cm 的芽分离，剥除基部枯黄叶，切出新伤口，接种在 MS（改良）+BA 2 mg/L+KT 0.5 mg/L+NAA 0.5 mg/L、pH 值为 5.8 的壮苗生根培养基上，促进芽的生长发育。

经过 40 d 培养，当基部根系长到 0.5～1 cm 时，苗茎叶也已发育充分，具备炼苗移栽的条件（图 7-1-70）。

五、炼苗移栽及苗期管理

将瓶苗置于温度为（25±2）℃、光照强度为 5 000～8 000 lx 的遮阳棚下，进行 7～10 d 的光照炼苗。需要注意的是，在移栽前 3～5 d 将瓶口分 2～3 次逐渐打开，开盖炼苗 1 d。

图 7-1-70 生根培养

炼苗结束，将苗取出，在清水里轻轻洗掉苗基部的培养基，然后将苗放进 75% 的多菌灵 1 000 倍液里浸泡 10 min，晾干叶面的水分，将苗植入经过消毒处理的、等量的泥炭和木纤维的混合基质中。穴盘苗放置到苗床后，及时喷淋一次透水。在温度为 25～30 ℃、光照强度为 2 000～3 000 lx、相对湿度为 80%～95% 的遮阳棚内，

30 ~ 40 d 可以生出新根，50 d 后增强光照强度至 7 000 ~ 10 000 lx，炼苗 90 ~ 120 d，苗高为 10 ~ 15 cm，2 ~ 3 片展开叶，根系布满基质，提苗不散，炼苗结束。炼苗期间每周用 75% 的多菌灵 1 000 倍液喷雾一次。

子项目二　园林树木工厂化育苗技术

任务三十一　菩提树

菩提树（*Ficus religiosa*）为桑科榕属常绿或半常绿大乔木，树高达 20 m，树干挺拔健壮，树皮为黄白色，树冠呈卵圆形或倒卵形，枝叶繁茂，叶互生。叶片深绿色具光泽，革质，全缘，三角状卵形，长为 8 ~ 16 cm，宽为 6 ~ 12 cm，基部圆形或微心形，在尖端处常有长长的尾巴，非常优雅，是优良的风景树。学名"religiosa"为"宗教"之意，很久以前就成为"佛树"的代名词，被视为"圣树"，常植于寺庙及公园、庭院等公共场所。作为佛教圣树，菩提树又有"身是菩提树，心是明镜台。时时勤拂拭，勿使惹尘埃"的文化意蕴，受到人们的尊崇和喜爱；其树形美观，兼叶雅致，又宜做行道树、庭荫风景树及大型室内观赏树种。原产于斯里兰卡、印度、缅甸等地，我国也有一千多年的栽培历史。菩提树的繁殖方法以扦插繁殖、压条繁殖为主，也可用种子繁殖。菩提树种子繁殖需选择 10 年以上的健壮母树，因种子、穗材难得，故常规繁殖手段难以在短时间内繁殖出大量苗木来满足市场需求。因此菩提树常用当年生长健壮的带侧芽的茎段和叶片为外植体进行组织培养快速繁殖。

一、茎段组织培养快速繁殖法

1. 外植体采集与处理

选取菩提树生长健壮、无病虫害的幼嫩枝条为外植体，修剪成 2 cm 左右带芽茎段，去除叶片，用流水冲洗干净。在超净工作台上，先用 70% 酒精表面消毒 30 s，再用 0.1% 氯化汞溶液消毒 6 ~ 8 min，最后用无菌水漂洗 4 ~ 5 次，用无菌滤纸吸干表面水分。

2. 初代培养

将消过毒的茎段两端分别剪去 1 mm 左右，接种于 MS+6-BA 1.0 mg/L+NAA 0.1 mg/L+蔗糖 3.0%+琼脂粉 0.6% 的诱导培养基上。培养条件为温度（25±2）℃、光照强度 16 h/d，培养基 pH 值为 5.8。

3. 继代增殖培养

将初代诱导萌发的不定芽丛从基部切下，或将超过 2.0 cm 的芽，切成 2.0 cm 长的茎段，接种至 MS+6-BA 1 ~ 2 mg/L+NAA 0.3 mg/L+蔗糖 3.0%+琼脂粉 0.6% 的培养基中。培养条件同初代培养。

4. 生根培养

将 2 ~ 3 cm 高的健壮试管苗从基部切下，转接到 1/2 MS+NAA 0.5 mg/L+蔗糖

2.0%+ 琼脂粉 0.6% 的培养基中。培养条件同初代培养。

二、叶片组织培养快速繁殖法

1. 材料及表面消毒

取菩提树当年新萌发的幼叶，用自来水冲洗干净后，再用蒸馏水冲洗 3 遍。在超净工作台上，用 70% 酒精浸泡 1 min，再用 0.1% 氯化汞溶液消毒 4 ～ 6 min，无菌水冲洗4 ～ 5 遍。

2. 愈伤组织的诱导及分化

将消毒过的叶片用无菌滤纸吸干表面水分，切成 2 cm×2 cm 切块，接种至 MS+6-BA1 ～ 2 mg/L+NAA 0.1 mg/L+ 白糖 3.0%+ 琼脂 8% ～ 10% 愈伤组织诱导培养基，pH 值为5.8 ～ 6.0。培养条件为温度（25±2）℃、光照时长 16 h/d、光照强度 20 ～ 30 μmol/m^2 · s。

3. 增殖培养

把愈伤组织上分化出的幼苗转接到 MS+6-BA 2 mg/L+NAA 0.1 mg/L+ 白糖 3.0%+ 琼脂8% ～ 10% 增殖培养基上，培养条件同愈伤组织诱导。可以在较短时间内得到大量组织培养育苗。

4. 生根培养

将健壮组织培养育苗转接至 MS+NAA 0.1 mg/L+AC（活性炭）0.3% + 白糖 3%+ 琼脂8% ～ 10% 培养基中，生根率可达 100%。

三、驯化移栽

当生根苗长至 6 cm 左右高，有 4 ～ 6 条（> 1 cm）根时可进行驯化移栽。先把瓶盖揭开一半，往瓶内倒少许自来水，以防止培养基抽干，驯化 3 d 后，再将瓶盖全部揭开，驯化 4 d 后，取出生根苗，小心洗去根部培养基，移栽至消过毒的蛭石中，罩上塑料薄膜，注意采取遮阴和保湿措施。3 d 喷 1 次水，1 周喷 1/2 MS 大量元素营养液 1 次。30 d后，苗的成活率可达 85%。

任务三十二　软枣猕猴桃

软枣猕猴桃［*Actinidia arguta*（Sieb. et Zucc.）Planch.］为猕猴桃科猕猴桃属多年生落叶藤本植物。高约为 30 m，径粗为 10 ～ 15 cm。叶片呈长圆形或卵圆形，单叶互生。浆果球形至长圆形，果面光滑无毛，果肉柔软多汁，成熟绿色。软枣猕猴桃果实可食用，营养价值丰富，富含维生素 C、多糖、黄酮、烟酸、钙、磷、钾、铁等物质，营养价值远高于其他水果，被誉为"世界之珍果"。此外，软枣猕猴桃还具有很高的药用价值，具有降胆固醇、防血管硬化、清热、健胃等功能。其根部的醇提取物对胃癌细胞有明显的杀伤作用。我国野生软枣猕猴桃资源较为丰富，分布广泛。直到 20 世纪 60 年代，研究人员才在野生软枣猕猴桃的驯化与引种工作方面取得突破成就。目前，软枣猕猴桃在我国仍处于驯化移栽的示范阶段，栽培历史较为短暂，栽培品种十分稀缺。随着野生品种引种驯化工作的逐步推进，对软枣猕猴桃优良苗木的需求日益增加，而采用传统种子繁殖、扦插繁殖等方式，不仅生长周期长，且变异大、成活率低，难以保持亲本的优良性状。为扩大软枣猕猴桃的繁殖数量，可采用繁殖效率高的组织培养技术提高繁殖速度。

1. 外植体采集与处理

选取生长良好的幼嫩枝条，剪成 1.5 ～ 2 cm 长的茎段，去掉叶片，留 1 cm 左右长的叶柄。先用自来水冲洗干净，然后在超净工作台上用 75% 酒精消毒 30 s，再用 0.1% 氯化汞消毒 5 ～ 6 min，或用 1% 次氯酸钠溶液消毒 10 min，最后用无菌水冲洗 3 ～ 4 次，用无菌滤纸吸干水分后备用。

2. 初代培养

将消毒后的茎段两端分别剪去 1 mm，接种在 MS+6-BA 2.0 mg/L+NAA 0.1 mg/L+ 蔗糖 3%+ 琼脂粉 0.6% 的培养基中。培养条件为温度（25±2）℃、光照时间 13 h/d、光照强度 1 500 ～ 2 000 lx。

3. 继代增殖培养

将诱导培养 20 d 后的无菌苗转接到 MS+6-BA 2.0 mg/L+IBA 0.2 mg/L+ 蔗糖 3%+ 琼脂粉 0.6% 的培养基中，培养条件同初代培养。经过 30 d 的培养，增殖系数为 4 左右（图 7-2-1 ～图 7-2-4）。

4. 生根培养

将苗高达 3 cm 以上的健壮单株幼苗接种到 1/2 MS+IBA 0.4 mg/L+ 蔗糖 3%+ 琼脂粉 0.6% 的生根培养基中。培养 30 d 后，生根率高达 98% 左右，不定根多且粗壮。

图 7-2-1　软枣猕猴桃继代转接

图 7-2-2　软枣猕猴桃增殖瓶苗（a）

图 7-2-3　软枣猕猴桃增殖瓶苗（b）

图 7-2-4　软枣猕猴桃增殖瓶苗（c）

5. 驯化移栽

将生长健壮，株高为 4～6 cm，根为 5～7 条的生根组织培养育苗在室内自然光照条件下，打开瓶盖炼苗，使瓶苗初步适应自然光照。炼苗 4 d 后，洗净组织培养育苗根部的培养基，蘸生根粉（98% 萘乙酸钠）后移栽至蛭石∶珍珠岩 =1∶1 基质（蛭石与珍珠岩在阳光下暴晒 2 d 备用）上。适当遮阴，温度控制在 20～24 ℃，移栽 60 d 后成活率达到 80% 左右。

任务三十三　柠条锦鸡儿

柠条锦鸡儿（*Caragana korshinskii*）别名毛条、白柠条、牛筋条，为豆科锦鸡儿属，灌木，高达 3～5 m。老枝金黄色，有光泽；嫩枝被白色柔毛。羽状复叶，小叶 6～8 对，披针形或狭长圆形，先端锐尖或稍钝，有刺尖。托叶硬化成针刺。花萼钟状，蝶形花冠黄色，荚果呈披针形或短圆状披针形，稍扁，革质，深红褐色。种子呈不规则肾形，淡褐色、黄褐色或褐色。其枝叶稠密、根系发达、抗旱、耐寒、耐沙埋，对土壤要求不严格，是我国荒漠半荒漠及草原地带适应性很强的防风固沙树种。同时，具有根瘤，固氮、改土、肥田的效果好，还可以用来发展养蜂、编织、造纸等行业。柠条锦鸡儿含有很高的蛋白质和粗脂肪，动物适口性很好，因而也是一种优良的饲用作物。在内蒙古、宁夏、甘肃、陕西等省（自治区）均有天然分布。

随着我国西部地区生态建设的不断深入，恢复绿色植被仍是解决土壤沙化的根本途径。因此，应尽快培育出适合在我国西北、东北和华北地区生长的柠条锦鸡儿品种，并进行大规模工厂化生产以满足对柠条锦鸡儿苗木的需求。

一、茎段组织培养快速繁殖

1. 外植体采集与处理

将柠条锦鸡儿种子用蒸馏水冲洗干净后，在无菌条件下，用 70% 酒精浸泡 1 min，再用 0.1% 升汞溶液消毒 8 min，无菌水冲洗 3～5 遍并浸泡 8 h，剥去外种皮后接种在无激素的 MS 培养基中。首先暗培养 5 d，然后转移到光照强度为 1 000～1 500 lx、温度为（25±2）℃、光照时长为 16 h/d 的培养条件下进行培养（图 7-2-5）。

2. 继代增殖培养

种子萌发的无菌苗培养 20 d 后，选择充分萌发的幼苗，剪去胚根，接种到 MS+6-BA 2 mg/L+IBA 0.2 mg/L+蔗糖 3%+琼脂 0.6% 的培养基上，培养条件同上。经过一段时间培养，组织培养育苗基部产生愈伤组织，且在愈伤组织上分化出小苗，增殖系数可达 6.3（图 7-2-6）。

3. 生根培养

把苗高为 3 cm 以上的健壮无根单株苗转接于 1/2

图 7-2-5　柠条锦鸡儿种子萌发

图 7-2-6　柠条锦鸡儿增殖培养

MS+NAA 0.1 mg/L+ 蔗糖 3%+ 琼脂 0.6% 或 1/8 MS+IBA 0.5 mg/L+NAA 0.5 mg/L+ 蔗糖 3%+ 琼脂 0.6% 的生根培养基中，最高生根率为 66.67%（图 7-2-7）。

图 7-2-7 柠条锦鸡儿组织培养育苗生根

二、子叶节组织培养快速繁殖

1. 外植体处理

取柠条种子，用 0.1% 的 KMnO₄ 溶液消毒 2 h，无菌水洗涤 3 次，接种于 MS 基本培养基上，在温度为（25±2）℃下萌发。截取种子萌发 5 d 后的子叶节为外植体，切去胚根和真叶，并将下胚轴纵切一分为二，使外植体包含 1 cm 下胚轴、完整子叶节、子叶，在子叶节处用手术刀切 6 ～ 8 个切口后，30° ～ 45° 斜插入培养基中。培养基灭菌前 pH 值为 5.8。

2. 丛生芽的诱导

将处理完成的外植体接种到 B5+6-BA 1.5 mg/L+ 蔗糖 3%+ 琼脂 0.6% 的培养基中，培养条件同上。30 d 后可诱导丛生芽长出 2 ～ 3 个芽。

3. 生根培养

生根培养同上。把苗高 3 cm 以上的健壮无根单株苗转接于 1/2 MS+NAA 0.1 mg/L+ 蔗糖 3%+ 琼脂 0.6% 或 1/8 MS+IBA 0.5 mg/L+NAA 0.5 mg/L+ 蔗糖 3%+ 琼脂 0.6% 的生根培养基中进行生根培养。

任务三十四 中间锦鸡儿

中间锦鸡儿（*Caragana intermedia*）别名柠条，为豆科锦鸡儿属多年生灌木，高达 2 m，是典型草原和荒漠草原带的沙生旱生灌木。根系发达，入土深度可达 5 m 以上，有根瘤。幼枝灰黄色，有条棱，密被绢状柔毛，长枝上的托叶为针刺状，有毛。羽状复叶，小叶 12 ～ 16 片，呈倒卵圆形或长圆形，两面密生绢毛。花 1 ～ 2 朵，花冠黄色，荚果圆筒形，略扁，革质深褐色或红褐色，长 2 ～ 3 cm，顶端短凸渐尖。种子肾形，淡绿褐色或黄褐色。具有适应性强、耐干旱、抗风沙等优点，是一种良好的饲用和防风固沙树种。

锦鸡儿属植被除具有防风固沙、保持水土、提高土壤肥力、保护和恢复生态平衡的功能外，还具备良好的抗旱抗寒能力，这使得锦鸡儿属植物成为中国北方大部分地区防风固沙、植树造林的首选材料。中间锦鸡儿作为锦鸡儿属中一个极其重要的物种，建立其遗传转化体系将对植物抗旱抗寒的研究奠定非常重要的基础，也将为中国的植树造林工程提供更多的植物材料，加快荒漠化绿化的速度。

一、茎段组织培养快速繁殖

1. 外植体采集与处理

同柠条锦鸡儿，种子萌发如图 7-2-8 所示。

2. 继代增殖培养

种子萌发的无菌苗培养 20 d 后，选择充分萌发的幼苗，剪去胚根，接种到 MS+6-BA 2 mg/L+IBA 0.2 mg/L+ 蔗糖 3%+ 琼脂 0.6% 的培养基上，培养基灭菌前 pH 值为 5.8。培养条件为温度（25±2）℃，光照强度 1 000 ～ 1 500 lx，光照时长 16 h/d。培养 30 d 后，在子叶基部产生的愈伤组织上分化出小苗，增殖系数为 6.0（图 7-2-9）。

3. 生根培养

在继代增殖培养基上继代 3 次后，将 3 cm 以上生长健壮的无根幼苗接种于 1/4 MS+NAA 0.1 mg/L+ 蔗糖 3%+ 琼脂 0.6% 的生根培养基上，培养条件同上。中间锦鸡儿在生根培养基上生根率可达 21.9%。接种到 MS+IAA 0.5 mg/L+GA 30.15 mg/L+ 蔗糖 20 g/L+ 琼脂 6 g/L 的培养基中，生根率达到 60%。

图 7-2-8 中间锦鸡儿种子萌发　　　　图 7-2-9 中间锦鸡儿增殖培养

二、愈伤组织诱导及分化

1. 外植体消毒

以中间锦鸡儿种子萌发 3 周的幼苗为材料，剪取长为 1 cm 左右的茎段和茎尖（幼苗最顶端位置）作为外植体材料。先用 75% 酒精处理外植体数秒，然后用有效氯为 3%（体积分数）NaClO 溶液，浸泡 6 ～ 8 min，最后用无菌水冲洗 6 ～ 8 次，无菌滤纸吸干表面，切成 1 茎段和 1 叶备用。

2. 愈伤组织诱导

将消毒后的茎段切成 1 茎段 1 叶片，接种在 MS+6-BA 0.2 mg/L+NAA 0.4 mg/L+GA 30.15 mg/L+AC 0.1 g/L+ 蔗糖 25 g/L+ 琼脂 6 g/L、pH 值为 5.8 ～ 6.0 的培养基上，愈伤组织诱导最佳。

3. 丛生芽的诱导

把愈伤组织接种于 MS+6-BA 1.0 mg/L+NAA 0.2 mg/L+ 蔗糖 25 g/L+ 琼脂 6 g/L 的培养基上诱导丛生芽，每个组织块上有 3 ～ 5 个丛生芽，诱导率约为 13.33%。

4. 生根培养

将生长约为 3 cm 的丛生芽分离成单株，接种到 MS+IAA 0.5 mg/L+GA 30.15 mg/L+ 蔗糖 20 g/L+ 琼脂 6 g/L 的生根培养基，获得 60% 的生根率。

5. 炼苗移栽

将经过生根培养的中间锦鸡儿幼苗移栽到蛭石和营养土体积比为 2 ： 1 的基质中，炼苗 7 d 后，幼苗成活率为 95% 以上。

任务三十五　水曲柳

水曲柳（*Fraxinus mandshurica* Rupr.）为木犀科、白蜡树属高大落叶乔木，高达 30 m 以上。树皮厚，灰褐色，小枝粗壮，黄褐色至灰褐色，四棱形，节膨大，光滑无毛。羽状复叶长为 35 cm 左右，小叶为 7 ～ 11 枚，小叶着生处具关节。叶轴上面具平坦的阔沟，沟棱有时呈窄翅状，圆锥花序，翅果。水曲柳为我国东北珍贵的"三大硬阔"之一。

由于水曲柳材质坚硬，纹理美观，耐腐力强，被广泛应用于人民生活和多种工业行业（如军工、建筑、家具、航空、造船等领域）。传统水曲柳繁殖是以种子繁殖为主，但其种子属于深休眠类型，休眠期高达 218 d，生产周期长，给育苗生产带来一定的困难。水曲柳的嫁接和扦插等繁殖技术受到穗条数量少、位置效应、采枝母树的年龄效应的影响，限制了规模化应用，水曲柳优质苗木的高效繁育迫在眉睫。植物组织培养作为离体快速繁殖的技术手段被应用于水曲柳。

水曲柳组织培养育苗受主干性的影响，很难分化出丛生苗，但可以通过调节不同的细胞分裂素和生长素质量浓度及配合比，诱导其腋芽发生，同样可以达到高效繁育的目的。

一、外植体采集与处理

选取水曲柳当年成熟种子为外植体。种子剥去种翅后，用无菌水冲洗 3 ～ 4 次。在超净工作台上，先用 70% 酒精消毒 1 min，再用 0.1% 升汞处理 10 min，最后用无菌水冲洗 3 ～ 4 次，用无菌水浸泡处理 36 h，种胚发芽率为 96.4%。

二、无菌苗诱导

将浸泡完的种子播出种胚，接种于不添加任何激素的 WPM 基本培养基中，白糖 3%，琼脂 0.8%，培养基高压灭菌前，pH 值调到 5.8。先暗培养 2 ～ 3 d，然后放到培养室培养。培养条件为光合光量子浓度 25 ～ 30 μmol/（m² · s）、光照时间 16 h/d、温度控制在 15 ～ 25 ℃，诱导种胚萌发（图 7-2-10、图 7-2-11）。

图 7-2-10　水曲柳种子萌发 7 d　　　　图 7-2-11　水曲柳种子萌发 15 d

三、继代增殖培养

种胚萌发后，切去胚根，把带子叶的幼苗接种在 WPM+ZT 2.0 mg/L+NAA 0.1 mg/L+白糖 3%+琼脂 0.8% 的培养基上，培养条件同上。继代 4 次后，增殖系数为 5（图 7-2-12、图 7-2-13）。

四、生根培养

将苗高为 3 cm 左右的单株接种到 WPM+IBA 1.4 mg/L+NAA 0.7 mg/L+蔗糖 2%+琼脂 0.6% 的培养基中，培养条件同上。20 d 左右生长出大量根，生根率为 80.45%（图 7-2-14、图 7-2-15）。

图 7-2-12　水曲柳增殖培养（a）

图 7-2-13　水曲柳增殖培养（b）

图 7-2-14　水曲柳组织培养育苗生根（a）

图 7-2-15　水曲柳组织培养育苗生根（b）

五、驯化移栽

将生根的水曲柳瓶苗拿到温室放置 7 d 左右，然后揭去封口膜，再放置 7 d 左右。驯化后的组织培养育苗拿出瓶，把根部培养基洗净，种植在蛭石和营养土体积比为 2∶1 的基质中，驯化移栽成活率在 95% 以上（图 7-2-16）。

图 7-2-16　水曲柳组织培养育苗驯化移栽

任务三十六　黄波罗

黄波罗（*Phellodendron amurense*）为芸香科黄檗属植物，是国家一级保护植物。树高为 10 ～ 20 m，成年树的树皮有厚木栓层，浅灰色或灰褐色，深沟状或不规则网状开裂，内皮鲜黄色。奇数羽状复叶，小叶为 5 ～ 13 枚，呈卵状披针形。聚伞状圆锥花序顶生，浆果状核果近球形，成熟时黑色，是我国东北地区三大珍贵阔叶树种之一，材质优良，树皮富含小檗碱、药根碱等多种生物碱成分，是传统中药学珍贵的三大木本药材之一。木栓层是制造软木塞的材料。木材坚硬，是枪托、家具、装饰的优良材料。果实可作为驱虫剂及染料。种子含油 7.76%，可制肥皂和润滑油。树皮内层鲜黄色，含有小檗碱，有清热泻火功效，晒干后可直接入药，即中药黄柏。主治急性细菌性痢疾、急性肠炎、急性黄疸型肝炎、泌尿系统感染等炎症。外用治火烫伤、中耳炎、急性结膜炎等。从天然植株上提取小檗碱受到季节、资源等条件的约束，提取量有限，难以满足市场需求。因此，利用植物组织培养技术快速繁殖小檗碱含量高的黄波罗植株，或通过组织培养繁殖愈伤组织进行大规模细胞培养生产药用次生产物，具有重要的实践意义。

一、黄波罗组织培养快速繁殖

1. 外植体采集与处理

选取黄波罗当年 8 月初成熟的种子为外植体，自来水冲洗干净后，在超净工作台上用 70% 酒精消毒 1 min，然后用 0.1% 升汞溶液消毒 8 ～ 10 min，再用无菌水冲洗 4 ～ 5 次后备用。

2. 继代增殖培养

将消过毒的种子，在超净工作台上小心切开种皮，取出种胚培养在 MS+6-BA 2 mg/L+NAA 0.3 mg/L+ 蔗糖 2%+ 琼脂 0.6% 的培养基上，培养基灭菌前 pH 值为 6.0。培养条件为温度（20±2）℃、光照强度 1 500 ～ 2 000 lx、光照周期 14/10 h。经过 1 个月的培养，分化出丛生芽，分化率为 21%（图 7-2-17 ～ 图 7-2-20）。

3. 生根培养

将苗高 3 cm 左右的单株苗转接到 1/2 MS+NAA 0.3 mg/L+IAA 0.3 mg/L+H_3BO_3 14 mg/L+ 蔗糖 2%+ 琼脂 0.6% 的培养基上，30 d 后生根率可达到 32%（图 7-2-21、图 7-2-22）。

图 7-2-17　黄波罗增殖瓶苗（a）

图 7-2-18　黄波罗增殖瓶苗（b）

图 7-2-19 黄波罗增殖瓶苗（c）

图 7-2-20 黄波罗增殖瓶苗（d）

图 7-2-21 黄波罗瓶苗生根（a）

图 7-2-22 黄波罗瓶苗生根（b）

二、愈伤组织培养

1. 外植体采集与处理

采集成年黄波罗枝条，水培。取休眠芽，经 3% 次氯酸钠表面消毒 10 min 后，接种于 MS 基本培养基中，诱导无菌枝条的形成。再取长出的无菌茎段作为愈伤组织诱导材料。

2. 愈伤组织培养和继代

以茎段为外植体，接种在 NT+6-BA 0.3 mg/L+NAA 1.0 mg/L 的培养基上诱导愈伤组织，并继代培养。

任务三十七 树锦鸡儿

树锦鸡儿（*Caragana arborescens* Lam.）别名金鸡儿、骨担草、蒙古锦鸡儿、小黄刺条，为豆科锦鸡儿属植物，灌木或小乔木，高达 2～4 m，树皮灰绿色，不规则剥裂。小枝暗绿褐色，有棱。托叶针状；偶数羽状复叶互生，小叶为 5～7 对，叶片呈长圆状卵形至长圆状倒卵形，长为 1～2.5 cm，先端圆钝，有刺尖，基部圆形或广楔形，全缘。花 1～5 朵簇生于短枝上；蝶形花冠，黄色。荚果扁圆柱形，种子扁椭圆形。树锦鸡儿生长势较强，适应性广，耐严寒，抗冻，耐干旱、贫瘠的土壤。其根上有根瘤菌，可以改良土壤。主要分布在我国东北及山东、河北、陕西等地区，是北方水土保持和防风固沙造林常见树种，也是园林、庭院观赏及绿化的优质树种。

树锦鸡儿在生产上以种子繁殖苗木，速度慢，后代长势参差不齐，直接影响苗木产量和质量；扦插成活率低，繁殖慢，苗木质量欠佳；利用组织培养进行无性繁殖，速度快，质量好，短期内可提供大量苗木，值得大力推广。

图 7-2-23　树锦鸡儿种子萌发

一、外植体采集与处理

外植体采集与处理同柠条锦鸡儿。种子萌发如图 7-2-23 所示。

二、继代增殖培养

从种子获得的无菌苗，胚根切掉后从 MS 培养基中转接到 MS+6-BA 2 mg/L+NAA 0.1 mg/L+ 蔗糖 3%+ 琼脂 0.6% 的培养基中。培养条件同上。增殖系数可达 2.5。

三、生根培养

将苗高为 3 cm 以上健壮单株无菌苗转接到 1/2 MS 或 1/4 MS+ 活性炭（AC）0.5% 的生根培养基上。转接后第 12 d，树锦鸡儿组织培养育苗基部露出根原基，之后长出白色的根。30 d 后，能长出 2 ～ 4 条根。

任务三十八　西伯利亚花楸

西伯利亚花楸（*Sorbus sibirica* Hedl.）为被子植物门、双子叶植物纲、蔷薇目、蔷薇科、苹果亚科、花楸属落叶乔木，原产于俄罗斯新西伯利亚地区。在我国新疆地区有少量野生分布。该树种对环境的适生性广、抗逆性强，耐寒，耐瘠薄土壤，耐轻度盐碱，在黏壤、沙壤和壤土上都能生长，具有很好的抗寒能力，能够忍耐 –40 ℃ 以下的严寒。树冠呈长卵形，树皮灰色。枝条密被绒毛，小枝紫褐色。奇数羽状复叶；小叶为 9 ～ 15 片，叶缘锐锯齿或中上部有锯齿；叶柄密被柔毛。复伞房花序；花白色；果实橙黄色或红色。花期为 5—6 月；果熟期为 8—9 月。西伯利亚花楸是优良的观花、观果树种，供园林绿化造景之用，用组织培养可大量繁殖。另外，西伯利亚花楸的果实富含多种维生素，可以食用，其鲜果黄酮含量达到 0.25% ～ 0.35%，对治疗高血压等心脑血管疾病有特效；并能生产果汁、果酒、果醋、果酱、果脯、罐头等食品和饮料；其树皮还能制取烤胶，是一种具有多项用途和开发潜力的珍贵林果资源。

一、西伯利亚花楸初代培养

1. 初代培养基配制

西伯利亚花楸初代培养基配方为 MS+6-BA 1.0 mg/L+NAA 0.1 mg/L+ 蔗糖 2% + 琼脂 0.55%，pH 值为 5.8。

2. 外植体的选取及修剪

取西伯利亚花楸当年生半木质化、无病虫害枝条，并将叶片与叶柄基部剪掉，注意不要上到腋芽，然后将枝条剪成 5～6 cm（根据灭菌容器的大小可适当调整）的茎段。

3. 外植体的清洗

先将切割好的植物材料在自来水龙头下流水冲洗 30 min，然后在洗涤剂溶液中浸泡 5 min 后，用纱布扎住烧杯口（防止植物材料被冲出），倒掉洗涤剂溶液，在自来水龙头下流水冲洗 35 min。

4. 外植体的表面灭菌

清洗后在超净工作台上进行表面灭菌，在 0.1% 的升汞溶液小烧杯中浸泡 8～10 min，无菌水冲洗 8 次。

5. 接种

将灭菌后的茎段放到灭菌滤纸上，并将其顶端和底部切掉约 0.5 cm（灭菌剂杀死的部分）后，再将剩余茎段切成 1 cm 左右的小茎段，保证每个小茎段至少带有一个腋芽，插入诱导培养基上，每个培养瓶内接种一个培养物。注意以下事项：

（1）操作人员须换经灭菌的工作服，戴口罩。进入接种室前，工作人员的双手必须进行灭菌，用肥皂水洗涤能达到良好的效果，进行操作前再用 70% 的酒精擦洗双手。

（2）操作期间经常用 70% 的酒精擦拭双手和台面。特别注意防止"双重传递"的污染，例如，器械被手污染后又污染培养基等。

（3）在打开培养瓶、三角瓶或试管时，最大的污染危险是管口边沿沾染的微生物落入管内。为解决这个问题，可在打开前用火焰烧瓶口。如果培养液接触了瓶口，则瓶口要烧到足够的热度，以杀死存在的细菌。

（4）工具用后及时灭菌，避免交叉污染。

（5）工作人员的呼吸也是污染的主要途径。通常，在平静呼吸时细菌是很少的，但是谈话或咳嗽时细菌便增多，因此，操作过程应禁止不必要的谈话，并戴上口罩。

（6）由于空气中有灰尘，因此在操作时，仍要注意避免灰尘的落入。尽量把盖子盖好，当打开瓶子或试管时，应拿成斜角，以免灰尘落入瓶中。刀、剪、镊子等用具一般在使用前应浸泡在 75% 酒精中，用时在火焰上灭菌，待冷却后使用。每次使用前均需要进行用具灭菌。

（7）表面灭菌时要严格掌握好时间；无菌水清洗时要保证清洗彻底；为了保证污染率降低，每个培养瓶尽量只放 1 块材料。

二、西伯利亚花楸继代培养

1. 继代培养基配制

西伯利亚花楸继代培养基配方为 MS+6-BA 1.0 mg/L+NAA 0.1 mg/L+ 蔗糖 2%+ 琼脂 0.55%，pH 值为 5.8。

2. 继代培养

（1）超净工作台灭菌：接通电源，打开紫外线灯，同时打开风机，灭菌 20 min。

（2）人员准备：洗净双手，穿上实验服进入接种室。在超净工作台内用酒精棉球

（或新洁尔灭稀释液）擦拭双手、台面及接种工具、种苗瓶表面。

（3）种苗瓶准备：要选择生长势好、苗高在 3 cm 以上种苗瓶，取装有继代培养基的培养瓶放入超净工作台内。

（4）转接前准备：将酒精灯放在距离超净工作台边缘 30 cm，正对身体正前方处。将种苗瓶放在灯前偏左处，继代培养瓶放在灯前处，消毒瓶放在灯右处，以利于方便操作。

（5）转接：打开原种瓶，将瓶口过火一次，置于一定位置。剪刀和镊子灼烧灭菌后，左手水平持种苗瓶，右手持镊子，使种苗瓶瓶口与右手所持的镊子在同一水平线上，将芽丛从瓶中取出，放在无菌滤纸上，用手术刀和镊子配合对芽丛进行分割，并把每个小枝条切割成 1 ～ 1.5 cm 的茎段，每个茎段上至少应带有一个腋芽。打开盛有继代培养基的培养瓶，瓶口过火一次，用过火、冷却的镊子夹住分割的茎段并迅速转接在瓶中，每瓶转接 5 ～ 6 个茎段，转接完成后瓶口过火封口。以后重复上述动作。

（6）每转接 5 瓶后，再用酒精棉球擦拭双手一次，以防止交叉感染。

（7）每转接完成 10 瓶后，写明接种日期、品种编号、培养基编号和姓名等，移出超净工作台，置于台顶，再接下一批。

（8）转接结束后，将超净工作台清理干净，工作台内只保留酒精瓶、酒精灯、酒精棉瓶；将材料放在培养室内培养。

3.培养条件

整个培养过程均在培养室进行，培养室湿度保持在 80%，继代增殖阶段培养室保持温度为 25 ℃，光照强度为 2 000 lx，光照时间为 14 h。

三、西伯利亚花楸生根培养

1.瓶内生根

（1）生根培养基配制：花楸生根培养基配方为 1/2 MS+IBA 1.0 mg/L+ 蔗糖 1%+ 琼脂 0.7%，pH 值为 5.8。

（2）接种：按照无菌操作规范进行接种前的准备工作。接种的方法按照生根培养的接种方法来进行。在超净工作台上，先把芽丛纵向切割成单株，然后切掉植株基部的愈伤组织。把切好后的单株苗插入空白培养基中，拧紧瓶盖，进行培养。每瓶十五个苗左右。

（3）培养条件：整个培养过程均在培养室进行，生根阶段培养室温度控制在 25 ℃，光照强度为 3 000 lx，光照时长为 14 h。

2.瓶外生根

（1）准备一个穴盘、镊子、装有清水的水桶、待生根的组织培养育苗。

（2）配置基质，用喷壶喷水于基质上（蛭石），均匀搅拌直到湿度适宜为止（即手攥蛭石，然后松开，蛭石不松散开即可）。将搅拌好的蛭石装入穴盘中并进行压实。

（3）洗苗，在第一桶水里，用手轻轻洗净粘着在无根苗上的培养基，然后将洗好的苗放入另一桶水里进行冲洗。冲洗后移栽前，将洗好的苗浸到生长素溶液或生根粉溶液里蘸取（将试管苗迅速放在 1 000 mg/L ABT 生根粉溶液里蘸一下），以提高生根概率。

（4）扦插组织培养育苗，用小木棍或竹签在每个穴孔中心位置挖个小洞，然后将组织培养育苗栽入洞中（每个孔栽一颗），其深度是 1 ～ 2 cm。种好后轻压基质，使植株能直立，不倒伏。然后用喷壶向小苗上喷水，保持较高的湿度。

四、西伯利亚花楸试管苗驯化、移栽

（1）在移栽前 5 ～ 7 d 开始对生根苗进行驯化。具体做法是：移栽前 5 d 把待移栽的组织培养育苗不开口移到温室经受自然光照射，锻炼 2 ～ 3 d，再松盖 1 ～ 2 d 使瓶内外空气逐渐流通，然后敞开盖保持 1 ～ 2 d。

（2）移栽时首先准备穴盘及基质（基质配制方法参照理论内容进行）。

（3）洗苗，在第一桶水里，用手轻轻洗净粘着在组织培养育苗上的尤其是根部的培养基。注意清洗时动作要轻，以免伤根。然后将洗好的苗放入另一桶水里进行冲洗。

（4）扦插组织培养育苗，用小木棍或竹签在每个穴孔中心位置挖个小洞，然后将组织培养育苗栽入洞中，每个孔栽一棵苗，其深度为 1 ～ 2 cm。移栽时注意用镊子把根展开，不要使组织培养育苗在穴盘的孔穴中窝根及折根，否则不利于生长。移栽好后轻压基质，使植株直立，不倒伏。然后用喷壶向小苗上喷水，保持较高的湿度。

任务三十九　连翘

连翘 [*Forsythia suspensa* (Thunb.) Vahl] 是木犀科连翘属常见的药用植物，灌木，高可达 3 m。枝条通常弯曲成拱形，微呈四棱形、叶卵形或椭圆状卵形，萌梢上常为 3 裂或 3 小叶，先端锐尖，基部宽楔形或圆形，边缘除基部外有锐锯齿，叶两面无毛。花 1 ～ 2 朵腋生，先叶开放；花冠黄色，4 裂。蒴果长卵圆形，先端有短喙，基部略狭，表面散生疣点。花期为 4—5 月；果期为 8—9 月。

连翘产于华北及辽宁、四川、陕西、湖北、安徽等地区。根系发达，可固堤岸，宜作水土保持树种。果实和种子入药，具有清热解毒、消痈散结等功效。连翘是中医临床上最常用的中药之一，药用历史悠久。近年来，在园林中也广为应用，是优良的早春观花灌木。金钟连翘多以扦插法繁殖，存在繁殖率低、苗木质量差、不整齐等不利因素，极大地限制了这一优良品种在园林中的应用规模。利用组织培养快速繁殖技术对金钟连翘进行快速繁殖，可在短期内生产出大量整齐、均匀的健壮植株。

一、外植体的选择与处理

选取健壮无病虫害的连翘嫩茎，去除叶片，剪成 3 ～ 5 cm 长的茎段，每段带 2 ～ 3 个芽。置于搪瓷缸中，先用少许洗衣粉水浸洗并用玻璃棒搅拌 3 ～ 5 min，再用流水冲洗 30 min 以上。

二、外植体的消毒

预处理的植物材料置于超净工作台上，用 0.1% $HgCl_2$ 消毒 8 min，用无菌水清洗 5 ～ 6 次，将灭过菌的茎段用无菌滤纸吸去表面的水分，剪成长为 1 cm 的单芽茎段，进行接种。

三、培养基的配制

（1）初代培养基配方：MS+BA 1.0 mg/L+ NAA 0.05 mg/L+ 蔗糖 3%+ 琼脂 0.55%，pH 值为 5.8。

（2）继代培养基配方：MS+BA 1.5 mg/L+IBA 0.2 mg/L+ 蔗糖 3%+ 琼脂 0.55%，pH 值为 5.8。

（3）生根培养基配方：1/2 MS+IBA 0.1 mg/L+IAA 0.3mg/L+ 蔗糖 3%+ 琼脂 0.7%，pH 值为 5.8。

培养条件：光照强度为 2 000 lx，光照时长为 12 h/d，温度为 23 ～ 25 ℃。

四、培养方法

待芽长到 2 ～ 3 cm 时转接，并进行继代、生根培养。将无根试管苗插入生根培养基，出现根原基后，移入调控温室，边生根边驯化，由培养室的恒温培养逐渐过渡到温室的变温培养。利用散射光照驯化，逐步增加光照强度。生根后闭瓶炼苗 20 d，当试管苗根长为 2 ～ 3 cm、茎干微呈红色、叶片大而浓绿时，开口炼苗 3 d。将经过炼苗的生根试管苗用镊子轻轻夹出，并用清水洗净根部附着的琼脂，在温度为 25 ℃、相对湿度为 75% ～ 80% 的条件下，移至已配制好栽植基质（草炭土：珍珠岩：蛭石 =1：1：1）的 10 cm×10 cm 营养钵中，用 0.1% 多菌灵消毒后，浇透水，注意保温、保湿、遮阴和定时通风，约 7 d 后长出新根；逐渐增加光照强度，30 d 后待长出 3 ～ 4 片真叶时，即可移入大田中栽植，培养健壮苗木。

任务四十　美国红枫

美国红枫别名红花槭、加拿大红枫，槭树科、槭树属的落叶乔木，高可达 30 m，树形直立向上，树冠呈圆形，冠幅为 10 m。单叶对生；叶长为 10 cm，掌状 3 ～ 5 裂，裂片三角状卵形，叶缘有不等圆锯齿，叶表亮绿色，叶背泛白，有白色绒毛。花红色。翅果，两翅开展呈锐角，嫩时亮红色，成熟时红色。产于美国东部至加拿大，辽宁南部及上海、杭州、北京等地区有栽培。喜光，稍耐寒，耐旱，耐湿。其树体高大，适应性强，是优良的彩叶树种之一。目前，美国红枫的繁殖技术主要通过种子和嫁接技术，需要较长的发育周期。与传统的繁殖方式相比，利用组织培养技术可以短期内获得大量植株，供应市场需求及品质改良需要。

一、外植体的选择及处理

早春取当年生无病虫害生长健壮的枝条，剪掉叶子，将枝条剪成 3 ～ 4 cm 的茎段，放入搪瓷缸中。用洗洁精将枝条浸泡 5 min，并洗刷干净，流水冲洗 30 min。

二、外植体灭菌

最佳的消毒处理方式是先用 75% 酒精消毒 30 s，用无菌水冲洗 2 ～ 3 次，再用 0.1%HgCl$_2$ 消毒 8 min，同时采用摇晃、振荡的方式使消毒剂与外植体充分接触，以达到充分、全面的消毒效果，再用无菌水冲洗 5 ～ 6 次。

三、培养基和培养条件

（1）腋芽诱导培养基为 MS+ 6-BA 1.0 mg/L+IBA 0.2 mg/L。

（2）增殖培养基为 MS+6-BA 0.1 mg/L+GA$_3$ 0.1 mg/L+IBA 0.1 mg/L。

（3）壮苗培养基为 MS+ZT 1.0 mg/L +IBA 0.3 mg/L。

（4）生根培养基为 1/2 MS+ GA$_3$ 1.0 mg/L+ IBA 2 mg/L。

培养条件为温度（25 ± 2）℃、光照强度 1 600 ～ 2 000 lx、光照时长 14 h/d。

四、增殖培养

在初代培养基上生长 30 d 后，将初代培养已经获得的无菌苗茎段切割成 1.5 ～ 2 cm，每段至少带 1 个芽，切去茎基部的愈伤组织及顶芽，再接入增殖培养基中。

五、壮苗培养

将继代增殖后的组织培养育苗直接诱导生根，容易导致组织培养育苗生长停滞，且易产生落叶，因此，在生根处理前需要进行壮苗处理。取 3 cm 长带顶芽的美国红枫继代组织培养育苗，接种到壮苗培养基中。

六、生根培养

植物材料在壮苗培养基上生长 20 ～ 30 d，达到一定数量后，生长到接近瓶口时，挑选剪取高 2 cm 以上茎段，在超净工作台内进行生根培养，其余植株进行继代培养。将适宜进行生根培养的株丛剪成单株，接种到新鲜的生根培养基中。

七、炼苗移栽

在生根培养基中生长 30 d 左右，试管苗长出数条 1 cm 以上的新根时，开始炼苗，转移到室外自然光下炼苗，炼苗前可适当喷洒多菌灵，为避免正午太阳光直射太强，可用遮阳网遮阳。炼苗环境应与移栽环境大体一致，经过培养瓶闭盖和开盖炼苗后可进行移栽。用镊子小心将经过炼苗锻炼的生根苗从瓶中移出，用无菌水清洗干净根部培养基并尽量减少对根部的伤害。移栽基质选用沙∶腐殖质 =1∶1。移栽前各种移栽基质需用高锰酸钾消毒。苗移栽后，用无菌水喷淋净叶片上的泥沙并浇透基质，移栽后要严格管理。特别是刚刚移栽的前几天，注意保湿、保温，以提高移栽成活率。

任务四十一　蓝莓

蓝莓（Blueberry）又名越橘，属杜鹃花科越橘属植物，多年生灌木，小浆果深蓝色。蓝莓果实营养成分丰富，具有防止人体细胞衰老、增强心脏功能、明目及抗癌等独特的保健功效。党的二十大报告提出，要推动绿色发展，促进人与自然和谐共生，这是企业发展蓝莓产业与林下经济的根本遵循，蓝莓的常规繁育速度较慢，繁殖规模受插条数量的限制，在短期内不能满足生产需要，随着植物组织培养技术的日益完善，其应用越来越广泛。利用快速繁殖技术可以快速、高效地进行蓝莓的繁殖。

一、外植体的选择及处理

早春取当年生无病虫害生长健壮的枝条，剪掉叶子，将枝条剪成 3 ～ 4 cm 的茎段，放入搪瓷缸中。用洗洁精将枝条浸泡 5 min，并洗刷干净，流水冲洗 30 min。

二、外植体灭菌

在无菌环境下，将剪好的茎段用 75% 乙醇浸泡 30 s，无菌水冲洗 2 ～ 3 次，然后用 0.1% 的升汞溶液浸泡 8 ～ 10 min（根据枝条老嫩程度），用无菌水冲洗 5 ～ 6 次，切去两端与药液接触部分，最后接种于初代培养基上进行培养。

三、培养基和培养条件

（1）增殖培养基为 WPM+ZT 1.0 mg/L +IBA 1.0 mg/L+ 蔗糖 30 g/L+ 琼脂 7g/L，pH 值为 5.4。

（2）生根培养基为 1/2 WPM+ IBA 1.0 mg/L+ 蔗糖 20 g/L+ 活性炭 10 g/L+ 琼脂 7g/L，pH 值为 5.4。

培养条件为温度（25 ± 2）℃、光照强度 1 500 ～ 2 000 lx、光照时长 14 h/d。

四、增殖培养

外植体在初代培养基上生长 20 d 后，将茎段切割成 1.5 ～ 2 cm，每段至少带 1 个芽，接种到继代培养基中。

五、生根培养

植物材料在继代培养基上生长 20 ～ 30 d，达到一定数量后，生长到接近瓶口时，挑选剪取高 2 cm 以上茎段，在超净工作台内进行生根培养，其余植株进行继代培养。将适宜进行生根培养的蓝莓株丛剪成单株，接种到新鲜的生根培养基中。

六、试管苗移栽

在生根培养基中生长 30 d 左右，试管苗长出数条 1 cm 以上的新根时，开始炼苗，在自然光下不揭瓶盖炼苗 7 d 左右，揭开瓶盖，炼苗 3 d，保持环境湿度，保证叶面不失水，3 d 以后用清水洗净苗根部附着的培养基，移栽入营养钵内，放入小拱棚，保证温度在 25 ℃左右，湿度在 90% 以上。

任务四十二 葡萄

一、葡萄组织培养快速繁殖技术

（一）茎段快速繁殖

1. 无菌体系建立

（1）外植体选取与灭菌。剪取污染较少且健壮无病害葡萄嫩枝，除去幼叶，剪成一定长度带有芽的茎段，自来水冲洗 2 ～ 3 h，放置冰箱处理 4 h，这样有利于材料的诱导再生。将处理好的材料用自来水反复浸泡冲洗材料表面尘土和附着的微生物。放置在超净工作台上，将处理好的葡萄带芽的茎段，用 70% 乙醇浸泡消毒 15 ～ 20 s，因葡萄对酒精敏感，因此酒精消毒不宜超过 20 s。再用 1% 升汞溶液浸泡 5 ～ 10 min，无菌水冲洗 4 ～ 5 次，以彻底清除升汞溶液。

（2）初代培养。表面消毒后的材料茎段，去除茎段基部切口，切成 1 ～ 2 cm 长的带芽的茎段，接种到培养基中或在 B5+BA 0.5 ～ 1.0 mg/L+IAA 0.1 ～ 0.5 mg/L 初代培养基中进行培养。培养条件为温度 25 ～ 28 ℃、光照时长 16 h/d、光照强度 1 800 lx。2 周左右可看到有许多绿色芽点和小的不定芽出现，再经过一段时间就长出丛生芽。

2. 繁殖体系建立

从分化培养基中选取较大不定芽，转接到 B5+BA 0.4 ～ 0.6 mg/L，3 周左右小芽可长到 4 cm 左右高的无根苗。培养条件为光照强度 2 000 lx、光照时长 10 h/d、温度 25 ～ 28 ℃，30 ～ 40 d 可继代 1 次。培养基中培养 1 ～ 2 周，每块培养物可长出单芽苗或丛生芽苗，使数量增多。

3. 生根培养

（1）生根培养基配制。根据生根的几个影响因素，配制适合的组织培养生根培养基，以提高生根苗生根率。配制时要注意几点原则：生根培养基降低继代培养基中无机盐的浓度。一般 MS 大量母液减半或 1/4；去掉原培养基中细胞分裂素成分；降低蔗糖浓度（如减半），以加强自养；适当浓度的生长素；适当增加琼脂浓度；对有些植物可适当加些吸附剂（如活性炭），有促进生根的作用。

葡萄生根培养是从葡萄继代瓶苗中选取 3 ～ 4 cm 高的壮苗，在无菌滤纸上用解剖刀从瓶苗剪掉 3 ～ 5 mm，将小苗转到 1/2 MS + IAA 0.4 mg/L+IBA 0.1 mg/L+NAA 0.05 mg/L+琼脂 0.4% 的生根培养基上。在生长 10 d 后有一些苗基部长出白色的凸起，再经过 30 d 后，这些凸起可发育成 0.5 cm 以上的幼根，同时具备生根率可达到 90% 以上。

（2）葡萄生根接种方法。芽丛纵向切成单株，高度在 1 cm 以上的芽苗可进行生根培养（不足 1 cm 的芽苗及愈伤组织用于继代培养），将分离得到的单株植物的基部愈伤组织切掉（如果留下，根将在愈伤组织里增殖），然后按形态上下极插入生根培养基中进行培养。生根苗可以较密集地插在培养基中，每瓶可插 10 株以上。

4. 驯化移栽

将植株由试管苗移栽入土，须小心分步进行，先要轻轻洗掉根上的琼脂培养基。移栽后，最初 10 ～ 15 d 要通过喷雾或罩上透明塑料袋以保持湿度。在塑料罩上可打些小孔，以利于气体交换。在移栽时把植株搬入温室。

当葡萄试管苗根长至 1 cm 左右且有 5 ～ 7 片新叶时，进行炼苗。打开瓶盖 1 周，将苗移入蛭石中，湿度保持在 90% 左右。苗高 10cm 以下，温度应保持在 15℃ 左右，光照强度为 4 000 ～ 5 000 lx。15 ～ 20 d 后，见幼叶变绿，即可移植到大田，成活率可达 90%。提高葡萄试管苗移栽成活率要注意：幼苗生长要健壮，保持空气湿度，根际通气良好，尽量减少杂菌污染。

（二）茎尖快速繁殖

1. 无菌繁殖体系建立

从田间生长旺盛的葡萄新梢顶端取 1 ～ 2 cm 长的茎尖。除去幼叶后在 5% 次氯酸钠溶液中浸泡 2～3 min，消毒灭菌，之后用无菌水冲洗 3 次，再在 0.1% 升汞溶液中浸泡约 2 min，之后用无菌水冲洗 4 次。在无菌条件下分离出约 2 mm 长的茎尖，接种到培养基上。

2. 培养基

葡萄茎尖分化培养基大多为 MS 培养基（无机盐减半为好），再添加 BA1～2 mg/L，NAA 0.01 mg/L，LH 100 mg/L，蔗糖 2%，琼脂 0.6%。而 B5 培养基愈伤组织化严重，生长不好。

3. 茎尖的分化

葡萄 1～2 mm 的茎尖接种后成活率皆较高。接种成活的茎尖一个月左右开始分化幼叶和侧芽，两个月左右，由于侧芽的不断增生，形成芽丛。由于不同品种对 BA 和 NAA 的反应不同，所以生长有显著区别。如巨峰、霞珠等品种由于顶端优势强，侧芽生长势弱，故增殖率低，但成苗率高；白羽、白雅等侧芽分生能力强，可在幼茎上多次分枝，故成苗率低；有的个别品种，则幼茎短缩膨大呈球形，很难成苗。

4. 苗的生长

在茎尖分化培养中产生的成苗率低和成苗困难，密集生长的芽丛，可将分化培养基中的 BA 浓度减低至 0.5 mg/L，同时添加 GA 0.2 mg/L，经一个月的培养，就可长成 2～3 cm 高的幼茎。此外，黑暗处理对幼茎的伸成、提高成苗率也有明显的效果。

5. 生根与移栽

切取 2～3 cm 长的茎尖苗接种到 MS 培养基（无机盐减半）进行生根培养，添加 IAA 0.4 mg/L、NAA 0.05 mg/L、BA 0.1 mg/L 和琼脂 0.4%。1～2 周后幼苗开始生根，一个月形成根系，同时具备 5～6 片新叶，生根率达到 90% 以上。

移栽时洗去根上的培养基，栽到蛭石内，使根系具有良好的通气条件，种植后盖上塑料薄膜，经 7～10 d 锻炼适应后可去掉，移栽成活率也达到 90% 左右。提高葡萄试管苗移栽成活率需注意：幼苗生长要健壮；要保持空气湿度；根际通气要良好；要尽量减少杂菌污染；浇灌的溶液浓度不能过高。

二、葡萄脱毒

（一）葡萄脱毒的意义

葡萄受到病毒的危害，导致长势减弱，产量和品质降低，果实的糖分含量减少，变味。通过杀细菌和杀真菌的药物处理，可以治愈受细菌和真菌侵染的植物，但现在还没有什么药物处理可以治愈受病毒侵染的植物。

大部分病毒都不是通过种子传播的，因此，若是使用未受侵染个体的种子进行繁殖，就有可能得到无病毒植株。但是有性繁殖后代常常表现遗传变异性。葡萄的种植方式中无性繁殖十分重要，而这一般都是通过营养繁殖实现的。如果在一个品种中，并非全部母株都受到了侵染，那么只要选出一个或几个无病株进行营养繁殖，也有可能建立起无病的核心原种。但是，若一个无性系的整个群体都已受到侵染，获得无病植株的唯一办法就是由葡萄植株上营养体部分把病原菌消除，并由这些组织再生出完整的植株。一旦获得了一个不带病原菌的植株，就可在不致受到重新侵染的条件下，对它进行营养繁殖。所以，利用组织培养技术进行葡萄脱毒是最有效的解决办法。

(二) 茎尖培养法

1. 茎尖脱毒原理

病毒在植物体内的分布是不均匀的。在受侵染的植株中，顶端分生组织一般是无毒的，或是只携有浓度很低的病毒。在较老的组织中，病毒数量随着与茎尖距离的加大而增加。分生组织之所以能逃避病毒的侵染，可能的原因：一是在一个植物体内，病毒易于通过维管系统而移动，但在分生组织中不存在维管系统，病毒在细胞间移动的另一个途径是通过胞间连丝，但它的速度很慢，难以追赶上活跃生长的茎尖；二是在旺盛分裂的分生细胞中，代谢活性很高，使病毒无法进行复制；三是倘若在植物体内确实存在着"病毒钝化系统"，它在分生组织中应比在任何其他区域都有更高的活性，因而分生组织不受侵染；四是在茎尖中存在高水平内源生长素，可以抑制病毒的增殖。

茎尖可以是茎的顶端分生组织。顶端分生组织是茎的最幼龄叶原基上方的一部分，最大直径约为 100 μm，最大长度约为 250 μm。茎尖则是由顶端分生组织及其下方的 1～3 个幼叶原基一起构成的。虽然通过顶端分生组织培养消除病毒的机会较高，但在大多数已发表的工作中，无病毒植物都是通过培养 100～1 000 μm 长的外植体得到的，即通过茎尖培养得到的。

2. 葡萄茎尖脱毒注意事项

进行脱毒时，外植体太小，很难靠肉眼进行制备，因而需要一台带有适当光源的简单的解剖镜；为了进行解剖还需要一套解剖针和刀片。解剖时必须注意防止由于超净工作台的气流和解剖镜上的钨灯散发的热而使茎尖变干，因此茎尖暴露的时间应当越短越好，使用冷源灯或玻璃纤维灯则更为理想。若在一个衬有无菌混滤纸的培养皿内进行解剖，也有助于防止这类小外植体变干。

3. 葡萄茎尖脱毒方法

首先获得表面不带病原菌的外植体。茎尖分生组织由于有彼此重叠的叶原基的严密保护，因此只要仔细解剖，无须表面消毒就应能得到无菌的外植体。消毒处理有时反而会增加培养物的污染率。如果可能，应把供试植株种在无菌的盆土中，并放在温室中进行栽培。在浇水时，水要直接浇在土壤上，而不要浇在叶片上。另外，最好还要给植株定期喷施内吸杀菌剂。对于某些田间种植的材料来说，还可以切取枝条，在实验室中进行培养要比由田间植株上直接取来的枝条污染问题小。

尽管茎尖区域是高度无菌的，但在切取外植体之前一般仍须对茎芽进行表面消毒。Wang 和 Hu（1980）建议，叶片包被严紧的芽，如菊花、菠萝、姜和兰花等，只需在 75% 酒精中浸蘸一下，而叶片包被松散的芽，如蒜、麝香石竹和马铃薯等，则要用 0.1% 次氯酸钠溶液表面消毒 10 min。再用灯火烧掉酒精，然后解剖出无菌茎芽。在剖取茎尖时，要把茎芽置于解剖镜下，一只手用一把细镊子将其按住，另一只手用解剖针将叶片和叶原基剥掉，解剖针要常常蘸入 90% 酒精，并用火焰灼烧以进行消毒。为了在烧过之后重新使用之前有足够的时间冷却，至少应准备三根解剖针轮流使用，或是把针蘸入无菌蒸馏水中进行冷却，当形似一个闪亮半圆球的顶端分生组织充分暴露出来之后，用一个锋利的长柄刀片将分生组织切下来，上面可以带有叶原基，也可以不带而将其接到培养基上。重要的是必须确保所切下来的茎尖外植体一定不要与老部分或解剖镜子台或持芽的镊子接触，尤其是当芽未曾进行表面灭菌时。由茎尖长出来的新茎，常常会在原来培养基上生根，但若不能生根，则需要另外采取措施。葡萄茎尖具体处理过程：取1年生葡萄枝条用洗涤剂洗干净，自来水冲洗30 min。或将植株置于温度为25 ℃、相对湿度为80%、光照时长为16 h的条件下水培，待新芽长出后，切取新芽进行消毒处理，用70%乙醇浸泡消毒数秒，再用0.1%升汞溶液浸泡5～6 min，无菌水冲洗4～5次。在解剖镜下剥去鳞片与幼叶，切取0.2～0.3 mm带有2～3片叶原基的茎尖接种到1/2 MS+BA 1 mg/L+IAA 0.2 mg/L+KT 1.0 mg/L 的芽诱导培养基上，两个月茎尖膨大变绿并形成大量丛生芽，经继代增殖得到一定数量后，可转到生根培养基上。

（三）热处理脱毒法

在高于正常温度下，植物组织中很多病毒可被部分钝化，但很少伤害甚至不伤害寄生组织。热处理可通过热水或热空气进行。热水处理对休眠芽效果较好，热空气处理对活跃生长的茎尖效果较好，既能消除病毒，又能使寄主植物有较高的存活机会。热空气处理比较容易进行，把旺盛生长的植物移入一个热疗室中，在35～40 ℃下处理一定时间即可：处理时间的长短，可由几分钟到数周不等。热处理时，最初几天空气温度应逐步增高，直到达到要求的温度为止，若钝化病毒所需要的连续高温处理会伤害寄主组织，则应当试验高低温交替的效果。在热处理期间应保持适当的湿度和光照。

具体做法：将生根小苗移入热处理室，在35～40 ℃人工培养箱中培养，处理时间根据病毒种类不同而异。38 ℃环境中经30 min处理，可从枝条顶端或休眠芽中除去扇叶病毒，处理8周可除去卷叶病毒和黄脉病毒，而栓皮病毒、茎瘟病毒热处理难脱毒，处理时间更长。该法处理时间长，效率低，单纯热处理脱毒率为26%左右，并在培养期间保证有良好的光照条件及管理措施。

（四）热处理结合茎尖处理脱毒法

将盆栽葡萄苗先进行热处理，再剥去茎尖培养，脱毒率可达到80%。也有剥去茎尖后，接种于培养瓶中，进行高温培养则获得脱毒苗。

任务四十三　桉树

桉树为桃金娘科桉属植物的总称，是世界著名的速生丰产用材树种。我国引种桉树已经有120年的历史，是广西、广东、海南等华南各省的最主要造林树种，可在平原、台地、丘陵、低山等地貌的林地种植，是近年来发展速度较快的树种。桉树具有较高的经济价值和广泛的用途，它是造纸原料的重要来源，它的木材还可以加工成家具，不但质量好，而且十分美观。桉树材质坚硬，材、皮、叶、花的经济价值都很高，既是优良的用材林、经济林、防护林和风景林树种，又是很好的能源树种；速生丰产，特别是幼林期生长快，这就大大地缩短了生产周期，从而可获得较高的经济效益；抗逆性强，种类繁多，既有耐热树种，也有耐寒树种，可在不同气候带栽植；病虫害少，耐瘠薄。桉属树种是异花授粉的多年生木本植物，种间天然杂交现象非常频繁，其实生苗后代严重分离。因此，用有性繁殖的方法很难保持优良种树的特性。同时，又由于桉树的成年树插穗生根困难，采用扦插、压条等传统的无性繁殖方法繁殖速度缓慢，远远不能满足生产上大面积种植对种苗的需求，因此，桉树组织培养的成功，主要解决了一些难以生根的树种或无法采用扦插方法增繁无性系的繁殖问题，加快优良无性系的繁殖速度，桉树组织培养育苗的生产前景非常广阔。

一、无菌体系建立

1. 外植体的选择与消毒

桉树无性系组织多采用外植体直接诱导腋生丛生芽，然后切取足够长度、长得健壮的小芽转到生根诱导培养基中，形成生根植株。采用这种方法，桉树的遗传性最稳定。

采集对象为桉树嫁接苗或伐桩、环割、萌芽条。截取具有半木质化程度的嫩梢，长度为 5～10 cm。3—5 月桉树萌芽率较高，茎部积累有较丰富的营养物质和内源激素，受病虫侵害较少、外植体诱导成功率最高。7—9 月属高温高湿季节，水分、温度都较高，病虫十分活跃，茎段机械损伤较多，易受病虫菌的侵害污染，故诱导成功率最低。因此，外植体采集最好是在春季进行，以芽条腋芽开始膨大，芽鳞片还未裂开时为最佳时机。芽条在植株上的部位也是诱导芽能否成功的重要因素，有试验证明，萌芽条中上部的茎段，以半木质化的茎段第 5～第 7 节最好，因为较易进行表面灭菌处理，而且不容易褐化，萌芽率也高；过嫩的芽木质化程度低，表面灭菌很容易被杀死；过老的茎段表面灭菌时容易褐化而死亡，而且过老的茎段再生能力差且不易萌芽。

选取当年萌发的幼嫩枝条上部，将采下来的嫩茎段剪去叶片，用少量洗衣粉水漂洗 10 min，再用流动水冲洗，然后在超净工作台的无菌条件下，用 75% 酒精浸泡 5 s，再用新洁尔灭溶液或 0.1% 升汞溶液浸泡 5～6 min 消毒，用无菌水冲洗 4～5 次，然后切取含 1～2 个腋芽的茎段接种在培养基上进行诱导培养。试验证明，重复消毒一次效果更佳。经常规消毒后，切取顶芽或带节茎段到初代培养基上。如用种子经无菌发芽获得无菌材料，可用纱布将种子包裹好并浸于冷开水中 10 min，然后用 70% 乙醇消毒 30%，再用 0.1% 升汞溶液消毒 10 min，用无菌水冲洗 4～5 次，接种至初代培养基上。

2. 初代培养

在 MS+BA 0.5～1.0 mg/L+IBA 0.1～0.5 mg/L 的初代培养基上，经 30 d 左右培养，每个外植体可形成一个或多个无菌芽。据邱运亮（1992）试验，一个赤桉外植体在初代培养中最多能产生 17～22 个无菌芽。赤桉种子接种后 4～6 d 即可萌发，至培养 20 d 时，苗高可达 4 cm 以上，此时可用于切割和继代增殖。

桉树无菌苗的腋芽和顶芽在适当的继代培养基上可以诱发出密集的丛生芽。在无菌条件下，将这些丛生芽中较大的个体切割成长约 1 cm 的苗段，较小的个体分割成单株或丛芽小束，再转接到新的继代培养基 30 d 左右的培养后又可诱发出大量密集的丛生芽。如此反复分割和继代增殖，即可在较短时间内获得大量的丛芽。

初代接种褐化问题处理：桉树茎段接种后，如切口处产生褐色渗出物，使茎段周围的培养基变成棕褐色，这种现象就叫作"褐变"。茎段在培养基内变褐色就会失去生命力，导致外植体死亡，严重地影响了外植体诱导的成功率，可采取以下措施综合防治：

（1）尽量避免组织伤害，切口面积尽量减小，用于切割的解剖刀应尽可能锋利。

（2）切割外植体时，应当将组织浸于水中隔绝空气，同时，切面要垂直，切口的损伤要降至最低的限度。

（3）接种时应选择表面消毒过程中没有损伤的茎段，并应注意不让腋芽附着培养基。

（4）利用漫射光培养。由于光能提高多氧化酶的活性，从而促进多酚化合物的氧化，因此在弱光下培养，能有效地降低多酚化合物的氧化。

（5）及时转移培养基，当发生褐变时应及时转移培养基，使褐化不影响腋芽周围的组织，外植体仍有萌动的生命力。

二、继代增殖培养

继代苗的增殖培养是指将诱导形成的胚状体、芽丛等转接入培养基内，使其产生更多的芽体。

将较大的芽苗切割成 1 cm 左右的节段，或将密集的小丛芽分割为单株或从芽小束，转接到 MS +BA 1.0 ～ 1.5 mg/L+ KT 0.5 mg/L+ IBA 0.1 ～ 0.5 mg/L 的继代培养基上，以促进培养物的腋芽萌发。经 30 d 左右培养，每个被转接的材料可萌发出大量丛生芽。

在最初几次继代培养中，每次培养所增殖的倍数较低；随着继代次数的增加，每次继代能增殖的倍数也逐渐增加。

将诱导出的芽体转接到继代苗培养基里，然后放置于培养室内，室温以 25 ～ 28 ℃为宜，光照强度以 1 500 ～ 3 000 lx 为佳。过强的光照易使苗木老化，过弱的光照易使苗木徒长，所以控制好光照很重要。经过 7 d 左右的暗培养，即可见萌生出多丛嫩芽，经过 1 ～ 2 d 的自然光照后，即可开日光灯增强光照。若发现霉菌及真菌感染的苗，要及时拿去高温消毒，以免传染给其他的瓶苗。

桉树继代苗问题处理：玻璃苗是指由于苗木不能及时见光，苗木木质化低，所以表现为叶片及嫩梢呈现出透明或半透明状态，含水量增加，叶片脆弱易碎，这种状态的苗木很难增殖及生根，移栽时不易成活。解决办法：及时见光。苗木进行暗培养 7 d 以后，立即见自然光 1 ～ 2 d，然后即可打开日光灯进行补光。日光灯照一周后即可将瓶苗移到窗口进行炼苗，使其吸收更加强烈的自然光照，以加快苗木的木质化程度。

三、生根培养

继代苗经过了多次继代增殖后，会长出许多丛芽，主芽多且明显，而且芽丛炼至半木质化时即可进行大量生根接种，以获取完整生根植株。进行生根接种时，应选取干净、不带菌的继代瓶苗，在超净工作台中，将继代培养过程中获得的丛芽分割成单株，或将其中较大的个体切割成长度 1 cm 左右的一个腋芽的节段，然后转接到 1/2 MS+ABT 1.5 mg/L+IBA 0.1 mg/L+AC 2.5 mg/L 的生根培养基上，每瓶视情况插入 15 ～ 20 棵苗。经过 25 d 左右培养，即可获得可供出瓶移栽的完整植株。

生根苗转接好后将其置于培养室中，室温控制在 25 ～ 28 ℃，与继代苗的管理方法相同，也是进行 7 d 左右的暗培养，待生根苗基部冒出根以后，即可打开日光灯让其见光。经过两周左右，当试管苗高长至 3 ～ 4 cm，苗木的根长到 2 ～ 3 cm，叶片充分展开时，即可送至玻璃炼苗棚进行炼苗，使其充分吸收和适应自然光线。经过 10 d 左右的炼苗，生根苗的根系发达，叶片和茎段的颜色由浅绿变成深绿，而且长得非常茂盛，木质化程度较高时，即可进行生根苗的移栽。

生根瓶苗污染问题如下：

（1）用消毒不彻底的器具进行接种，或超净工作台未擦拭干净，或者培养基消毒不彻底。

（2）用作生根接种的继代苗本身就被真菌或细菌感染。

（3）接种室或培养室卫生状况差。

针对生根瓶苗污染问题，应对的办法是：首先应当确保接种室和培养室的卫生，每天接种前应打开紫外线消毒灯进行半小时消毒，室内地板应当保持干净整洁，超净工作台应用新洁尔灭擦拭过；其次确保用作接种材料的继代苗要干净无污染，接种时接种器具（如剪刀、镊子、盘子）都应进行高压灭菌，特别是培养基也应进行 40 min 左右的消毒。操作的时候，剪刀、镊子还应当用消毒器再次进行消毒，时间为 3 ～ 5 min/ 次。只有每个环节都做好，才可以减少污染，降低苗木成本，提高苗木质量。

另外，桉树组织培养育苗在生根过程中，由于生根激素不足或者不适合，或是由于接种时选取的芽不好，木质化程度不够或太弱或玻璃化。导致生根苗生根率不高时，应当及时调整培养基配方，在接种时也要选取壮苗、优质苗进行接种。

四、炼苗移栽

生根组织培养育苗移栽前揭开瓶 2 ～ 3 d，自然阳光照射，使幼苗在室温条件下适应一段时间，当生根瓶苗炼苗至苗木充分木质化、叶片舒展、叶色浓绿、茎轴、根系伸长时即进行移栽。移栽前需要对基质进行处理，用 0.15% ～ 0.3% 的高锰酸钾溶液进行基质消毒。移栽时向瓶内倒入一定量清水并摇动以松动培养基，然后小心将幼苗取出放置在盛有清水的盆中，将根黏附的培养基彻底洗净，并截去过长的根，根长保留 2 cm 左右，用 0.1% 的杀菌剂进行小苗消毒处理，然后将试管苗移栽于苗床或营养袋中，苗床或营养袋中的土壤以沙质壤土为好。移栽后浇透水，并设塑料拱棚保湿，相对湿度在 85% 以上，温度保持 25 ～ 30 ℃，用 70% 的遮阳网搭荫棚，避免直射阳光暴晒，并防止膜罩内温度过高，移栽后 15 ～ 20 d 逐渐降低湿度到自然条件。幼苗成活后即可把拱棚拆掉，此阶段要加强水肥管理。经过 1 ～ 2 个月精细管理，当苗高为 15 ～ 20 cm 时即可用于生产应用。

思考与讨论：生产安全及药品保管

不可否认，利用组织培养技术可以提升育苗繁殖率、培育新品种等，大大提高农业技术优势，给人们带来丰厚的经济效益。但组织培养工作涉及高压蒸煮锅等仪器的使用和化学药品的使用，这就需要工作人员更加注意生产工作安全及注意环保。

编者：

在药品管理和使用上，工作人员一定要要注意妥善保管强酸强碱、易燃易爆药品，做到不使用时封存保管，取用时记人计量。使用过程注意药品化学性质，谨防出现使用不当伤己、伤他人的事件发生。乃至在将来的职业生涯中，无论从事哪个行业哪个岗位，也都要树立起安全意识，树立责任和担当，保护自身安全，保证他人安全。

如有危害药品，注意废药回收并合理存放或进行专业处理，达到环保标准再进行排放，防止直接倾倒引起地表水污染，而影响用水安全。企业获利永远不是建立在损害环境，损害他人，损害人类家园的基础上的。

附录：MS 培养基母液配制表

母液种类	试剂名称	标准重量（mg/L）	扩大倍数	称取重量（mg/L）	保存方式
大量元素	KNO_3	1 900	20×	38 000	冷藏（4℃），避光保存
	NH_4NO_3	1 650		33 000	
	KH_2PO_4	170		3 400	
	$MgSO_4-7H_2O$	370		7 400	
	$CaCl_2-2H_2O$	440		8 800	
微量元素	KI	0.83	200×	166	冷藏（4℃），避光保存
	$ZnSO_4-7H_2O$	8.6		1 720	
	$MnSO_4-4H_2O$	22.3		4 460	
	H_3BO_3	6.2		1 240	
	$Na_2MoO_2-2H_2O$	0.25		50	
	$CoCl_2-6H_2O$	0.025		5	
	$CuSO_4-5H_2O$	0.025		5	
有机成分	VB1	0.1	100×	10	冷藏（4℃），避光保存
	VB5	0.5		50	
	VB6	0.5		50	
	Gly	2		200	
	Myo-inositol	100		10 000	
铁盐	$FeSO_4-7H_2O$	27.8	100×	2 780	冷藏（4℃），避光保存
	Na_2-EDTA	37.3		3 730	

试题资源库

参 考 文 献

［1］殷建宝.植物组织培养快繁技术［M］.银川：阳光出版社，2018.

［2］唐敏.植物组织培养技术教程［M］.重庆：重庆大学出版社，2018.

［3］陈世昌，徐明辉.植物组织培养［M］.3版.重庆：重庆大学出版社，2016.

［4］熊丽，吴丽芳.观赏花卉的组织培养与大规模生产［M］.北京：化学工业出版社，
2003.

［5］陈世昌，徐明辉.植物组织培养［M］.5版.重庆：重庆大学出版社，2022.

［6］刘青林，马祎，郑玉梅.花卉组织培养［M］.北京：中国农业出版社，2003.

［7］谭文澄，戴策刚.观赏植物组织培养技术［M］.北京：中国林业出版社，1991.

［8］李浚明，朱登云.植物组织培养教程［M］.3版.北京：中国农业大学出版社，
2005.

［9］黄晓梅.植物组织培养［M］.2版.北京：化学工业出版社，2019.

［10］杨增海.园艺植物组织培养［M］.北京：中国农业出版社，1987.

［11］汪一婷，牟豪杰，吕永平，等.植物组培工厂化生产的成本核算与效益分析［J］.
热带农业科学，2005，25（5）：58-61.

［12］谢玲玲，王尔惠.工厂化生产组培苗的成本控制技术［J］.湖北农业科学，2007，
46（1）：30-32.

［13］宣景宏，李军，孙喜臣，等.草莓苗木繁育技术规程［J］.北方果树，2013，（2）：
40-42.

［14］黄立华.葡萄组培工厂化育苗成本核算［J］.陕西林业科技，2014，38（3）：
65-69.

［15］邢桂梅，毕晓颖，雷家军.君子兰花器官离体培养［J］.园艺学报，2007，34
（6）：1563-1568.

［16］邓小敏，雷家军，薛晟岩.君子兰种子离体培养的研究［J］.北方园艺，2008，
（2）：201-203.

［17］雷家军，荣立苹，郑洋，等.百合品种离体培养的研究［J］.北方园艺，2008，
（7）：224-226.

［18］邓正正，王力华，王庆礼.植物生长调节剂对水曲柳组培苗生长及内源激素的影响
［J］.东北林业大学学报，2009，37（12）：10-13.

［19］邓正正，李超峰，王力华.菩提树的组织培养及快速繁殖［J］.植物生理学通讯，
2005，41（6）：795.

［20］邓正正，王阳，王力华，等.锦鸡儿属防风固沙树种的离体培养试验［J］.沈阳农
业大学学报，2004，035（3）：226-230.

［21］李超峰，王力华，赵望峰，等.黄波罗不同年龄材料微繁苗内源激素的比较分析［J］.辽宁林业科技，2007，（1）：16-19.

［22］马村艺.彩叶花卉矾根组培快繁体系建立及无性苗对干旱胁迫的响应［D］.银川：宁夏大学，2022.

［23］曲彦婷，刘志洋，陈菲，等.鸢尾种子萌发与组培快繁研究［J］.国土与自然资源研究，2022，（1）：95-96.

［24］兰伟，等.DB34/T 3715—2020白鹤芋组培快繁技术规程［S］.阜阳：阜阳师范大学，2020.

［25］陈翠红，苗春泽，田年军，等.植物组织培养中常见污染类型及污染防控措施［J］.现代园艺，2023，46（24）：155-156，159.

［26］周俊辉，周家容，曾浩森，等.园艺植物组织培养中的褐化现象及抗褐化研究进展［J］.园艺学报，2000，27（z1）：481-486.

［27］杨寻.植物组织培养研究进展［J］.现代化农业，2021，（12）：31-33.

［28］张清凤，李啟菊，马梅见，等.植物组织培养中的常见问题及对策［J］.现代园艺，2022，45（10）：177-179.

［29］吴贤彬，黄明翅，夏晴，等."美酒"白掌茎尖培养及组培快繁技术［J］.江西农业学报，2022，34（4）：53-57.

［30］翟婷婷，刘成连，原永兵，等.草莓茎尖培养快繁体系的研究［J］.安徽农业大学学报，2015，42（4）：545-548.

［31］刘丹，梁瑞萍，李秀华，等.一种马铃薯脱毒种苗无糖组织培养快繁方法［J］.中国农学通报，2023，39（22）：11-15.

［32］韦伟，单守明.葡萄脱毒与快繁技术研究进展［J］.分子植物育种，2022，20（1）：259-265.

［33］迟惠荣，毛碧增.植物病毒检测及脱毒方法的研究进展［J］.生物技术通报，2017，33（8）：26-33.